“十三五”高职高专院校规划教材

ShiPin GanGuan JianYan JiShu

食品感官检验技术

樊镇棣 主编

中国质检出版社
中国标准出版社
北 京

图书在版编目(CIP)数据

食品感官检验技术/樊镇棣主编. —北京:中国质检出版社,2017.8(2020.12 重印)
“十三五”高职高专院校规划教材
ISBN 978 - 7 - 5026 - 4440 - 6

Ⅰ.①食… Ⅱ.①樊… Ⅲ.①食品感官评价—高等职业教育—教材 Ⅳ.①TS207.3

中国版本图书馆 CIP 数据核字(2017)第 134750 号

内 容 提 要

本书从理论和实践两方面，系统介绍了食品感官检验技术发展、感官检验基础知识、常用的评定方法、常见食品感官鉴别知识、感官技能训练、常见大宗民生食品感官评定方法等内容。并引入国家、行业或企业相关检验标准，同时注入工作案例，便于读者对真实工作环境的熟悉及技能把握。

本书作为轻工食品类食品营养与检测、食品质量与安全、食品生物技术等专业教材，也可作为食品质量监督稽查、食品企业等单位内训参考用书。

中国质检出版社
中国标准出版社 出版发行

北京市朝阳区和平里西街甲 2 号（100029）

北京市西城区三里河北街 16 号（100045）

网址：www. spc. net. cn

总编室：(010) 68533533 发行中心：(010) 51780238

读者服务部：(010) 68523946

中国标准出版社秦皇岛印刷厂印刷

各地新华书店经销

*

开本 787 × 1092 1/16 印张 18 字数 450 千字

2017 年 8 月第一版 2020 年 12 月第四次印刷

*

定价：42.00 元

审 定 委 员 会

本书编委会

主　编　**樊镇棣**（山东商务职业学院）

副主编　**毕春慧**（山东商务职业学院）

黄美娥（湖南食品药品职业学院）

参　编　**贾彦杰**（河南农业职业学院）

迟君德（山东商务职业学院）

胡　爽（新疆轻工职业技术学院）

张慧敏（内蒙古农业大学职业技术学院）

楠　极（内蒙古农业大学职业技术学院）

杨庆莹（河南农业职业学院）

李　鹏（日照职业学院）

李　婷（广东潮州市质量计量监督检测所）

序　言

民以食为天，食以安为先，人们对食品安全的关注度日益增强，食品行业已成为支撑国民经济的重要产业和社会的敏感领域。近年来，食品安全问题层出不穷，对整个社会的发展造成了一定的不利影响。为了保障食品安全，促进食品产业的有序发展，近期国家对食品安全的监管和整治力度不断加强。经过各相关主管部门的不懈努力，我国已基本形成并明确了卫生与农业部门实施食品卫生监测与食品原材料监管、检验检疫部门承担进出口食品监管、食品药品监管部门从事食品生产及流通环节监管的制度完善的食品安全监管体系。

在整个食品行业快速发展的同时，行业自身的结构性调整也在不断深化，这种调整使其对本行业的技术水平、知识结构和人才特点提出了更高的要求，而与此相关的职业教育正是在食品科学与工程各项理论的实际应用层面培养专业人才的重要渠道，因此，近年来教育部对食品类各专业的职业教育发展日益重视，并连年加大投入以提高教育质量，以期向社会提供更加适应经济发展的应用型技术人才。为此，教育部对高职高专院校食品类各专业的具体设置和教材目录也多次进行了相应的调整，使高职高专教育逐步从普通本科的教育模式中脱离出来，使其真正成为为国家培养生产一线的高级技术应用型人才的职业教育，“十三五”期间，这种转化将加速推进并最终得以完善。为适应这一特点，编写高职高专院校食品类各专业所需的教材势在必行。

针对以上变化与调整，由中国质检出版社牵头组织了“十三五”高职高专院校规划教材的编写与出版工作，该套教材主要适用于高职高专院校的食品类各相关专业。由于该领域各专业的技术应用性强、知识结构更新快，因此，我们有针对性地组织了河南农业职业学院、江苏食品职业技术学院、包头轻工职业技术学院、四川旅游学院、甘肃畜牧工程职业技术学院、江苏农林职业技术学院、无锡商业职业技术学院、江苏畜牧兽医职业技术学院、吉林农业科技学院、广东环境保护工程职业学院、清远职业技术学院、黑龙江民族职业学院以及上海农林职业技术学院等 40 多所相关高校、职业院校、科研院所以及企业中兼具丰富工程实践和教学经验的专家学者担当各教材的主编与主审，从而为我们成功推出该套框架好、内容新、适应面广的高质量教材提供了必要的保障，以此来满足食品类各专业普通高等教育和职业教育的不断发展和当前全社会对建立食品安全体系的迫切需要；这也对培养素质全面、适应性强、有创新能力的应用型技术人才，进一步提高食品类各专业高等教育和职业教育教材的编写水平起到了积极的推动作用。

针对应用型人才培养院校食品类各专业的实际教学需要，本系列教材的编写尤其注重了理论与实践的深度融合，不仅将食品科学与工程领域科技发展的新理论合理融入教材中，使读者通过对教材的学习，可以深入把握食品行业发展的全貌，而且也将食品行业的新知识、新技术、新工艺、新材料编入教材中，使读者掌握最先进的知识和技能，这对我国新世纪应用型人才的培养大有裨益。相信该套教材的成功推出，必将会推动我国食品类高等教育和职业教育教材体系建设的逐步完善和不断发展，从而对国家的新世纪人才培养战略起到积极的促进作用。

教材审定委员会

2017 年 4 月

前　言

• FOREWORD •

食品感官检验历史悠久，简单灵敏，快速直观，无需特殊的器材。进行综合评价时食品感官检验是其他检测方法无法代替的，目前不少产品质量的综合评价以此为主。感官鉴定是食品质量检验的主要内容之一，在食品分析中占有重要的地位。它在新产品的研发、质量评价、市场预测、产品评优等方面已获得广泛应用。

本教材编写力求体现高职教育的特色，适应高职课程改革的需要。广泛开展行业岗位调查研究，根据最新岗位信息，确立教材内容，结合课程改革的要求拟定编写方案。将案例引导、实训实践融入教材中，注重吸收先进的教学经验，整合优秀的教改成果，使教材灵活、高效、适用。

本书包括理论部分五个学习模块和实践部分五个学习情境，涉及绪论、感官检验基础知识、常用的评定方法、常见食品感官鉴别知识、感官技能训练、常见大宗民生食品感官评定方法等内容。在编写教材过程中，引入国家、行业或企业相关检验标准，同时注入工作案例，便于学生对真实工作环境的熟悉及技能把握。

本书由山东商务职业学院樊镇棣（学习情境三）、山东商务职业学院毕春慧（学习模块五子模块四、学习情境五）、湖南食品药品职业学院黄美娥（学习模块三、学习情境一、实际工作任务案例）、内蒙古农业大学职业技术学院张慧敏（学习模块五子模块二）、河南农业职业学院贾彦杰（学习模块五子模块一、子模块二）、山东商务职业学院迟君德（学习模块五子模块五、学习情境四）、新疆轻工职业技术学院胡爽（学习模块二子模块二、学习模块五子模块三）、内蒙古农业大学职业技术学院楠极（学习模块二子模块一、学习模块四、学习模块五子模块三）、河南农业职业学院杨庆莹（学习模块一、学习情境二）、广东潮州市质量计量监督检测所李婷等编写。全书由樊镇棣统稿。

本书可作为轻工食品类食品营养与检测、食品质量与安全、食品生物技术等专业教材，也可作为食品质量监督稽查、食品企业行业等单位内训参考书。

编写过程中得到了国内知名食品企业、第三方检测机构及地方食品质监局等相关技术人员的大力帮助和支持，同时参考了许多文献资料，难以逐个鸣谢，谨在此对大家表示衷心的感谢。限于编者水平和时间的关系，书中难免有不妥及错误之处，请读者批评指正，不胜感谢。

编　者

2017 年 5 月

目　录

• CONTENTS •

第一篇　理论模块

第二篇　实践部分

第一篇　理论模块

学习模块一　绪论——初步接触感官检验

学习目标

1. 理解食品感官检验的概念和意义。
2. 了解食品感官检验的起源与发展。
3. 了解食品感官检验的应用和方法。

学习内容

一、感官检验的起源、发展与定义

(一)起源

自从人类学会了对衣食住行所用的消费品进行好坏的评价以来,就有了感官检验。贸易的出现极大地促进了感官检验的发展。如通过抽样检验代表整个物品质量的买主,其仅检验货物中的部分样品。卖主开始根据对物品质量的评价确定其价格。随着社会经济的发展,人们发展了酒、茶、咖啡、奶油、鱼类和肉类等感官检验项目。

而真正意义上的感官检验起源于 20 世纪 30 年代。在传统的食品行业和其他消费行业中,一般都有"专家级"人物,如香水、酿酒、咖啡、茶叶专家等。他们在本行业工作多年,熟悉生产又有经验,一般有很多生产环节有关的标准都由他们制定。但随着经济的发展、激烈的竞争和规模的扩大,专家们不能完全熟悉了解太多的产品,由于消费者的要求也在不断变化,一些新的测评技术的出现和它们在感官检验中的使用,使得专家们变得力不从心,作用也不再像往常那样强大。所以,感官评价的出现并不是市场创造了机会,生产企业也没有直接接受感官检验,它出现的直接原因是"专家"的失效,作为补救方法,生产企业才将目标投向它。

(二)发展

20 世纪 40 ~ 50 年代中叶,由于美国军队的需要使得感官检验得到了长足的发展。政府发现:无论是精确科学的膳食标准或精美的食谱都不能保证食品的可接受性;对于某些食品,其气味和可接受性有着重要的关系,即要确定食品的可接受性,感官检验是必不可少的。

50 年代初期,美国的 Boggs,Hansen,Giradot,Peryam 等人建立并完善了"区别""检验"法,50 年代中期出现了"排序法"和"喜好打分法",1957 年,Arthue D. Little 创立了"风味剖析法"。

60 ~ 70 年代,美国联邦政府推行了两项旨在解决饥饿和营养不良的计划:"向饥饿宣战"和"从海洋中获取食物"。但这两项计划因忽视了感官检验而遭到了失败,至此他们开始认识到感官检验的重要性。

进入 21 世纪以来,感官科学与感官检验技术不断融合了其他领域的知识,包括如统计学家引入更新的统计方法及理念，心理学家或消费行为学家开发出新的收集人类感官反映的方法及心理行为观念，生理学家修正收集人类感官反应的方法等，通过逐步融合多学科知识，才发展成为今日之感官学科；在技术方面，则不断同新科技结合发展做出了更准确、更快速或更方便的方法，如计算机系统自动化、气相层析嗅闻技术、时间－强度研究等。

现代食品感官检验的发展则借助了统计学、生理学及心理学的原理，这三门学科构成了现代感官检验的三大支柱。另外，电子计算机技术的发展也必将影响和推动感官检验的发展。

1. 引入统计学方法

首次将统计学方法应用于感官检验的是英国统计学家 R · A · Fisher 的奶茶实验。英国一位妇女当时自称可分辨出奶茶中的红茶和牛奶是哪一种先加的，为此 R · A · Fisher 设计了一个方案验证她的说法。他冲了 8 杯奶茶，其中 4 杯是先加红茶后加牛奶，另外 4 杯顺序相反，然后随机递送，并预先告诉她加入顺序不同的奶茶各是 4 杯，要求她分出各自相同的 2 组。实验结果表明，这位妇女实际上并不具备自称的那种分辨能力，因为在总共 70 次实验中，她仅分对 1 次，正确率为 1.4%，所以即使分对了，也可以认为是偶然所致。这种实验方法现称为类别检验。但是真正将统计法应用于感官分析的首推 S. Keber，在 1936 年首次采用 2 点实验法感官检验了肉的嫩度。统计学方法可有效合理地纠正误差带来的影响，并使感官分析成为一种有说服力的科学测定方法。

2. 引入心理学的方法

感官检验中引入了许多心理学的内容。虽然感官检验与心理学的研究目的迥然不同，但心理学的许多测定技术可以直接应用于感官检验。

3. 引入生理学的方法

人类对外界刺激具有愉快或不愉快的感觉，产生感觉时，脉搏、呼吸、血压、脑电波、心电图、眼球等身体各器官都有某些变动。人类感觉器官对于不同刺激，具有不同的生理变化，把这些变化通过电信号记录下来，可防止某些感官检验员为了某种目的而撒谎。莱比锡大学设立了世界第一个生理学实验室。

4. 电子计算机技术的应用

（1）利用电子计算机处理分析结果

利用电子计算机处理分析结果，感官检验组织者可随时调用任何一个编好的程序，每次检验后只需将各感官评价员的姓名、结果等输入计算机，即可自动将零散数据分类、排列计算并得出结论，然后根据组织者要求打印出有关检验的分析结果报告单或其他需了解的内容。

（2）在感官检验室中的使用

组织者控制一台计算机，每个品评员面前连接一个计算机终端，形成小型网络，管理者通过计算机提示给感官检验员有关检验的各项内容和要求，评价员通过终端把分析结果通知组织者，同时也可提问，检验结束计算机可马上出检验结果，这些结果可被储存在计算机的硬盘或软盘中，便于随时了解检验的结果或每个评价员以往的工作成绩。

（三）感官检验的未来发展趋势

进入 21 世纪，伴随信息科学、生命科学、仪器分析技术的发展，感官科学技术与多个学科交叉表现为人机一体化、智能化的发展趋势，对其的应用呈现出与市场需求和消费意向密切结合的多元化态势。

1. 人机结合、智能感官渐成主流

随着现代工业的快速发展,完全凭借感官品评小组的感官分析方法难以满足数量大并跨地区产品的品控要求。人们不断寻找替代或部分替代人类感官分析的仪器分析方法,模拟人的感觉器官的传感器技术是一项20世纪80年代发展起来的新技术,如模拟人的嗅觉的电子鼻、模拟人的味觉的电子舌等。其利用传感器阵列的响应信号和模式识别技术,对食品进行质量控制和类型识别。其中电子鼻技术相对成熟,应用较为广泛,如用于乳制品检测、植物油的分类等。而电子舌技术虽然在食品、药品中已显示出比较好的应用前景,但仍需进一步成熟和完善。

2. 专业品评与消费嗜好评价相结合,感官营销推进学科应用

无论是专业感官品评小组还是管理者的感官分析,都是针对特定产品进行描述、剖析、评价,从而控制产品的稳定性或寻找产品的不足之处,指导产品配方设计以及生产工艺的改进。产品生命周期主要决定于市场消费需求与消费意向。如何评价与预测某类产品的消费意向以及产品与消费意向的差异性,成为当前感官分析中一个新的研究领域。如蔬菜汤中有机成分及其稳定技术与消费者接受程度之间的关系研究,消费者对猪肉外观特征的偏爱性研究等。

总之,传统的感官分析理论和技术已经成熟,应用十分广泛,并通过完整的标准化系统,纳入产品的质量管理体系和流通体系,甚至贸易体系中。同时,可以满足工业化生产需要的仪器化智能感官技术正在快速发展中,将感官分析与计算机、传感器、仪器分析技术相结合,呈现出仪器智能化、感官检验应用多元化的态势。

(四)感官检验的定义

1975年,美国食品科学技术专家学会感官检验分会给出的目前被广泛接受和认可的定义:感官检验(sensory evaluation)是用于唤起(evoke)、测量(measure)、分析(analyze)、解释(interpret)通过视觉(sight)、嗅觉(smell)、味觉(taste)、听觉(hear)和触觉(touch)而感知到的食品及其他物质的特征或者性质的一种科学方法。通俗的讲,就是以“人”为工具,利用科学客观的方法,借助人的眼睛、鼻子、嘴巴、手及耳朵,并结合心理、生理、物理、化学及统计学等学科,对食品进行定性、定量的测量与分析,了解人们对这些产品的感受或喜爱程度,测知产品本身质量的特性。

从定义我们可看出以下两点:

(1)感官检验包括所有感官的活动,这是很重要但是容易被忽视。在很多情况下,人们感官检验的理解单纯限定在“品尝”上,实际对某个产品的感官反应是多种感官反应结果的综合。如让你评价一个苹果的颜色,但不用考虑它的气味,结果是你对苹果颜色的反应一定会受到其气味的影响。

(2)感官检验是建立在几种理论综合的基础上,这些理论包括实验的、社会的及心理学、生理学和统计学,对于食品还有食品科学和技术知识。

(五)感官检验的四种活动

1. 唤起(evoke)

在感官检验中,准备样品和呈送样品都应在一定的控制条件下进行,以使外界的干扰因素降低到最小。应遵循的原则:要建立单独的品尝室以便于感官检验者得出真实的结论;被检测样品要随机编号,保证检验人员得出的结论是来自于他们自身的体验,而不受编号的影响;要以不同的顺序呈送样品,以平衡或抵消由于一个接一个检验样品而产生的连续效应。因此,要建立标准操作程序:包括样品的温度、体积和样品呈送的时间间隔等,这样才能降低误差,提高测试的精确度。

2. 测量(measure)

感官检验是一门定量的科学,通过采集数据,在产品性质和人的感知之间建立起合理的、特定的联系。感官方法主要来自于行为研究的方法,这种方法可观察人的反应并对其量化,如通过观察受试者的反应,可以估计出某种产品的微小变化能够被分辨出来的概率;或者推测出一组受试者中喜爱某种产品的人数比例。

3. 分析(analyze)

合理的数据分析是感官检验的重要部分。感官检验中是人作为测量的工具,而通过这些人得到的数据通常具有很大的不一致性,如参与者情绪和动机、对感官处理的先天的生理敏感性、他们过去的经历及对类似产品的熟悉程度等。对一些参与者的筛选程序只能部分地控制这些因素的影响,很难完全掌控。为了评价在产品性质和感官反应之间建立起来的联系是否真实,可以用统计学来对数据进行分析。

4. 解释(explanation)

感官检验实际上是一种实验。实验得到的数据及统计信息如果不能得到合理的解释,那就是毫无意义的。感官检验人员的任务是不仅要得到一些分析数据,还要对数据进行合理解释,并作出相应判断。

二、感官检验方法的意义、应用及分类

(一)感官检验的意义

感官检验可鉴别食品质量及变化情况,如外形、色泽、滋味、气味、均匀性、浑浊程度、有无沉淀或杂质等。感官检验有食品理化检验和微生物检验不能替代的优越性,居于食品检测的首位。感官检验不合格的食品,即是不合格的食品。

感官检验包括一系列精确测定人对食品反映的技术,把对品牌中存在的偏见效应和一些其他信息对消费者感觉的影响降到最低。同时它试图解析食品本身的感官特性,并向产品开发者、食品科学家和管理人员提供关于其产品感官性质的重要而有价值的信息。从消费者角度来看,食品和消费品厂家有一套感官检验程序,也有助于确保消费者所期望的既有良好的质量又有满意的感官品质的产品进入市场。

近代分析科学的发展,人们用气相色谱、液相色谱、质谱、红外分光光度计、紫外分光光度计及核磁共振等精密仪器可以分析数以千万计的物质,它们在食品品质分析中所发挥的作用也日趋重要。但是物理、化学分析检测,只能了解组成食品的主要化学成分和物理状态,但对口感的好坏、优劣就很难用理化指标准确地表示出来。譬如,谁能用理化指标表示出吃红烧肉的滋味和吃米饭的香味及煎饼的味道等。而人的感官却可通过视觉、味觉、嗅觉,将食品的色、香、味、温度、质地综合一体,全面地反映出来。日常生活中还有许许多多感觉性的东西,都不能用理化指标表示出来。理论及实践均已证明,人的感觉器官是非常精密的"生物检测器",它可以检测到用化学分析仪器无法测到的微量成分,经过严格训练的人甚至可以非常灵敏地分

辨出几千种不同的气味。例如,人的嗅觉能闻出 5×10^{-9} mg 麝香的气味,这是现代任何分析仪器难以达到的灵敏度。一种食品的独特风格,除决定于所含的成分及各成分的数量外,还取决于各成分之间相互协调、平衡、相乘、相抵、缓冲等效应的影响。比如两种酒的样品经过理化分析,组成成分可以基本相同,但它们的风格却相差很远。分析仪器无法取代人的感官,相反感官分析比仪器分析具有灵敏度范围广,应用方便,成本较低,容易掌握,适应性强,结果形象具体等优点。

(二)感官检验在食品工业中的应用

1. 应用于市场调查

市场调查的目的主要有两方面的内容:一是了解市场走向,预测产品形式,即市场动向调查;二是了解试销产品的影响和消费者意见,即市场接受程度调查。两者都是以消费者为对象,所不同的是前者多是对流行于市场的产品而进行的,后者多是对企业所研制的新产品开发而进行的。感官检验是市场调查中的组成部分,并且感官分析学的许多方法和技巧也被大量运用于市场调查中。但是,市场调查不仅是了解消费者是否喜欢某种产品(即食品感官分析中的嗜好试验结果),更重要的是了解其喜欢的原因或不喜欢的理由,从而为开发新产品或改进产品质量提供依据。

2. 应用于新产品开发、产品的改进优化、降低成本

有了市场需求和正确的方向后,即进入新产品的开发研制阶段。依据调查结果,针对消费者对新产品色、香、味、外观、组织状态、包装形式和营养等多方面需要进行开发。研制过程更离不开感官检验。当研制出一个新配方产品后,需及时请品评者和相关消费者采用描述性实验、嗜好性实验等方法,对不同配方的实验品进行品尝,作出相关评价和改进意见,便于下一步的实施,并对产品进行不断完善,直至研制出的产品能满足大多数消费者的需求。

3. 应用于生产中产品的质量控制

"质量就是生命",食品质量包括多个方面,而感官质量又是其中至关重要的一点。食品的感官品质包括色、香、味、外观形态、稀稠度等,是食品质量最敏感的部分。每个消费者接触某一产品时,首先是它的感官品质映入眼帘,然后才会感觉到是否喜欢以及下定决心购买与否。所以产品的感官质量直接关系到产品的市场销售情况。为保证产品质量,食品企业所生产的每批产品都必须通过训练有素的具有一定感官检验能力的质控人员检验合格后方能进入市场。是指对供应单位正常交货时的成批产品进行验收,及对出厂产品质量进行检验的过程。其目的是防止不符合质量要求的原材物料进入生产过程和商品流通领域,为稳定正常的生产秩序和保证成品质量提供必要的条件。

(三)感官检验的分类

感官检验的分类如表 1–1–1 所示。

表 1–1–1 食品感官检验的方法

实际应用	检验目的	检验方法
生产过程中的质量控制	检出与标准品有无差异	二–三点检验法,选择法,配偶法等
	检出与标准差异的量	评分法,三点检验法等
原料质量控制检查	原料的分等	评分法等

续表

实际应用	检验目的	方法
成品质量控制检查	检出趋向性和异常	评分法等
消费者嗜好调查成品品质研究	获知嗜好程度或品质好坏	三点检验法等
	嗜好程度或感官品质顺序评分法的数量化	评分法、配偶法等
品质研究	分析品质内容	描述法等

三、人作为测量仪器

感官检验是一种实验，只不过在这种实验中所用来测量的仪器变成了人，用人来进行测量、分析，从而得出数据，这和用真正的仪器是有着本质的区别的。因此，在实验当中对人和进行实验的过程也有着它自身特殊的要求。

(一)人作为仪器的特点

1. 不稳定性

不同个体之间存在感觉差异，即不一致性，使得不同的人对同一事物有不同反应，如有的人感觉器官较灵敏，有的人则迟钝一些；同一个体在不同情况下，其感觉也有差异，有的人早上感觉灵敏，而晚上不灵敏。当然感觉是否灵敏与一个人一天当中的心情也有关，人毕竟不是机器，时时刻刻都在变化。

2. 人易受干扰

周遭状况、过去经历、对所测项目熟悉程度都会影响一个人的判断。比如人的从众心理以及生活习惯。

(二)解决方法

针对以上特点，在感官检验中，可借助以下方法来进行规避：

(1)重复实验，降低误差，尽可能使实验结果接近真实值；

(2)使用多个品评者，通常数量为 20 ~ 50 人，不同方法对实验人数有不同的要求；

(3)对参评人员进行筛选，并不是每个人都可以参加产品的评定，要尽可能吸收那些符合要求的人，另外感觉特别迟钝的人也不宜做评价人员；

(4)对评价人员进行培训，针对要进行品尝的样品进行有目的的培训，让参评员理解所要评定的每一个项目。根据需要，培训有繁有简。

四、感官检验的基础及任务

(一)基础

概况来讲，以下因素构成了有效感官检验的基础：明确目标和任务；确定项目计划；具有专业人士参与；具有必要的实验设备；具有运用所有实验方法的能力；合格的品评人员；标准、统一的品评人员筛选、指导程序；标准、统一的实验要求和报告程序；数据处理分析的能力；正式操作程序和步骤。

(二)任务

感官检验的任务就是为产品研究开发人员，市场人员提供有效、可靠的信息，以作出正确的产品和市场决策。要执行一项感官检验，需要完成以下几项任务。

1. 项目目标的确定

比如是想对样品进行改进、降低成本、替换成分，还是要和某种同类产品进行竞争；是希望样品同另外一个样品相似或不同，还是确定产品的喜好；是确定一种品质还是对多个品质进行评价。

2. 实验目标的确定

确定进行哪一种实验，比如总体差别实验、单项差别实验、相对喜好程度实验、接受性实验等。

3. 样品的筛选

确定目标和具体方法后，感官检验人员要对样品进行查看，这样可使分析人员在制定实验方法和设计问卷时做到心中有数，比如样品的食用程序、需要检测的指标和可能产生误差的原因。

4. 实验设计

实验设计包括具体实验方法、品评员筛选和培训、问卷设计、样品准备和呈送方法以及数据分析要使用的方法。

5. 实验实施

实验实施，即实验的具体执行，一般有专人负责。

6. 分析数据

要有合适的统计方法和相应软件对数据进行分析，要分析实验主要目标，也要分析实验误差。

7. 解释结果

对实验目的、方法和结果进行报告、总结并提出相应建议。

五、食品质量感官检验后的食用与处理原则

(一)鉴别原则

通过感官检验方法挑选食品时，要对具体情况作具体分析，充分做好调查研究工作。感官检验食品的品质时，要着眼于食品各方面的指标进行综合性考评，尤其要注意感官检验的结果，必要时参考检验数据，做全面分析，以期得出合理、客观、公正的结论。应遵循的原则是：

(1)《中华人民共和国产品质量法》《中华人民共和国食品卫生法》及国务院有关部委和省、市行政部门颁布的食品质量法规和卫生法规是检验各类食品能否食用的主要依据。

(2)食品已明显腐败变质或含有过量的有毒有害物质(如重金属含量过高或霉变)时，不得供食用。达不到该种食品的营养和风味要求，显系假冒伪劣食品的，不得供食用。

(3)食品由于某种原因不能直接食用，必须加工复制或在其他条件下处理的，可提出限定

加工条件和限定食用及销售等方面的具体要求。

(4)食品某些指标的综合检验结果略低于卫生标准,而新鲜度、病原体、有毒有害物质含量均符合卫生时,可提出要求在某种条件下供人食用。

(5)在检验指标的掌握上,婴幼儿、病人食用的食品要严于成年人、健康人食用的食品。

(6)检验结论必须明确,不得含糊不清,对附条件可食的食品,应将条件写清楚。对于没有鉴别参考标准的食品,可参照有关同类食品恰当地鉴别。

(7)在进行食品质量综合性检验前,应向有关单位或个人收集该食品的有关资料,如食品的来源、保管方法、贮存时间、原料组成、包装情况以及加工、运输、贮藏、经营过程中的卫生情况,寻找可疑环节,为上述检验结论提供必要的正确判断基础。

(二)检验后食品的食用与处理原则

感官检验和选购食品时,遇有明显变化者,应当即作出能否食用的确切结论。对于感官指标变化不明显的食品,尚须借助理化指标和微生物指标的检验,才能得出综合性的判断结果。因此,通过感官检验后,特别是对有疑问和有争议的食品,都必须再进行实验室的理化和细菌分析,以便辅助验证感官检验的初步结论。

食品的食用与处理原则是在确保人民群众身体健康的前提下,以尽量减少国家、集体和个人的经济损失为目的,并考虑到物尽其用的问题而提出的。具体方式通常有以下四种:

(1)正常食品。经过鉴别和挑选的食品,其感官性状正常,符合国家的质量标准和卫生标准,可供食用。

(2)无害化食品。食品在感官检验时发现了一些问题,对人体健康有一定危害,但经过处理后,可以被清除或控制,其危害不再会影响到食用者的健康。如高温加热、加工复制等。

(3)附条件可食食品。些食品在感官检验后,需要在特定的条件下才能供人食用。如有些食品已接近保质期,必须限制出售和限制供应对象。

(4)危害健康食品。在食品感官检验过程中发现的对人体健康有严重危害的食品,不能供给食用。但可在保证不扩大蔓延并对接触人员安全无危害的前提下,充分利用其经济价值,如作工业使用。但对严重危害人体健康且不能保证安全的食品,如畜、禽患有烈性传染病,或易造成在畜禽肉中蔓延的传染病,以及被剧毒毒物或被放射性物质污染的食品,必须在严格的监督下毁弃。

1. 简述感官检验的定义及其现实意义。

2. 举例说明感官检验的应用。

学习模块二　感官检测的基础

子模块一　感官因素

食品的感官因素按照获取的顺序，有以下几个：

(1)外观(appearance)；

(2)气味(odor)/香味/香气；

(3)质地(texture)和均匀性；

(4)风味(flavor)；

(5)声音(voice)。

一、外观

外观可以成为决定人们是否购买某件商品的唯一因素，虽然事实证明这样做不一定正确，但人们却很习惯这样做，在感官检验上，也会发生同样的事情。感官检验的工作人员通常对样品的外观十分注意，如果必要，为了减少干扰，鉴评员会用带颜色的灯光或者不透明的容器来屏蔽掉外观的影响。

通常所指的外观包括以下几项：

(1)颜色。是通过视觉系统在下列波长获取的印象：蓝色400~500nm；绿色或黄色500~600nm；红色600~800nm。对于外观，颜色的均匀性很重要。食品的败坏通常伴有颜色的变化。

(2)大小和形状。是指食品的长度、厚度、宽度、颗粒大小、几何形状等。大小和形状也可说明产品质量的优劣。

(3)表面质地。指食品的表面特性：如是有光泽还是暗淡、是粗糙还是平滑、是干燥还是湿润、是酥脆还是发艮、是软还是硬。

(4)透明度。透明液体或固体的浑浊程度以及肉眼可见的颗粒存在情况。

(5)充气情况。充气饮料或酒类倾倒时的产气情况，可通过专门的仪器测定。

二、气味

当一种产品的挥发性成分进入鼻腔并被嗅觉系统捕获时，就感觉到了气味。气味的感知是需要鼻子来嗅的。感官检验中，我们涉及的有关食物的气味，通常叫做香气，还有化妆品和香水，可叫做香味。食物的香气是通过口中的嗅觉系统感知到的。从食品中逸出的挥发性成分受温度和食物本身影响，物质的气压随温度呈指数增加；挥发性物质还受表面情况影响：在一定温度下，从柔软、多孔、湿度大的表面逸出的挥发性成分要比坚硬、平滑、干燥表面逸出的多。

许多气味只有在食物被切割并发生酶促反应时才会产生,比如洋葱。气味分子必须通过气体的运输,可以是空气、水蒸气或工业气体,被感知的气味的强度由进入接受者嗅觉接受体系中的该气体的比例来决定。

据 Harper 于 1972 年报道,已知的气味有 17 000 种,一个优秀的香味工作人员可以分辨出 150 ~ 200 种气味。很多词汇可以被归为一类成分,如植物的,生青的,橡胶的;一个词汇又可能同许多成分有关,比如柠檬的味道包括柠檬醛、香茅醛、松萜等。许多感官科学工作者都试图将气味进行分类,但一直没完成,这个领域所涉及的范围实在太广。

三、质地与均匀性

由视觉和触觉感知的食品性质,包括几何性质和表面属性,在变形力作用下(如果是液体,在被迫流动时)感知的变化,及在咀嚼、吞咽和吐出之后发生的相变行为,如溶化和残余感觉。

几何性质:通过接触感受到的食品中颗粒的大小、形状、分布情况。如平滑感、沙砾感、颗粒感、粉末感等;

表面属性:通过接触感受到的水、油、脂肪等的情况。如湿润程度、多油或多脂情况等;

机械特性:与对食品压迫产生的反应有关,包括 5 种基本特性:硬度、黏着性、黏附性、紧密性、弹性;

相变行为:与食品成分在口中释放方式有关。

四、风味

风味的定义:对口腔中的食品通过化学感应而获得的印象。风味包括以下组成部分:

(1)香气:由口腔中的产品逸出的挥发性成分引起的通过鼻腔获得的嗅觉感受;

(2)味道:由口腔中溶解的物质引起的通过咀嚼获得的感受;

(3)化学感觉因素:刺激口腔和鼻腔黏膜内的神经末端(涩、辣、凉、金属味道等)。

五、声音

咀嚼食物或抚摸纤维制品产生的声音虽然在检测中不是主要的,但却不可忽视。某些食品断裂发出的声音可以为鉴定产品提供信息,因为这些声音可以和产品的硬度、紧密性、脆性相联系。如油炸薯片或猪排发出的清脆声音是该类食品的主要广告手段。声音持续的时间与产品特性有关,如强度、新鲜度、韧性、黏性等。声音特性是指感受到的声音,包括:音调、音量、持续性。

子模块二 人的感觉因素

一、感觉的定义及分类

感觉是客观刺激作用于感觉器官所产生的对事物个别属性的反映。

人对客观事物的认识是从感觉开始的,它是最简单的认识形式。例如,当菠萝作用于人们的感觉器官时,我们通过视觉可以反映它的颜色;通过味觉可以反映它的酸甜味;通过嗅觉可以反映它的清香气味,同时,通过触觉可以反映它的粗糙和凸起。人类是通过对客观事物的各种感觉认识到事物的各种属性。

任何事物都有许多属性组成。如一块蛋糕有颜色、形状、气味、滋味、质地等属性。不同属性通过刺激不同感觉器官反映到大脑，从而产生不同感觉。感觉是感觉神经传导于中枢神经系统的有关部位，再经过分析，对事物产生的综合印象。

感觉不仅反映客观事物的个别属性，而且也反映身体各部分的运动和状态。例如，我们可以感觉到双手在举起，感觉到身体的倾斜，以及感觉到肠胃的剧烈收缩等。

感觉虽然是一种极简单的心理过程，可是它在我们的生活实践中具有重要的意义。有了感觉，我们就可以分辨外界各种事物的属性，因此才能分辨颜色，声音、软硬、粗细、质量、温度、味道、气味等，有了感觉，我们才能了解自身各部分的位置、运动、姿势、饥饿、心跳，有了感觉，我们才能进行其他复杂的认识过程。失去感觉，就不能分辨客观事物的属性和自身状态。因此，我们说，感觉是各种复杂的心理过程（如知觉、记忆、思维）的基础，感觉虽然是低级的反映形式，但它是一切高级复杂心理活动的基础和前提，感觉对人类的生活有重要作用和影响。

感觉是生物（包括人类）认识客观世界的本能，是外部世界通过机械能、辐射能或化学能刺激到生物体的受体部位后，在生物体中产生的印象和（或）反应。它主要表现在两个方面：

(1)感觉是一种直接反映，它要求客观事物直接作用于人的感官。从空间上看，感觉所反映的事物，是人的感官直接触及的范围；从时间上看，感觉所反映的对象是此时此刻正作用于感官的事物，而不是过去或将来的事物。

(2)感觉所反映的是客观事物的个别属性，且任何一种感觉都是脑对事物个别属性的反映。

在人类产生感觉的过程中，感觉器官直接与客观事物特性相联系。不同的感官对于外部刺激有较强的选择性。感官由感觉受体或一组对外界刺激有反应的细胞组成，这些受体物质获得刺激后，能将这些刺激信号通过神经传导到大脑。感觉器官是部分外感受器及其附属结构。而感受器则是人和动物身上专司感受各种刺激的特殊结构，通常是一些感觉神经末梢。

感官通常具有下面几个特征：

(1)一种感官只能接受和识别一种刺激；

(2)只有刺激量在一定范围内才会对感官产生作用；

(3)某种刺激连续施加到感官上一段时间后，感官会产生疲劳、适应现象，感觉灵敏度随之明显下降；

(4)心理作用对感官识别刺激有影响；

(5)不同感官在接受信息时，会相互影响。

人类有多种感觉，可划为五种基本的感觉：视觉、触觉、听觉、嗅觉、味觉。除上述五种基本感觉外，人类可辨认的感觉还有温度觉、痛觉、疲劳觉等。

我们可以把感觉分成两大类。

第一类是外部感觉，有视觉、听觉、嗅觉、味觉和肤觉5种。这类感觉的感受器位于身体表面，或接近身体表面的地方。

视觉，人类可以看得到从390～770nm的波长之间的电磁波。

听觉，人类能听到物体振动所发出的2 020 kHz的声波。可以分辨出声音的音调（高低）、音强（大小）和音色（波形的特点），通过音色我们可以分辨出哪是火车的声音，哪是汽车的声音，能够分辨出熟人的说话声，甚至走路声。还可以确定声源的位置、距离和移动。

嗅觉是挥发性物质的分子作用于嗅觉器官的结果。通过嗅觉我们也可以分辨物体。味觉溶于水的物质作用于味觉器官(舌)产生的。味觉有甜、酸、咸、苦等四种不同的性质。

肤觉也称触觉,是具有机械的和温度的特性物体作用于肤觉器官,引起的感觉。分为痛、温、冷、触(压)四种基本感觉。

第二类感觉是反映机体本身各部分运动或内部器官发生的变化,这类感觉的感觉器位于各有关组织的深处(如肌肉)或内部器官的表面(如胃壁、呼吸道)。这类感觉有运动觉、平衡觉和机体觉。

运动觉反映四肢的位置、运动以及肌肉收缩的程度,运动觉的感受器是肌肉、筋腱和关节表面上的感觉神经末梢。

平衡觉反映头部的位置和身体平衡状态的感觉。平衡觉的感受器位于内耳的半规管和前庭。

机体觉反映机体内部状态和各种器官的状态。它的感受器多半位于内部器官,分布在食道、胃肠、肺、血管以及其他器官。

其他分类方面。据刺激的来源分为内部感觉:肌肉运动觉、平衡觉、内脏感觉;外部感觉:视觉、听觉、嗅觉、味觉、肤觉。

据感受器位置分为视觉、听觉、嗅觉、味觉、皮肤觉(触觉、温觉、冷觉、痛觉)。

二、感觉与心理

人的心理现象复杂多样,心理活动内容非常广泛,它涉及所有学科研究的对象与内容,从本质上讲,人的心理是人脑的机能,是对客观现实的主观反映。要想详细研究和认识,远非本书所能,这里之所以提出这个话题,是因为在人的心理活动中,认知是第一步,其后才有情绪和意志。而认知活动包括感觉、知觉、记忆、想象、思维等不同形式的心理活动。感觉和知觉通常合称为感知,是人类认识客观现象的最基本的认知形式,人们对客观世界的认识始于感知。

感觉反映客观事物的个别属性或特性。通过感觉,人获得有关事物的某些外部的或个别的特征,如形状、颜色、大小、气味、滋味、质感等。知觉反映事物的整体及其联系与关系,它是人脑对各种感觉信息的组织与解释的过程。人认识某种事物或现象,并不仅仅局限于它的某方面特性,而是把这些特性组合起来,将它们作为一个整体加以认识,并理解它的意义。例如,就感觉而言,人们可以获得各种不同的声音特性(音高、音响、音色),但却无法理解它们的意义。知觉则将这些听觉刺激序列加以组织,并依据人们头脑中的过去经验,将它们理解为各种有意义的声音。知觉并非是各种感觉的简单相加,而是感觉信息与非感觉信息的有机结合。

感知过的事物,可被保留、贮存在头脑中,并在适当的时候重新显现,这就是记忆。人脑对已贮存的表象进行加工改造形成新现象的心理过程则称为想象。思维是人脑对客观现实的间接的、概况的反映,是一种高级的认知活动。借助思维,人可以认识那些未直接作用于人的事物,也可以预见事物的未来及发展变化。例如,对一个有经验的食品感官分析人员,根据食品的成分表,可以粗略地判断出该食品可能具有的感官特性。

情绪活动和意志活动是认知活动的进一步活动,认知影响情绪和意志,并最终与心理状态相关联,它们之间的复杂关系,这里不作进一步讨论。

三、感觉的度量及阈值

感官或感受体并不是对所有变化都产生反应,只有当引起感受体发生变化的外界刺激处于适当范围内，才能产生正常的感觉。刺激量过大或过小都会造成感受体无反应而不产生感觉或反应过于强烈而失去感觉。例如，人眼只对波长为380～780nm光波产生的辐射量变化有反应。因此，对各种感觉来说都有一个感受体所能接受外界刺激变化的范围。

感觉阈是指感官或感受体对所能接受范围的上、下限和对这个范围内最微小变化感觉的灵敏程度。依照测量技术和目的的不同，将各种感官的感觉阈分为两类。

（1）绝对感觉阈限（绝对阈）：以产生一种感觉的最低刺激量为下限，到导致感觉消失的最高刺激量为上限的一个范围值。刚刚能引起感觉的最小刺激量和刚刚导致感觉消失的最大刺激量，称为绝对感觉的两个阈限。

（2）差别感觉阈限（差别阈）：感官所能感受到刺激的最小变化量。当刺激物引起感觉之后，如果刺激强度发生微小的变化，人的主观感觉能否觉察到这种变化，就是差别敏感性的问题。

四、感觉疲劳和感觉的变化

（一）感觉疲劳

感觉疲劳是经常发生在感官上的一种现象。各种感官在同一种刺激施加一段时间后，均会发生程度不同的疲劳。疲劳现象发生在感官的末端神经、感受中心的神经和大脑的中枢神经上，疲劳的结果是感官对刺激感受的灵敏度急剧下降。如味觉器官长时间的受到某味感物的刺激后，再吃相同的味感物质时往往会感到味感强度下降。如吃第二块糖感觉不如吃第一块糖甜；常吃味精者加入量越多反而觉得鲜味越来越淡。嗅觉器官如长期嗅闻某种气味，就会使嗅觉受体对这种气味产生疲劳，敏感性逐渐下降，随时间的延长甚至达到忽略这种气味存在的程度。一般，感觉疲劳产生越快，感官灵敏度恢复就越快。

（二）感觉的变化

心理作用对感觉的影响是特别微妙的，可使感觉产生下列变化。

1. 对比增强现象

两个刺激同时或相继存在时，一个刺激的存在造成另一个刺激增强的现象。感觉两个刺激的过程中，两个刺激量都未发生变化，而感觉上的变化只能归于两种刺激同时或先后存在时对人心理上产生的影响。对比增强现象有同时对比或先后对比两种。如深浅不同的颜色比较，会感觉深颜色更深，浅色更浅（同时对比）；吃过山楂后再吃糖，会觉得糖更甜（先后对比）。

2. 对比减弱现象

一种刺激的存在减弱了另一种刺激的现象。比如闻过桂花香水的味道再去闻玫瑰花，就感觉不到香味了。

3. 变调现象

两个刺激先后施加时，一个刺激造成另一个刺激的感觉发生本质变化的现象。如尝过氯化钠或奎宁后，即使再饮用无味的清水也会感觉有微微的甜味。

4. 相乘作用

当有两种或两种以上的刺激同时施加时，感觉水平超出每种刺激单独作用效果叠加的现象。如味精和核苷酸共存时，会使鲜味明显增强。在饮料、果汁中加入麦芽酚能增强甜味。

5. 阻碍作用

某种刺激的存在阻碍了对另一种刺激的感觉。如西非的神秘果因含有一种碱性蛋白质，可使酸味物质产生甜味感，食用后再吃带酸味的物质感觉不出酸味。

五、温度对感觉的影响

食物可分为热吃食物、冷吃食物和常温食用食物。如果将最适食用温度弄反了，将会造成很不好的效果。理想的食物温度因食品的不同而异，以体温为中心，一般来说，正常人对温度在 -25 ~ 30℃的范围内的食物，味觉敏感度最高。温度的不同，人进食时对味道的感觉也不一样。热菜的温度最好在 60 ~ 65℃，冷菜肴最好在 10 ~ 15℃。甜的东西在 37℃左右感觉最甜，高于或低于这个温度时，甜度就会变淡；酸的东西在 10 ~ 40℃之间，其味道基本不变；咸和苦的东西，则是温度越高，味道越淡。

适宜于室温下食用的食物不太多，一般只有饼干、糖果、西点等。食品的最佳食用温度也因个人的健康状态和环境因素的影响而有所不同。一般来说，烧开的水冷却到 12 ~ 15℃时，喝起来最爽口，而且对身体很好。各种果汁在 8 ~ 10℃左右时饮用为宜，低于此温度，则品尝不出果汁甜润清香的味道。-13 ~ 15℃时的冰激凌吃起来让人感觉最痛快。汽水饮用的最佳温度是 4 ~ 5℃，这个温度的汽水喝起来最解渴，且不会对肠胃造成刺激。西瓜在 8℃左右风味最纯正。用 50 ~ 60℃的温水冲蜂蜜，能最多地保留住蜂蜜中的营养。在冲泡热咖啡时，过高的水温会把咖啡的油质破坏，使咖啡变苦，过低的水温又煮不出咖啡的味道，咖啡会又酸又涩。所以水温在 91 ~ 96℃时，冲泡出来的咖啡味道最纯正。冷咖啡在 6℃时味道最值得回味。

六、各种感觉

（一）视觉

视觉是人类重要的感觉之一，绝大部分外部信息要靠视觉来获取。视觉是认识周围环境，建立客观事物第一印象的最直接和最简捷的途径。由于视觉在各种感觉中占据非常重要的地位，因此在食品感官分析上（尤其是消费者试验中），视觉起相当重要的作用。

1. 视觉的生理特征及视觉形成

视觉是眼球接受外界光线刺激后产生的感觉。眼球形状为圆球形，其表面由三层组织构成。最外层是起保护作用的巩膜，它的存在使眼球免遭损伤并保持眼球形状。中间一层是布满血管的脉胳膜，它可以阻止多余光线对眼球的干扰。最内层大部分是对视觉感觉最终要的视网膜，视网膜上分布着柱形和锥形光敏细胞。在视网膜的中心部分只有锥形光敏细胞，这个区域对光线最敏感。在眼球面对外界光线的部分有一块透明的凸状体称为晶状体，晶状体的变曲程度可以通过睫状肌肉运动而变化保持外部物体的图像始终集中在视网膜上。晶状体的前部是瞳孔，这是一个中心带有孔的薄肌隔膜，瞳孔直径可变化以控制进入眼球的光线。

产生视觉的刺激物质是光波，但不是所有的光波都能被人所感受，只有波长在 380 ~ 780nm 范围内的光波才是人眼可接受光波。超出或低于此波长的光波都是不可见光。物体反射的光线，或者透过物体的光线照在角膜上，透过角膜到达晶状体，再透过玻璃体到达视网膜，大多数的光线落在视网膜中的一个小凹陷处，中央凹上。视觉感受器、视杆和视锥细胞位于视网膜中。这些感受器含有光敏色素，当它收到光能刺激时会改变形状，导致电神经冲动的产生，并沿着视神经传递到大脑，这些脉冲经视神经和末梢传导到大脑，再由大脑转换成视觉。

2. 视觉的感觉特征

（1）闪烁效应

当用一系列明暗交替的光线刺激眼球时，就会产生闪烁感觉，随刺激频率的增加，到一定程度时，闪烁感觉消失，由连续的光感所代替。出现上述现象的频率称为闪光融合临界频率或闪烁临界频率（critical flicker frequency，CFF），它表现了视觉系统分辨时间能力的极限，体现了人们辨别闪光能力的水平。通过对人的闪光融合临界频率的测定还可以了解人体的疲劳程度。在研究视觉特征及视觉与其他感觉之间的关系时，都以 CFF 值变化为基准。

（2）颜色与色彩视觉

颜色是光线与物体相互作用后，对其检测所得结果的感知。感觉到的物体颜色受三个实体的影响：物体的物理和化学组成、照射物体的光源光谱组成和接收者眼睛的光谱敏感性。改变这三个实体中的任何一个，都可以改变感知到的物体颜色。

照在物体上的光线可以被物体折射、反射、传播或吸收。在电磁光谱可见光范围内，如果所用的辐射能量几乎均被一个不透明的表面所反射，那么，该物体呈现白色。如果光线在整个电磁光谱可见光范围内被部分吸收，那么，物体呈现灰色。如果可见光谱的光线几乎完全被吸收，那么，物体呈现黑色。这也取决于环境条件。

物体的颜色能在三个方面变化：色调，消费者通常将其代表性地作为物体的“色彩”；明亮度，也称为物体的亮度；饱和度，也称为色彩的纯度。

对物体颜色明亮度（值）的感知，表明了反射光与吸收光间的关系，但是没有考虑所含的特定波长，物体的感知色调是对物体色彩的感觉，这是由于物体对各个波长辐射能量吸收不同的结果。因此，如果物体吸收较多的长波而反射较多的短波（400～500nm），那么，物体将被描述为蓝色。在中等波长处有最大光反射的物体，其结果是在色彩上可描述为黄绿色，而在较长波长（600～700nm）处有最大光反射的物体会被描述为红色，颜色的色度（饱和度或纯度）表明某一特定色彩与灰色的差别有多大。产生颜色的视觉感知是由于在电磁光谱的可见光范围（380～770nm）内，某些波长比其他波长强度大的光线对视网膜的刺激而引起的（紫色 380～400nm、蓝色 400～475nm、绿色 500～575nm、黄色 570～590nm、橙色 590～700nm、红色 700～770nm）。颜色可归于光谱分布的一种外观性质，而视觉的颜色感知是大脑对于由光线与物体相互作用后对其检测产生的视网膜刺激而引起的反应。或者说，在没有被所视物体吸收的电磁光谱中，可见光部分的波长被眼睛所看到并被大脑翻译为颜色。

色彩视觉通常是与视网膜上的锥型细胞和适宜的光线有关系。在锥型细胞上有三种类型的感受体，每一种感受体只对一种基色产生反应。当代表不同颜色的不同彼长的光波以不同强度刺激光敏细胞时，产生彩色感觉。对色彩的感觉还会受到亮度（光线强度）的影响。在亮度很低时，只能分辨物体的外形、轮廓，分辨不出物体的色彩。每个人对色彩的分辨能力有一定差别。不能正确辩认红色、绿色和蓝色的现象称为色盲。色盲对食品感官检验有影响，在挑选感官评析人员时应注意这个问题。

（3）暗适应和亮适应

当从明亮处转向黑暗时，会出现视觉短暂消失而后逐渐恢复的情形，这样一个过程称为暗适应。在暗适应过程中，由于光线强度骤变，瞳孔迅速扩大以适应这种变化，视网膜也逐步提高自身灵敏度使分辨能力增强。因此，视觉从一瞬间的最低程度渐渐恢复到该光线强度下正常的视觉。暗适应是人眼在暗处对光的敏感度逐渐提高的过程。一般是在进入暗处后的最初约7min内,人眼感知光线的阈值出现一次明显的下降,以后再次出现更为明显的下降;大约进入暗处25~30min时,阈值下降到最低点,并稳定于这一状态。据分析,第一阶段暗适应主要与视锥细胞视色素的合成增加有关;第二阶段亦即暗适应的主要阶段,与视杆细胞中视紫红质的合成增强有关。

当人长时间在暗处而突然进入明亮处时,最初感到一片耀眼的光亮,不能看清物体,只有稍待片刻才能恢复视觉,这称为亮适应。亮适应的进程很快,通常在几秒钟内即可完成。其机制是视杆细胞在暗处蓄积了大量的视紫红质,进入亮处遇到强光时迅速分解,因而产生耀眼的光感。只有在较多的视杆色素迅速分解之后,对光较不敏感的视锥色素才能在亮处感光而恢复视觉。

这两种视觉效应与感官分析试验条件的选定和控制相关。视觉感觉特征除上述外,还有残像效应、日盲、夜盲等。

3. 视觉与食品感官检验

视觉虽不像味觉和嗅觉那样对食品感官检验起决定性作用,但仍有重要影响。食品的颜色变化会影响其他感觉。实验证实,只有当食品处于正常颜色范围内才会使味觉和嗅觉在对该种食品的鉴评上正常发挥,否则这些感觉的灵敏度会下降,甚至不能正确感觉。颜色对分析评价食品具有下列作用:

(1)便于挑选食品和判断食品的质量。食品的颜色比另外一些因素诸如:形状、质构等对食品的接受性和食品质量影响更大,更直接。

(2)食品的颜色和接触食品时环境的颜色显著增加或降低对食品的食欲。

(3)食品的颜色也决定其是否受人欢迎。倍受喜爱的食品常常是因为这种食品带有使人愉快的颜色。没有吸引力的食品,颜色不受欢迎是一个重要因素。

(4)通过各种经验的积累,可以掌握不同食品应该具有的颜色,并据此判断食品所应具有的特性。

以上作用显示,视觉在食品感官分析尤其是喜好性分析上占据重要地位。

(二)听觉

听觉也是人类用作认识周围环境的重要感觉。听觉在食品感官分析中,主要用于某些特定食品(如膨化谷物食品)和食品的某些特性(如质构)的评析上。

1. 听觉的感觉过程

听觉是接受声波刺激后而产生的一种感觉。感觉声波的器官是耳朵。人类的耳朵分为内耳和外耳,内、外耳之间通过耳道相联接。外耳由耳廓构成;内耳则由耳膜、耳蜗、中耳、听觉神经和基膜等组成。外界的声波以振动的方式通过空气介质传送至外耳,再经耳道、耳膜、中耳、听小骨进人耳蜗,此时声波的振动已由耳膜转换成膜振动,这种振动在耳蜗内引起耳蜗液体相应运动进而导致耳蜗后基膜发生移动,基膜移动对听觉神经的刺激产生听觉脉冲信号,使这种信号传至大脑即感受到声音。

声波的振幅和频率是影响听觉的两个主要因素。声波振幅大小决定听觉所感受声音的强弱。振幅大则声音强,振幅小声音则弱。声波振幅通常用声压或声压级表示,即分贝(dB)。频率是指声波每秒钟振动的次数,它是决定音调的主要因素。正常人只能感受频率为30~

15000Hz 的声波；对其中 500～4000Hz 频率的声波最为敏感。频率变化时，所感受的音调相应变化。通常都把感受音调和音强的能力称为听力。和其他感觉一样，能产生听觉的最弱声信号定义为绝对听觉阈，而把辨别声信号变化的能力称为差别听觉阈。正常情况下，人耳的绝对听觉阈和差别听觉阈都很低，能够敏感地分辨出声音的变化及察觉出微弱的声音。

2. 听觉和食品感官分析

听觉与食品感官分析有一定的联系。食品的质感特别是咀嚼食品时发出的声音，在决定食品质量和食品接受性方面起重要作用。比如，焙烤制品中的酥脆簿饼，爆玉米花和某些膨化制品，在咀嚼时应该发出特有的声响，否则可认为质量已变化而拒绝接受这类产品。声音对食欲也有一定影响。

（三）嗅觉

挥发性物质刺激鼻腔嗅觉神经，并在中枢神经引起的感觉就是嗅觉。嗅觉也是一种基本感觉。它比视觉原始，比味觉复杂。在人类没有进化到直立状态之前，原始人主要依靠嗅觉、味觉和触觉来判断周围环境。随着人类转变成直立姿态，视觉和听觉成为最重要的感觉，而嗅觉等退至次要地位。尽管现在嗅觉已不是最重要的感觉，但嗅觉的敏感性还是比味觉敏感性高很多。最敏感的气味物质——甲基硫醇只要在 $1m^3$ 空气中有 4×10^{-5}mg（约为 1.41×10^{-10}mol/L）就能感觉到；而最敏感的呈味物质——马钱子碱的苦味也要达到 1.6×10^{-6}mol/L 浓度才能感觉到。嗅觉感官能够感受到的乙醇溶液的浓度要比味觉感官所能感受到的浓度低 24000 倍。

食品除含有各种味道外，还含有各种不同气味。食品的味道和气味共同组成食品的风味特性影响人类对食品的接受性和喜好性，同时对内分泌亦有影响。因此，嗅觉与食品有密切的关系，是进行感官分析时所使用的重要感官之一。

1. 嗅感器官的特征

嗅黏膜是人的鼻腔前庭部分的一块嗅感上皮区，有两张邮票面积大小（$5cm^2$），这一位置对防止伤害有一定的保护作用。只有很小比例的空气可传播物质流经鼻腔，真正到达这一感觉器官附近。许多嗅细胞和其周围的支持细胞、分泌粒在上面密集排列形成嗅黏膜。由嗅纤毛、嗅小胞、细胞树突和嗅细胞体等组成的嗅细胞是嗅感器官，人类鼻腔每侧约有 2000 万个嗅细胞。支持细胞上面的分泌粒分泌出的嗅黏液，形成约 100μm 厚的液层覆盖在嗅黏膜表面，有保护嗅纤毛、嗅细胞组织以及溶解食品成分的功能。嗅纤毛是嗅细胞上面生长的纤毛，不仅在黏液表面生长，也可在液面上横向延伸，并处于自发运动状态，有捕捉挥发性嗅感分子的作用。

感觉气味的途径是，人在正常呼吸时，挥发性嗅感分子随空气流进入鼻腔，先与嗅黏膜上的嗅细胞接触，然后通过内鼻进入肺部。嗅感物质分子应先溶于嗅黏液中才能与嗅纤毛相遇而被吸附到嗅细胞上。溶解在嗅黏膜中的嗅感物质分子与嗅细胞感受器膜上的分子相互作用，生成一种特殊的复合物，再以特殊的离子传导机制穿过嗅细胞膜，将信息转换成电信号脉冲。经与嗅细胞相连的三叉神经的感觉神经末梢，将嗅黏膜或鼻腔表面感受到的各种刺激信息传递到大脑。

2. 嗅觉的特征

人的嗅觉相当敏锐可感觉到一些浓度很低的嗅感物质，这点仍然超过化学分析中仪器方法测量的灵敏度。我们可以检测许多重要的，在 10 亿分之几水平范围内的风味物质，如含硫化合物。

嗅觉在人所能体验和了解的性质范围上相当广泛。试验证明，人所能标识的比较熟悉的气味数量相当大，而且似乎没有上限。训练有素的专家能辨别4000种以上不同的气味。但犬类嗅觉的灵敏性更加惊人，它比普通人的嗅觉灵敏约100万倍，连现代化的仪器也不能与之相比。

嗅觉对于区分强度水平的能力相当差。相对于其他感觉，测定的嗅觉差别阈值经常相当大，对于未经训练的个体辨别或标识气味类别能力的早期试验标明，人只能可靠的分辨大致三种气味强度水平。从复杂气味混合物中分析识别其中许多成分的能力也是有限的。我们是将气味作为一个整体的形式，而不是作为单个特性的堆积加以感受的。

不同的人嗅觉差别很大，即使嗅觉敏锐的人也会因气味而异。通常认为女性的嗅觉比男性敏锐，但世界顶尖的调香师都是男性。对气味极端不敏感的嗅盲则是由遗传因素决定的。

持续的刺激易使嗅觉细胞产生疲劳处于不灵敏状态，如人闻芬芳香水时间稍长就不觉其香，同样长时间处于恶臭气味中也能忍受。但一种气味的长期刺激可使嗅球中枢神经处于负反馈状态，感觉受到抑制，产生对其的适应。另外，注意力的分散会使人感觉不到气味，时间长些便对该气味形成习惯。由于疲劳、适应和习惯这三种现象是共同发挥作用的，因此很难彼此区别。

嗅感物质的阈值受身体状况、心理状态、实际经验等人的主观因素的影响尤为明显。当人的身体疲劳、营养不良、生病时可能会发生嗅觉减退或过敏现象，如人患萎缩性鼻炎时，嗅黏膜上缺乏黏液，嗅细胞不能正常工作造成嗅觉减退。心情好时，敏感性高，辨别能力强。实际辨别的气味越多，越易于发现不同气味间的差别，辨别能力就会提高。

3. 嗅觉机理

目前对嗅感学的研究多集中于嗅感物质与鼻黏膜之间的对应变化方面。而对嗅感过程的解释则分为化学学说、振动学说和酶学说。

(1)化学学说

其核心为嗅感是气味分子微粒扩散进入鼻腔，与嗅细胞之间发生了化学反应或物理化学反应(如吸附与解吸等)的结果。此类学说中较著名的有外形——功能团理论、立体结构理论、渗透和穿刺理论。

(2)振动学说

认为嗅觉与嗅感物的气味固有的分子振动频率(远红外电磁波)有关，当嗅感分子的振动频率与受体膜分子的振动频率一致时，受体便接受气味信息，不同气味分子所产生的振动频率不同，从而形成不同的嗅感。另一种观点认为，有效的刺激是嗅感分子中价电子等分子内振动，并与受体膜实际接触才产生嗅感信息。

(3)酶学说

认为嗅感是因为气味分子刺激了嗅黏膜上的酶，使酶的催化能力、变构传递能力、酶蛋白的变性能力等发生变化而形成。不同气味分子对酶的影响不同，就产生不同的嗅觉。

应当指出，各种嗅感学说目前都不够完善，每一种学说都有自己的道理，但还没有任何一个学说能提出足够的证据来说服其他的学说，各自都存在一定的矛盾，有的尚需要实验验证。但相比之下，化学学说被更多人所接受。

4. 食品的嗅觉识别

(1)嗅技术

嗅觉受体位于鼻腔最上端的嗅上皮内，在正常的呼吸中，吸入的空气并不倾向通过鼻上部，多通过下鼻道和中鼻道。带有气味物质的空气只能极少量而且缓慢地通入鼻腔嗅区，所以只能感受到有轻微的气味。要使空气到达这个区域获得一个明显的嗅觉，就必须作适当用力的吸气（收缩鼻孔）或煽动鼻翼作急促的呼吸。并且把头部稍微低下对准被嗅物质使气味自下而上地通入鼻腔，使空气易形成急驶的祸流。气体分子较多地接触嗅上皮，从而引起嗅觉的增强效应。

这样一个嗅过程就是所谓的嗅技术（或闻）。注意：嗅技术并不适应所有气味物质，如一些能引起痛感的含辛辣成分的气体物质。因此，使用嗅技术要非常小心。通常对同一气味物质使用嗅技术不超过三次，否则会引起"适应"，使嗅敏度下降。

（2）气味识别

1）范氏试验

一种气体物质不送入口中而在舌上被感觉出的技术，就是范氏试验。首先，用手捏住鼻孔通过张口呼吸，然后把一个盛有气味物质的小瓶放在张开的口旁（注意：瓶颈靠近口但不能咀嚼），迅速地吸入一口气并立即拿走小瓶，闭口，放开鼻孔使气流通过鼻孔流出（口仍闭着）从而在舌上感觉到该物质。

这个试验已广泛地应用于训练和扩展人们的嗅觉能力。

2）气味识别

各种气味就像学习语言那样可以被记忆。人们时时刻刻都可以感觉到气味的存在，但由于无意识或习惯性也就并不觉察它们。因此，要记忆气味就必须设计专门的试验，有意地加强训练这种记忆（注意，感冒者例外），以便能够识别各种气味，详细描述其特征。

训练试验通常是选用一些纯气味物（如十八醛、对丙烯基茴香醚、肉桂油、丁香等）单独或者混合用纯乙醇（99.8%）作溶剂稀释成 10g/mL 或 1g/mL 的溶液（当样品具有强烈辣味时，可制成水溶液），装入试管中或用纯净无味的白滤纸制备尝味条（长 150nm，宽 10nm），借用范氏试验训练气味记忆。

3）香识别

①啜食技术

因为吞咽大量样品不卫生，品茗专家和鉴评专家发明了一项专门技术——啜技术，来代替吞咽的感觉动作，使香气和空气一起流过后鼻部被压入嗅味区域。这种技术是一种专门技术，对于一些人来说要用很长的时间来学习正确的啜技术。

品茗专家和咖啡品尝专家使用匙把样品送入口内并用劲地吸气，使液体杂乱地吸向咽壁（就像吞咽时一样），气体成分通过鼻后部到达嗅味区。吞咽成为不必要，样品可以被吐出。品酒专家随着酒被送入张开的口中，轻轻地吸气进行咀嚼。酒香比茶香和咖啡香具有更多挥发成分，因此品酒专家的啜食技术更应谨慎。

②香的识别

香识别训练首先应注意色彩的影响，通常多采用红光以消除色彩的干扰。训练用的样品要有典型，可选各类食品中最具典型香的食品进行。果蔬汁最好用原汁，糖果蜜饯类要用纸包原块，面包要用整块，肉类应该采用原汤，乳类应注意异味区别的训练。训练方法用啜食技术，并注意必须先嗅后尝，以确保准确性。

(四)味觉

味觉是人的基本感觉之一,对人类的进化和发展起着重要的作用。味觉一直是人类对食物进行辨别、挑选和决定是否予以接受的主要因素之一。同时由于食品本身所具有的风味对相应味觉的刺激,使得人类在进食的时候产生相应的精神享受。味觉在食品感官检验上占据有重要地位。

1. 味觉的生理与机理

(1)味觉产生的过程

呈味物质刺激口腔内的味觉感受体,然后通过一个收集和传递信息的神经感觉系统传导到大脑的味觉中枢,最后通过大脑的综合神经中枢系统的分析,从而产生味觉。不同的味觉产生有不同的味觉感受体,味觉感受体与呈味物质之间的作用力也不相同。

(2)味感受体

人对味的感觉体主要依靠口腔内的味蕾,以及自由神经末梢。婴儿有10000个味蕾,成人几千个,味蕾数量随年龄的增大而减少,对呈味物质的敏感性也降低。味蕾大部分分布在舌头表面的乳状突起中,尤其是舌黏膜皱褶处的乳状突起中最密集。味蕾一般有40~150个味觉细胞构成,大约10~14d更换一次,味觉细胞表面有许多味觉感受分子,不同物质能与不同的味觉感受分子结合而呈现不同的味道。人的味觉从呈味物质刺激到感受到滋味仅需1.5~4.0ms,比视觉13~45ms,听觉1.27~21.5ms,触觉2.4~8.9ms都快。人的味蕾大部分都分布在舌头表面的乳突中,小部分分布在软颚、咽喉和会咽等处,特别是舌黏膜皱褶处的乳突侧面最为稠密。人舌的表面是不光滑的,乳头覆盖在极细的突起部位上。医学上根据乳头的形状将其分类为丝状乳头、茸状乳头、叶状乳头和有廓乳头。丝状乳头最小、数量最多,主要分布在舌前2/3处,因无味蕾而没有味感。茸状乳头、有廓乳头及叶状乳头上有味蕾。茸状乳头呈蘑菇状,主要分布在舌尖和舌侧部。成人的叶状乳头不太发达,主要分布在舌的后部。

有廓乳头是最大的乳头,直径1.0~1.5mm,高约2mm,呈V字形分布在舌根部位。胎儿几个月就有味蕾,10个月时支配味觉的神经纤维生长完全,因此新生儿能辨别咸味、甜味、苦味、酸味。味蕾在哺乳期最多,甚至在脸颊、上鄂咽头、喉头的黏膜上也有分布,以后就逐渐减少、退化,成年后味蕾的分布范围和数量都在减少,只在舌尖和舌侧的舌乳头和有廓乳头部上,因而舌中部对味较迟钝。不同年龄,有廓乳头上味蕾的数量不同(见表1-2-1)。20岁时的味蕾最多,随着年龄增大而味蕾数减少。味蕾的分布区域,随着年龄增大逐渐集中在舌尖、舌缘等部位的有廓乳头部上,一个乳头中的味蕾数也随着年龄增长而减少。同时,老年人的唾液分泌也会减少,所以老人的味觉能力一般都明显衰退,一般是从50岁开始出现迅速衰退的现象。

味蕾通常由40~150个香蕉形的味细胞,板样排列成桶状组成,内表面为凹凸不平的神经元突触,约10~14d由上皮细胞变为味细胞。味细胞表面的蛋白质、脂质及少量的糖类、核酸和无机离子,分别接受不同的味感物质,蛋白质是甜味物质的受体,脂质是苦味和咸味物质的受体,有人认为苦味物质的受体可能与蛋白质相关。

表1-2-1 单个有廓乳头中的味蕾数

年龄	0~11个月	1~3岁	4~20岁	30~45岁	50~70岁	74~85岁
味蕾数	241	242	252	200	214	88

试验证明，不同的味感物质在味蕾上有不同的结合部位，尤其是甜味、苦味和鲜味物质，其分子结构有严格的空间专一性，即舌头上不同的部位有不同的敏感性，一般来说，人的舌前部对甜味最敏感，舌尖和边缘对咸味较为敏感，而靠腮两边对酸味敏感，舌根部则对苦味最为敏感，但因人会有差异。

(3)味觉机理

关于味觉机理的研究尚处于探索阶段。当前已有定味基和助味基理论、生物酶理论、物理吸附理论、化学反应理论等，多数依据化学感觉这一方面。现借助在化学各领域获得的进展，可以用新的理论重新阐述机理。

现在普遍接受的机理是，呈味物质分别以质子键、盐键、氢键和范德华力形成4类不同化学键结构，对应酸、咸、甜、苦四种基本味。在味细胞膜表层，呈味物质与味受体发生一种松弛、可逆的结合反应过程，刺激物与受体彼此诱导相互适应，通过改变彼此构象实现相互匹配契合，进而产生适当的键合作用，形成高能量的激发态，此激发态是亚稳态，有释放能量的趋势，从而产生特殊的味感信号。不同的呈味物质的激发态不同，产生的刺激信号也不同。由于甜受体穴位是由按一定顺序排列的氨基酸组成的蛋白体，若刺激物极性基的排列次序与受体的极性不能互补，则将受到排斥，就不可能有甜感；换句话说，甜味物质的结构是很严格的。由表蛋白结合的多烯磷脂组成的苦味受体，对刺激物的极性和可极化性同样也有相应的要求。因受体与磷脂头部的亲水基团有关，对咸味剂和酸味剂的结构限制较小。

在20世纪80年代初期，中国学者曾广植在总结前人研究成果的基础上，提出了味细胞膜的板块振动模型。对受体的实际构象和刺激物受体构象的不同变化，曾广植提出构型相同或互补的脂质和(或)蛋白质按结构匹配结为板块，形成一个动态的多相膜模型，如与体蛋白或表蛋白结合成脂质块，或以晶态、似晶态组成各种胶体脂质块。板块可以阳离子桥相连，也可在有表面张力的双层液晶脂质中自由漂动，其分子间的相互作用与单层单尾脂膜相比，多了一种键合形式，即在脂质的头部除一般盐键外还有亲水键键合，其颈部有氢键键合，其烃链的C9前段还有一种新型的，两个烃链向两侧形成疏水键键合，在其后C9段则有范德华力的排斥作用。必需脂肪酸和胆固醇都是形成脂质板块的主要组分，两者在生物膜中发挥相反而相辅的调节作用。无机离子也影响胶体脂块的存在，以及板块的数量、大小。

对于味感的高速传导，曾广植认为在呈味物质与味受体的结合之初就已有味感，并引起受体构象的改变，通过量子交换，受体所处板块的振动受到激发，跃迁至某特殊频率的低频振动，再通过其他相似板块的共振传导，成为神经系统能接受的信息。由于使相同的受体板块产生相同的振动频率范围，不同结构的呈味物可以产生相同味感。曾广植计算出，在食物入口的温度范围内，食盐咸味的初始反应的振动频率为$213s^{-1}$，甜味剂约在$230s^{-1}$，苦味剂低于$200s^{-1}$，而酸味剂则超过$230s^{-1}$，而且理论上可用远红外Ramanl光谱进行测定。

味细胞膜的板块振动模型对于一些味感现象作出了满意的解释：

1)镁离子、钙离子产生苦味，是它们在溶液中水合程度远高于钠离子，从而破坏了味细胞膜上蛋白质——脂质间的相互作用，导致苦味受体构象的改变。

2)神秘果能使酸变甜和朝鲜蓟使水变甜，则是因为它们不能全部进入甜味受体，但能使味细胞膜发生局部相变而处于激发态，酸和水的作用只是触发味受体改变构象和起动低频信息。而一些呈味物质产生后味，是因为它们能进入并激发多种味受体。

3)味盲是一种先天性变异。甜味盲者的甜味受体是封闭的，甜味剂只能通过激发其他受体而产生味感；因为少数几种苦味剂难于打开苦味受体口上的金属离子桥键，所以苦味盲者感

受不到它们的苦味。

(4)几种基本味形成的机理

1)苦味形成的生物学机理

苦味是由含有化学物质的液体刺激引起的感觉。味觉的感受器是味蕾,味蕾呈卵圆形,主要由味细胞和支持细胞组成,味细胞顶部有微绒毛向味孔方向伸展,与唾液接触,细胞基部有神经纤维支配。苦味形成的机理是:分布于味蕾中味细胞顶部微绒毛上的苦味受体蛋白与溶解在液相中的苦味质结合后活化,经过细胞内信号传导,使味觉细胞膜去极化,继而引发神经细胞突触后兴奋,兴奋性信号沿面神经、舌咽神经或迷走神经进入延髓束核,更换神经元到丘脑,最后投射到大脑中央后回最下部的味觉中枢,经过神经中枢的整合最终产生苦味感知。

2)酸味形成的生物学机理

酸味是由 H^+ 刺激舌黏膜而引起的味感,HA 酸中质子 H^+ 是定味剂,酸根负离子 A^- 是助味剂,酸味物质的阴离子结构对酸味强度有影响:有机酸根 A^- 结构上增加羟基或羧基,则亲脂性减弱,酸味减弱;增加疏水性基因,有利于 A^- 在脂膜上的吸附,酸味增强。

3)甜味形成的生物学机理

甜味通常是指那种由糖引起的令人愉快的感觉。某些蛋白质和一些其他非糖类特殊物质也会引起甜味。甜通常与连接到羰基上的醛基和酮基有关。甜味是通过多种 G 蛋白耦合受体来获得的,这些感受器耦合了味蕾上存在的 G 蛋白味导素。

4)鲜味形成的的生物学机理

鲜味是一种非常可口的味道,由 L－谷氨酸所诱发,鲜味受体膜外段的结构类似于捕蝇草,由两个球形子域构成,两个域由 3 股弹性铰链连接,形成一个捕蝇草样的凹槽结构。L－谷氨酸结合到凹槽底部近铰链部位。肌苷酸则结合到凹槽开口附近。研究人员对鲜味受体的形状进行了少许的改动,发现了一种特殊的变构效应,即肌苷酸结合于 L－谷氨酸附近的部位可以稳定 VFT 闭合构象,增强 L－谷氨酸与味觉受体结合的程度及鲜味味觉。

5)辣味的呈味机理

辣味刺激的部位在舌根部的表皮,产生一种灼痛的感觉,严格讲辣味属触觉。辣味物质的结构中具有起定味作用的亲水基因和起助味作用的疏水基因,而且辣味物质属于刺激性物质,可促进食欲、帮助消化。

2. 味的阈值

在四种基本味觉中,人对咸味的感觉最快,对苦味的感觉最慢,但就人对味觉的敏感性来讲,苦味比其他味觉都敏感,更容易被觉察。

阈值:感受到某呈味物质的味觉所需要的该物质的最低浓度。常温下蔗糖(甜)为 0.1%,氯化钠(咸)0.05%,柠檬酸(酸)0.0025%,硫酸奎宁(苦)0.0001%。

根据阈值的测定方法的不同,又可将阈值分为:

绝对阈值:是指人从感觉某种物质的味觉从无到有的刺激量。

差别阈值:是指人感觉某种物质的味觉有显著差别的刺激量的差值。

最终阈值:是指人感觉某种物质的刺激不随刺激量的增加而增加的刺激量。

3. 食品的味觉识别

(1)四种基本味的识别

制备甜(蔗糖)、咸(氯化钠)、酸(柠檬酸)和苦(咖啡碱)四种呈味物质的两个或三个不同浓度的水溶液。按规定号码排列顺序(见表1-2-2)。然后,依次品尝个样品的味道。

品尝时应注意品味技巧:样品应一点一点地啜入口内,并使其滑动时接触舌的各个部位(尤其应注意使样品能达到感觉酸味的舌边缘部位)。样品不得吞咽,在品尝两个的中间应用35℃的温水漱口去沫。

表1-2-2 四种基本味的识别

样品	基本味觉	呈味物质	试验溶液/(g/100mL)
A	酸	柠檬酸	0.02
B	甜	蔗糖	0.40
C	酸	柠檬酸	0.03
D	苦	咖啡碱	0.02
E	咸	NaCl	0.08
F	甜	蔗糖	0.60
G	苦	咖啡碱	0.03
H	—	水	
J	咸	NaCl	0.15
K	酸	柠檬酸	0.40

(2)四种基本味的察觉阈试验

味觉识别是味觉的定性认识,阈值试验才是味觉的定量认识。

制备一种呈味物质(蔗糖、氯化钠、柠檬酸或咖排碱)的一系列浓度的水溶液(见表1-2-3)。然后,按浓度增加的顺序依次品尝,以确定这种味道的察觉阈。

表1-2-3 四种基本味的觉察阈

样品	物味浓渡(g/100mL)			
	蔗糖(甜)	NaCl(碱)	柠檬酸(酸)	咖啡碱(苦)
1	0.00	0.00	0.000	0.000
2	0.05	0.02	0.005	0.003
3	0.10	0.04	0.010	0.004
4	0.20	0.06	0.013	0.005
5	0.30	0.03	0.015	0.006
6	0.40	0.10	0.018	0.008
7	0.50	0.13	0.020	0.010
8	0.60	0.15	0.025	0.015
9	0.60	0.18	0.030	0.020
10	1.00	0.20	0.035	0.030

注:划线为平均阈值。

4. 影响味觉的因素

(1)生理因素

1)性别通过研究发现,在品尝甜味和咸味时,女性相对于男性更加敏感;男性对酸味的感觉比女性更敏感;而对于苦味,男性和女性的感觉差别并不大。

2)年龄研究表明,随着人类年龄的增长,其敏感度会相应降低,一般来说,青壮年时期会具有较敏锐的感觉。

(2)病理因素

1)相信大家都有这种感觉,每当生病如感冒时,吃什么都没胃口,而且口味会较健康时偏重,这主要是由于人在生病时味觉会相应变差造成的。

2)人在饥饿状态时,味觉敏感性会明显提高。

3)睡眠缺乏时,会提高人的酸味阈值,但是对咸味和甜味的阈值无影响。

(3)心理因素

当人处于过度疲劳、紧张、愤怒、害怕等心理状态下,都会使得味觉显著下降。所以一般在进行感官实验时都需要为食品感官检验员提供一个相对安静、平和的环境,并要求检验人员拥有较为平和的心态方可开始试验,否则影响实验结果。

(4)物质的水溶性

呈味物质必须有一定的水溶性才可能有一定的味感,完全不溶于水的物质是无味的,溶解度小于阈值的物质也是无味的。水溶性越高,味觉产生的越快,消失的也越快,一般呈现酸味、甜味、咸味的物质有较大的水溶性,而呈现苦味的物质的水溶性一般。

(5)温度

味蕾的灵敏度与食品的温度有密切关系。进行食品的滋味鉴别时,最好使食品处在 20 ~ 45℃,以免温度的变化会增强或减低对味觉器官的刺激。

酸、甜、苦、咸四种基本味道的阈值与温度存在关联性(如图 1 - 2 - 1 所示)。一般来说,品尝甜味和酸味宜在 35 ~ 50℃下,品尝咸味宜在 18 ~ 35℃,品尝苦味的最佳温度为 10 ~ 18℃。

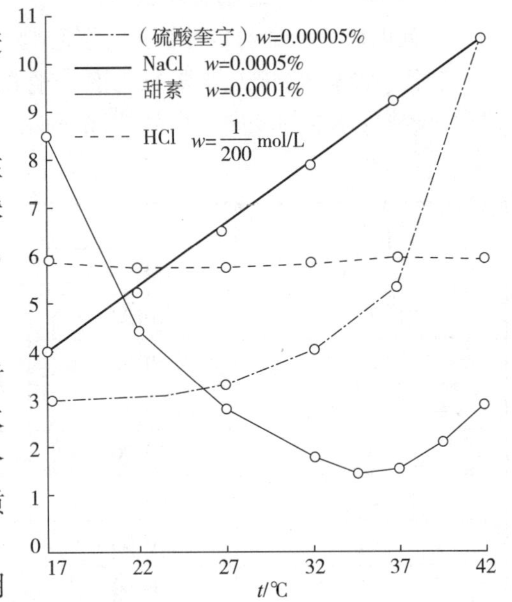

图 1 - 2 - 1 四种基本味阈值与温度的关系

(6)呈味物质所处介质的黏度

当呈味物质所处介质的黏度增加时,会造成对味道的辨别能力降低。一般来说,呈味物质处于水溶液中时,味道是最容易辨别的;而处于胶体状介质中时,是最难辨别的;呈味物质处于泡沫状介质中时,辨别能力居中。

通过研究发现,酸味感在果胶胶体溶液中会明显降低,原因主要包括两个方面:

1)果胶溶液黏度较高,降低了氢离子的扩散速度;

2)果胶自身的特性,抑制自由氢离子的产生。

日常生活中发现,苦瓜经过食用油煸炒后,其苦味会明显降低。这主要是因为油脂对呈味物质产生了双重影响,既降低了呈味物质的扩散速度,又抑制了呈味物质的溶解性。介质的性质会降低呈味物质的可溶性或抑制呈味物质有效成分的释放。

呈味物质的浓度与介质影响也有一定关系:当在阈值浓度附近时,咸味在水溶液中比较容易感觉;当呈味物质浓度提高到一定程度时,在琼脂溶液比在水溶液中更易感受。

(7)味觉的感受部位

我们通过味蕾感受味觉,每一个味蕾包含50~150个不同味道的受体细胞,每一个味蕾都能够感受到所有的基本味觉。所以,无论味蕾如何分布,舌头各个区域对于不同味觉的敏感程度都是相差无几的。

(8)味的相互作用

两种相同或不同的呈味物质进入口腔时,会使二者呈味味觉都有所改变的现象,称为味觉的相互作用。

1)味的对比现象

指两种或两种以上的呈味物质,适当调配,可使某中呈味物质的味觉更加突出的现象。如在10%的蔗糖中添加0.15%氯化钠,会使蔗糖的甜味更加突出,在醋酸中添加一定量的氯化钠可以使酸味更加突出,在味精中添加氯化钠会使鲜味更加突出。

2)味的相乘作用

指两种具有相同味感的物质进入口腔时,其味觉强度超过两者单独使用的味觉强度之和,又称为味的协同效应。甘草铵本身的甜度是蔗糖的50倍。但与蔗糖共同使用时末期甜度可达到蔗糖的100倍。

3)味的消杀作用

指一种呈味物质能够减弱另外一种呈味物质味觉强度的现象,又称为味的拮抗作用。如蔗糖与硫酸奎宁之间的相互作用。

4)味的变调作用

指两种呈味物质相互影响而导致其味感发生改变的现象。刚吃过苦味的东西,喝一口水就觉得水是甜的。刷过牙后吃酸的东西就有苦味产生。

5)味的疲劳作用

当长期受到某中呈味物质的刺激后,就感觉刺激量或刺激强度减小的现象。

5. 味觉使用注意事项

味觉检验前,不要吸烟或吃刺激性较强的食物,以免降低感觉器官的灵敏度。检验时取少量被检食品放入口中,细心品尝,然后吐出,用温水漱口。几种不同味道的食品在进行食品感官检验时,应当按照刺激性由弱到强的顺序,最后鉴别味道强烈的食品。在进行大量样品鉴别时,中间必须休息,每鉴别一种食品之后必须用温水漱口。对已有腐败迹象的食品,不要进行味觉检验。

另外,要想获得食物的真实味感,日常还需保护舌头对味觉的敏感性不受损害。主要可通过以下措施来改善味觉敏感性:不吃过冷过热的食物,少吃过于粗糙的食物,少吃过酸、过甜和辣味的食物,多吃些含锌元素的食物,如:牡蛎、猪瘦肉、牛肉、羊肉、牛乳、蛋、鱼及坚果类(如核桃、榛子、花生、芝麻等)。

大多数呈味物质的味道不是单纯的基本味,而是两种或两种以上的味道组合而成。不同味之间的相互作用对味觉有重大影响,例如:

（1）低于阈值的氯化钠只能轻微降低醋酸、盐酸和柠檬酸的酸味感，但是能明显降低乳酸、酒石酸和苹果酸的酸味感。

（2）氯化钠会使糖的甜度增高，一般按下列顺序：蔗糖、葡萄糖、果糖、乳糖、麦芽糖，其中蔗糖增高程度最小，麦芽糖甜度增高程度最大。

（3）盐酸不影响氯化钠的咸味，但其他酸都可以增加氯化钠的咸味感。

呈味物质相混合并不是味道的简单叠加，因此味之间的相互作用，不可能用呈味物质与味感受体作用的机理进行解释，只能通过食品感官检验员去感受味相互作用的结果。

基本味之间的补偿作用和竞争作用见表1－2－4。

表1－2－4　基本味之间的补偿作用和竞争作用

试验物	对比物											
	氯化钠	盐酸	柠檬酸	醋酸	乳酸	苹果酸	酒石酸	蔗糖	葡萄糖	果糖	乳糖	麦芽糖
氯化钠	…	±	+	+	+	+	+	—	—	—	—	—
盐酸	…	…	…	…	…	…	…	—	—	—	—	—
柠檬酸	…	…	…	…	…	…	…	—	—	—	—	—
醋酸	…	…	…	…	…	…	…	—	—	—	—	—
乳酸	…	…	…	…	…	…	…	—	—	—	—	—
苹果酸	…	…	…	…	…	…	…	—	—	—	—	—
酒石酸	…	…	…	…	…	…	…	—	—	—	—	—
蔗糖	+	±	+	±	+	+	+	…	…	…	…	…
葡萄糖	+	—	±	—	±	±	±	…	…	…	…	…
果糖	+	±	±	—	—	—	—	…	…	…	…	…
麦芽糖	+	…	…	…	…	…	…	…	…	…	…	…
乳糖	+	…	…	…	…	…	…	…	…	…	…	…

注："±"竞争作用；"+"或"—"补偿作用；"…"未试验。

（五）触觉

触觉是指分布于全身皮肤上的神经细胞接受来自外界的温度、湿度、疼痛、压力、振动等方面的感觉。多数动物的触觉器是遍布全身的，像人的皮肤位于人的体表，依靠表皮的游离神经末梢能感受温度。痛觉、触觉等多种感觉。狭义的触觉，指刺激轻轻接触皮肤触觉感受器所引起的肤觉。广义的触觉，还包括增加压力使皮肤部分变形所引起的肤觉，即压觉。一般统称为"触压觉"。

食品的触觉是口部和手与食品接触时产生的感觉，通过对食品的形变所加力产生刺激的反应表现出来。表现为咬断、咀嚼、品味、吞咽的反应。触觉能感受如下特性。

1.触觉感官特性

（1）大小和形状

口腔能够感受到食品组成的大小和形状。Tyle（1993）评价了悬浮颗粒的大小、形状和硬度对糖浆砂性口部知觉的影响。研究发现：柔软的、圆的，或者相对较硬的、扁的颗粒，大小约

80μm，人们都感觉不到有沙粒。然而，硬的、有棱角的颗粒大小在 >11～22μm 的范围内时，人们就能感觉到口中有沙粒。在另一些研究中，在口中可察觉的最小单个颗粒大小 <3μm。

感官质地特性受到样品大小的影响。样品大小不同，口中的感觉可能也会不一样。一个有争论的问题是：人类对样品大小间的差异是否会作出一些自动的补偿，或人类是否只对样品大小的很大变化敏感。1989 年，Cardello 和 Segars 研究了样品大小对质地感知的影响，而这个目的性明确的研究只是这方面的极少研究之一。他们评价了样品大小对能感知到的，如奶油乳酪、美国干酪、生胡萝卜和中间切开的黑麦面包、无皮的全牛肉以及 Tootsico 糖果卷咀嚼度的影响。被评价的样品大小（体积）为 0.125cm^3、1.00cm^3 和 8.00cm^3，实验条件是与样品的顺序同时呈现，样品以任意的顺序呈现或者按大小的顺序进行排列。被蒙住了眼睛和没有被蒙住眼睛的评价成员对样品进行评价，此外，有时允许、有时不允许评价成员触摸样品。研究发现：与主体对样品大小的意识无关，作为样品大小的一个函数，硬度和咀嚼度增加了。因此，质地知觉并非与样品大小无关。

（2）口感

在食品感官检验中，口感是指食物在人们口腔内，由触觉和咀嚼而产生的直接感受，是独立于味觉之外的另一种体验。口感一般包括食物的冷热程度和软硬程度两个基本方面：描述食物冷热程度的词语，如温、凉、热、烫等；描述食物软硬程度的词语，如软、糯、酥、滑、脆、嫩等。

口感是人类对食物的一种高级体验。在烹饪技术评价中决定口感优劣的关键是烹饪时对食材的形状和大小的控制以及烹饪火候的把握，口感是对烹饪水平的重要评价标准。

一般来讲，同样的食材，加工处理之后含水分越少就越酥脆，含水分越多就越滑嫩。想要追求酥脆的口感，油炸尤其是复炸是常用的方法。而滑嫩的关键在于前期腌制过程中通过手工捏制让食材尽量的吸收水分，然后用生粉封住，在烹饪的时候尽量地缩短时间和控制温度。

口感特征表现为触觉，通常其动态变化要比大多数其他口部触觉的质地特征更少。原始的质地剖面法只有单一与口感相关的特征——“黏度”。Szczesniak（1979）将口感分为 11 类：关于黏度的（稀的、稠的），关于软组织表面相关的感觉（光滑的、有果肉浆的），与 CO_2 饱和相关的（刺痛的、泡沫的、起泡性的），与主体相关的水质的（重的、轻的），与化学相关的（收敛的、麻木的、冷的），与口腔外部相关的（附着的、脂肪的、油脂的），与舌头运动的阻力相关的（黏糊糊的、黏性的、软弱的、浆状的），与嘴部的后感觉相关的（干净的、逗留的），与生理的后感觉相关的（充满的、恢复、渴望的冷却），与温度相关的（热的、冷的），与湿润情况相关的（湿的、干的）。Jowitt（1974）定义了这些口感的许多术语。Bertino 和 Lawless（1995）使用多维度的分类和标度，在口腔健康产品中，测定与口感特性相关的基本维数。他们发现，这些维数可以分成 3 组：收敛性、麻木感和疼痛感。

（3）口腔中的相变化（溶化）

人们并没有对食品在口腔中的溶化行为以及与质地有关的变化进行扩展研究，由于在口腔中温度的增加，因此，许多食品在嘴中经历了一个相的变化过程，巧克力和冰淇淋就是很好的例子。Hyde 和 Witherly（1995）提出了一个“冰淇淋效应”。他们认为动态地对比（口中感官质地瞬间变化的连续对比）是冰淇淋和其他产品高度美味的原因所在。

Lawless（1996）研究了一个简单的可可黄油模型食品系统后，发现这个系统可以用于研究脂肪替代品的质地和溶化特性的研究。按描述分析和时间－强度测定到的评价溶化过程中的变化，与碳水化合物的多聚体对脂肪的替代水平有关。但是，Mela 等人（1994）已经发现，评价人员不能利用在口腔中的溶化程度来准确地预测溶化范围是17～41℃的水包油乳化液(类似于黄油的产品)中的脂肪含量。

(4)手感

手感一般指对纤维和织物用手触摸的感觉。包括纤维和织物的厚度、表观比重、表面平滑度、触感冷暖、柔软程度等因素的综合感觉。也特指对新鲜事物的评判和描述。

纤维或纸张的质地评价经常包括用手指对材料的触摸。这个领域中的许多工作都来自于纺织品艺术。食品感官检验在这个领域和食品领域一样,具有潜在的应用价值。

Civille 和 Dus(1990)描述了与纤维和纸张相关的触觉性质,包括机械特性(强迫压缩、有弹力和坚硬),几何特性(模糊的、有沙砾的),湿度(油状的、湿润),耐热特性(温暖)以及非触觉性质(声音)。由 Civille(1996)发展起来的纤维、纸张方法论建立在一般食品质地剖面的基础上,并且包括一系列用于每个评估特性的参考值和精确定义的标准标度。

2. 触觉识别阈

对于食品质地的判断,主要靠口腔的触觉进行感觉。通常口腔的触觉可分为以舌头、口唇为主的皮肤触觉和牙齿触觉。皮肤触觉识别阈主要有两点识别阈、压觉阈、痛觉阈等。

(1)皮肤的识别阈

皮肤的触觉敏感程度,常用两点识别阈表示。所谓两点识别阈,就是对皮肤或黏膜表面两点同时进行接触刺激,当距离缩小到开始要辨认不出两点位置区别的尺寸时,即可以清楚分辨两点刺激的最小距离。显然这一距离越小,说明皮肤在该处的触觉越敏感。

一般人口腔前部感觉最敏感,这也符合人的生理要求,因为这里是食品进入人体的第一关,需要敏感地判断这食物是否能吃,需不需要咀嚼,这也是口唇、舌尖的基本功能。感官品尝试验,这些部位都是非常重要的检查关口。

口腔中部因为承担着用力将食品压碎、嚼烂的任务,所以感觉迟钝一些。从生理上讲这也是合理的。口腔后部的软腭、咽喉部的黏膜感觉也比较敏锐,这是因为咀嚼过的食物,在这里是否应该吞咽,要由它们判断。

口腔皮肤的敏感程度也可用压觉阈值或痛觉阈值来分析。压觉阈值的测定是用一根细毛压迫某部位,把开始感到疼痛时的压强称作这一部位的压觉阈值。痛觉阈值是用微电流刺激某部位,当觉得有不快感时的电流值。这两种阈值都同两点识别阈一样,反映出口腔各部位的不同敏感程度。例如,口唇舌尖的压觉阈值只有10～30kPa,而两腮黏膜在120kPa左右。

(2)牙齿的感知功能

在多数情况下,对食品质地的判断是通过牙齿咀嚼过程感知的。因此,认识牙齿的感知机理,对研究食品的质地有重要意义。牙齿表面的珐琅质并没有感觉神经,但牙根周围包着具有很好弹性和伸缩性的齿龈膜,它被镶在牙床骨上。用牙齿咀嚼食品时,感觉是通过齿龈膜中的神经感知。因此,安装假牙的人,由于没有齿龈膜,所以比正常人的牙齿感觉迟钝得多。

(3)颗粒大小和形状的判断

在食品质地的食品感官检验中,试样组织颗粒的大小、分布、形状及均匀程度,也是很重要的感知项目。例如,某些食品从健康角度需要添加一些钙粉或纤维质成分。然而,这些成分如果颗粒较大又会造成粗糙的口感。为了解决这一问题,就需要把这些颗粒的大小粉碎到口腔的感知阈以下。口腔对食品颗粒大小的判断,比用手摸复杂得多。在感知食品颗粒大小时,参与的口腔器官有:口唇与口唇、口唇与牙齿、牙齿与牙齿、牙齿与舌头、牙齿与颊、舌与口唇、舌与腭、舌与齿龈等。通过这些器官的张合、移动而感知。在与食品接触中,各器官组织的感觉阈值不同,接受食品刺激的方式也不同。所以,很难把对颗粒尺寸的判断归结于某一部位的感知机构。一般在考虑颗粒大小的识别阈时,需要从两方面分析:一是口腔可感知颗粒的最小尺寸;二是对不同大小颗粒的分辨能力。以金属箔做的口腔识别阈试验表明,对感觉敏锐的人,可以感到牙间咬有金属箔的最小厚度为20~30μm。但有些感觉迟钝的人,这一厚度要增加到100μm。对不同粗细的条状物料,口腔的识别阈在0.2~2mm。门齿附近比较敏感。有人用三角形、五角形、方形、长方形、圆形、椭圆形、十字形等小颗粒物料,对人口腔的形状感知能力做了测试,发现人口腔的形状识别能力较差。通常三角形和圆形尚能区分,多角形之间的区别往往分不清。

(4)口腔对食品中异物的识别能力

口腔识别食品中异物的能力很高。例如,吃饭时,食物中混有毛发、线头、灰尘等很小异物,往往都能感觉得到。那么一些果酱糕点类食品中,由于加工工艺的不当,产生的糖结晶或其他正常添加物的颗粒,就可能作为异物被感知,而影响对美味的评价。因此,异物的识别阈对感官评价也很重要。Manly曾对10人评审组做了如下的异物识别阈试验:在布丁中混入碳酸钙粉末,当添加量增加到2.9%时,才有100%的评审成员感觉到了异物的存在。对安装假牙的人,这一比例要增加到9%以上。

Dwall把不同直径的钢粉,分别混入花生、干酪和爆米花中去,让10人评审组用牙齿去感知。试验发现钢粉末直径的感知阈为50μm左右,且与混入食物的种类无关。以上说明,对异物的感知与其浓度和尺寸大小都有一定关系。总之,人对食品美味(包括质地)的感觉机理十分复杂,它不仅与味觉、口腔触觉有关,还和人的心理、习惯、唾液分泌,以及口腔振动、听觉有关。深入了解感觉的机理,对设计食品感官检验和分析食品质地品质都有很大帮助。

(六)感官的相互作用

各种感官感觉不仅受直接刺激该感官所引起的反应,而且感官感觉之间还有互相作用。

食品整体风味感觉中味觉与嗅觉相互影响较为复杂。烹饪技术认为风味感觉是味觉与嗅觉印象的结合,并伴随着质地和温度效应,甚至也受外观的影响。但在心理物理学实验室的控制条件下,将蔗糖(口味物质)和柠檬醛(柠檬的气味、风味物质)简单混合,表现出几乎完全相加的效应,对各自的强度评分很少或没有影响。食品专业人员和消费者普遍认为味觉和嗅觉以某种方式相关联。以上问题部分是由于使用"口味"一词来表示食品风味的所有方面。但如果限定为口腔中被感知的非挥发性物质所产生的感觉,是否与主要表现为嗅觉的香气和挥发性风味物质有相互影响有如下几种情况。

从心理物理学文献中得到一个重要的观察结果,感官强度是叠加的。设计关于产品风味强度总体印象的味觉和嗅觉刺激的总和效应时,几乎没有证据表明这两种模式间有相互影响。

人们会将一些挥发性物质的感觉误认为是"味觉"。令人难受的味觉一般抑制挥发性风味,而令人愉快的味觉则使其增强。这一结果提出了几种可能性。一种解释是将这一作用看作是一种简单的光环效应。按照这一原理,光环效应意味着一种突出的、令人愉快的风味物质含量的增加会提高对其他愉快风味物质的得分。相反,令人讨厌的风味成分的增加会降低对愉快特性的强度得分("喇叭"效应)。换句话说,一般的快感反应对于品质评分会产生相关性,甚至是那些生理学上没有关系的反应。这一原理的一个推论是评价员一般不可能在简单的强度判断中将快感反应的影响排除在外,特别是在评价真正的食品时。虽然在心理物理学环境中可能会采取一种非常独立的和分析的态度,但这在评价食品时却困难得多,特别是对于没有经验的评价员和消费者,食品仅仅是情绪刺激物。

口味和风味间的相互影响会随它们的不同组合而改变。这种相互影响可能取决于特定的风味物质和口味物质的结合,该模式由于这种情况而具有潜在的复杂性。相互间的影响会随对受试者的指令而改变。给予受试者的指令可能对于感官评分有深刻影响,就像在许多感官方法中发生的一样。受试者接受指令所作出的反应也会明显影响口味和气味的相互作用。

这一发现对于那些食品感官检验应该加以引导的方法,特别是对复合食品的多重特性进行评分的描述分析具有广泛的意义。

另两类相互影响的形式在食品中很重要。一是化学刺激与风味的相互影响;二是视觉外观的变化对风味评分的影响。三叉神经风味感觉与味觉和嗅觉的相互影响了解很少。然而,任何比较过跑气汽水和含碳酸气汽水的人都会认识到二氧化碳所赋予的麻刺感会改变一种产品的风味均衡,通常当碳酸化作用不存在时对产品风味会有损害。跑气的汽水通常太甜,脱气的香槟酒通常是很乏味的葡萄酒味。

一些心理物理学研究考察了化学物质对三叉神经的刺激与口味和气味感觉的相互作用。在大多数实验心理物理学中,这些研究注重于单一化学物质在简单混合物中所感知的强度变化。最先考察化学刺激对嗅觉作用的研究人员,发现了鼻中二氧化碳对嗅觉的共同抑制作用。即使二氧化碳麻刺感的出现比嗅觉的产生略微有些滞后,这一现象也会发生。由于许多气息也含有刺激性成分,有些抑制作用在日常风味感觉中是一件平常的事情也是有可能的。如果有人对鼻腔刺激的敏感性降低了,芳香的风味感觉的均衡作用有可能被转换成嗅觉成分的风味。如果刺激减小,那么刺激的抑制效应也将减小。

人类是一个视觉驱使的物种。在许多具有成熟烹调艺术的社会中,食品的视觉表象与它的风味和质地特性同样重要。在消费者检验中普遍相信食品色泽越深,就会得到越高的风味强度得分。

在关于改变脂肪含量的牛奶感觉的文献中,可以发现视觉对于食品感觉影响的例子。大多数人认为脱脂奶很容易从外观、风味和质地(口感)上与全脂奶,甚至与2%的低脂奶相区分。但他们对于脂肪含量的感觉大多数受外观的影响。有经验的描述评价员很容易根据外观(颜色)评估、口感和风味区分脱脂奶和2%的低脂奶。当视觉因素被清除后,风味和质地对于脂肪含量的心理物理学函数就变得较平缓,差别明显地被削弱。当用冷牛奶在暗室中检验时,脱脂奶与2%低脂奶的区分降低到几乎是一种偶然的现象,只得到饮用者发现脱脂奶难以下咽的结果。这一研究强调人类是对食品感官刺激的整体作出反应的,即使是较为"客观"的描述性评价员也可能会受视觉偏见影响。

任何位于鼻中或口中的风味化学物质可能有多重感官效应。食品的视觉和触觉印象对于正确评价和接受很关键。声音同样影响食品的整体感觉。咀嚼食物时,产生的声音与食物是如何的松脆有紧密的关系。

总之,人类的各种感官是相互作用、相互影响的。在食品感官鉴评实施过程中,应该重视感官之间的相互影响对鉴评结果所产生的影响,以获得更加准确的鉴评结果。

1. 什么是绝对阈和差别阈？
2. 什么是感觉疲劳？心理作用对感觉产生哪些变化？举例说明。
3. 影响味觉的因素有哪些？
4. 品尝样品的技巧是什么？

学习模块三　食品感官检验的基本条件

学习目标

1. 了解食品感官检验实验室的建立要求。
2. 熟悉对感官检验评价人员的选拔与培训。
3. 掌握食品感官检验样品的准备、呈送和检验注意事项。

学习内容

食品感官检验是以人的感觉为基础,通过感官检验食品的各种属性后,再经统计分析而获得客观结果的试验方法。食品感官检验过程中,其结果受客观条件和主观条件的影响。食品感官分析的客观条件包括外部环境条件和样品的制备,主观条件则涉及参与感官鉴评试验人员的基本条件和素质。

外部环境条件、参与试验的感官分析评价员、样品制备是食品感官分析试验得以顺利进行并获得理想结果的三个必备要素。只有在控制得当的外部环境条件中,经过精心制备所试样品和参与试验的评价员的密切配合,才能取得可靠而且重现性强的客观评价结果。

子模块一　感官检验的环境、样品的制备及呈送

环境条件对食品感官分析有很大影响,这种影响体现在两个方面:即对品评人员心理和生理上的影响以及对样品品质的影响。环境条件包括感官分析实验室的硬件环境和运作环境。建立食品感官分析实验室时,应尽量创造有利于感官检验的顺利进行和评价员正常评价的良好环境,尽量减少评价员的精力分散以及可能引起的身体不适或心理因素的变化,使得判断上产生错觉。

一、建立感官分析实验室

按照 GB/T 13868—2009/ISO 8589:2007《感官分析　建立感官分析实验室的一般导则》建立感官分析实验室。

1. 范围

该标准规定了建立感官分析实验室的一般条件,实验室区域(检验区、准备区和办公室等)的布局,以及不同区域的建设要求和应达到的效果。

该标准的规定不专门针对某种产品检验类型。

注:感官分析实验室既适用于食品的感官评价,也适用于非食品的感官评价。然而针对特定的用途,实验室需要进行调整。对于特定的检验产品或检验类型,尤其是对于非食品的感官评价,实验室设计常需要进行修改。

虽然许多基本原理是类似的，但该标准未涉及产品检验中的专项检查或企业内部品质控制等对检验设施的要求。

2. 原则

实验室的设计应：

——保证感官评价在已知和最小干扰的可控条件下进行；

——减少生理因素和心理因素对评价员判断的影响。

3. 实验室的建立

感官分析实验室的建立应根据是否为新建实验室或是利用已有设施改造而有不同。

典型的实验室设施一般包括：

——供个人或小组进行感官评价工作的检验区；

——样品准备区；

——办公室；

——更衣室和盥洗室；

——供给品贮藏室；

——样品贮藏室；

——评价员休息室。

实验室至少应具备：

——供个人或小组进行感官评价工作的检验区；

——样品准备区。

感官分析实验室宜建立在评价员易于到达的地方，且除非采取了减少噪声和干扰的措施，应避免建在交通流量大的地段(如餐厅附近)。应考虑采取合理措施以使残疾人易于到达。

评价员在进入评价间之前，实验室最好能有一个集合或等待的区域。此区域应易于清洁以保证良好的卫生状况。

感官分析实验室的设计图例参见图1－3－1～图1－3－10。

4. 检验区

(1)一般要求

1)位置

检验区应紧邻样品准备区，以便于提供样品。但两个区域应隔开，以减少气味和噪声等干扰。

各功能区内及各功能区之间布局合理，使样品检验的工作流程便捷高效。

检验区内应保证空气流通，以利于排除样品检验时的气味及来自外部的异味。

地板、墙壁、天花板和其他设施所用材料应易于维护、无味、无吸附性。

检验区建立时，水、电、气装置的放置空间要有一定余地，以备将来位置的调整。

为避免对检验结果带来的偏差，不允许评价员进入或离开检验区时穿过准备区。

2)温度和相对湿度

检验区的温度应可控。如果相对湿度会影响样品的评价时，检验区的相对湿度也应可控。

除非样品评价有特殊条件要求，检验区的温度和相对湿度都应尽量让评价员感到舒适。

3)噪声

检验期间应控制噪声。宜使用降噪地板，最大限度地降低因步行或移动物体等产生的噪声。

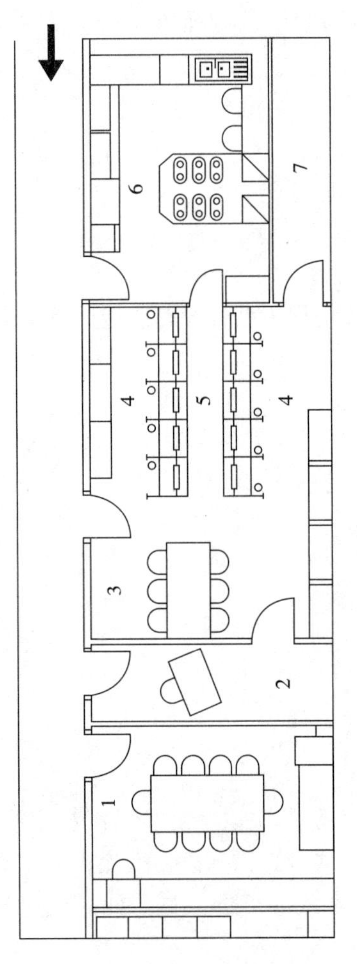

图1-3-1　感官分析实验室平面图示例1

1—会议室；2—办公室；3—集体工作区；4—评价小间；5—样品分发区；6—样品制备区；7—贮藏室

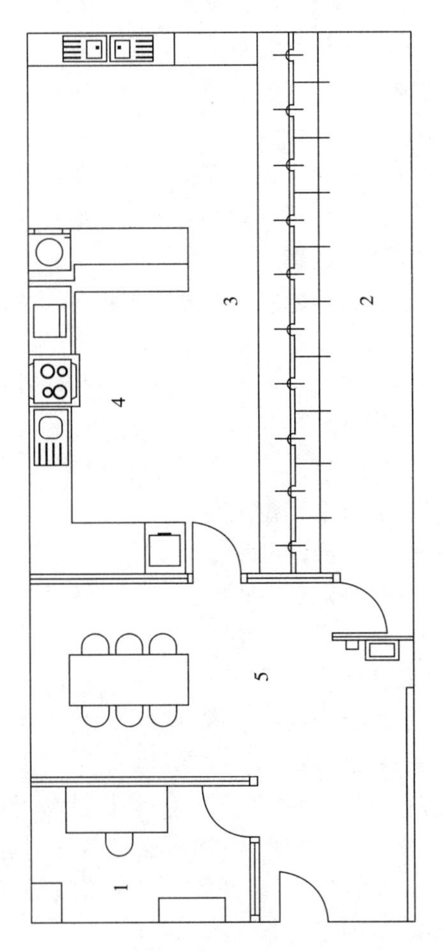

图1-3-2　感官分析实验室平面图示例2

1—办公室；2—评价小间；3—样品分发区；4—样品准备区；5—会议室和集体工作区

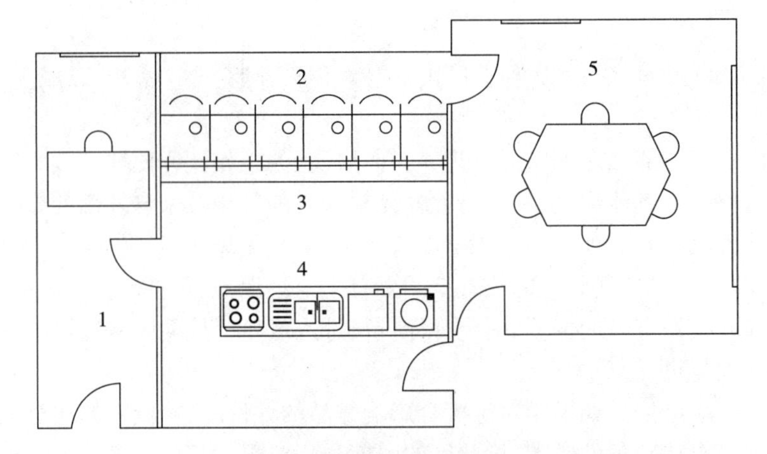

图1-3-3　感官分析实验室平面图示例3

1—办公室；2—评价小间；3—样品分发区；4—样品准备区；5—会议室和集体工作区

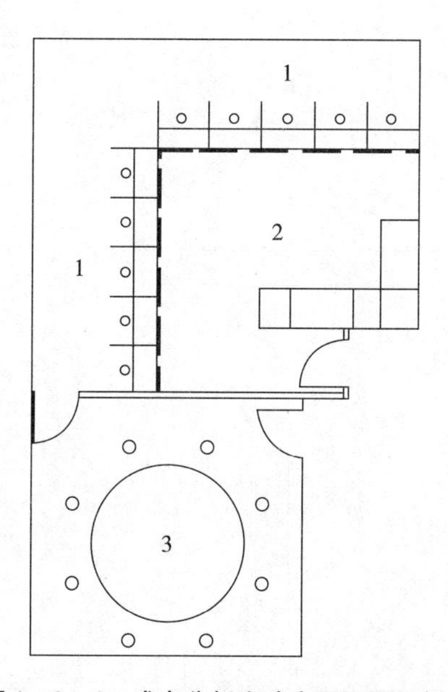

图 1-3-4　感官分析实验室平面图示例 4

1—评价小间;2—样品准备区;3—会议室和集体工作区

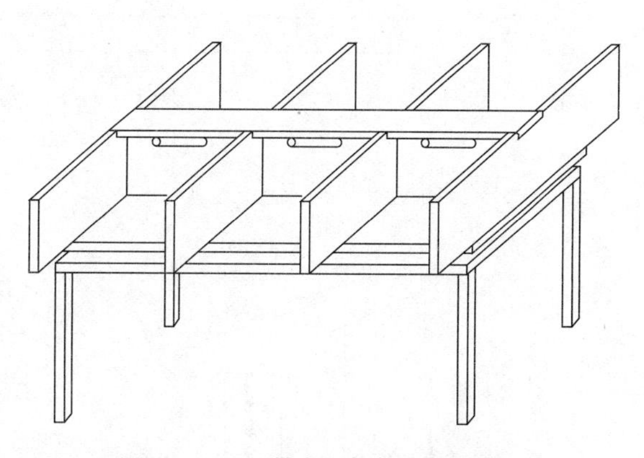

图 1-3-5　带有可拆卸隔板的桌子

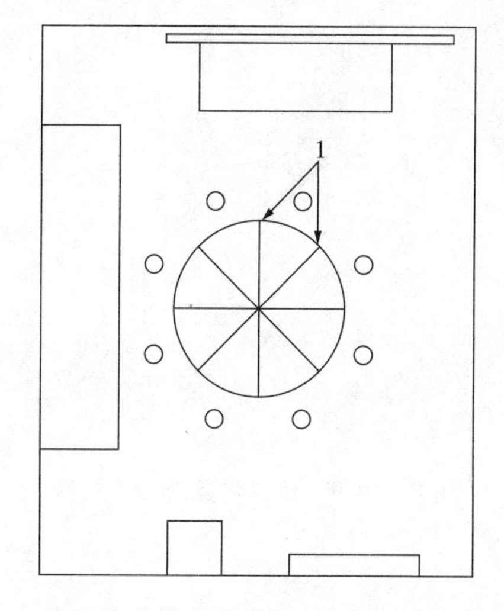

图 1-3-6　用于个人检验或集体工作的检验区的建筑平面图

1—可拆卸的隔板

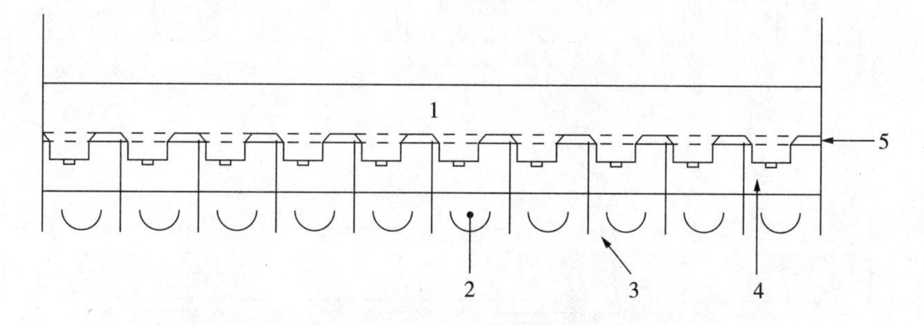

图 1-3-7　用隔板隔离开的评价小间和工作台平面图

1—工作台;2—评价小间;3—隔板;4—小窗;5—开有样品传递窗口的隔段

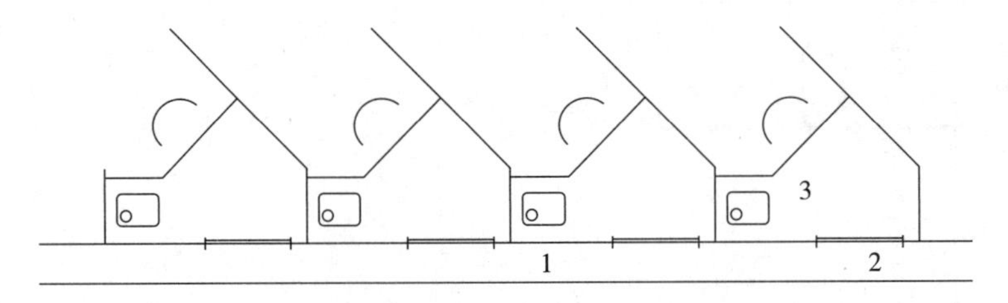

图 1-3-8　人字形评价小间

1—工作台;2—窗口;3—水池

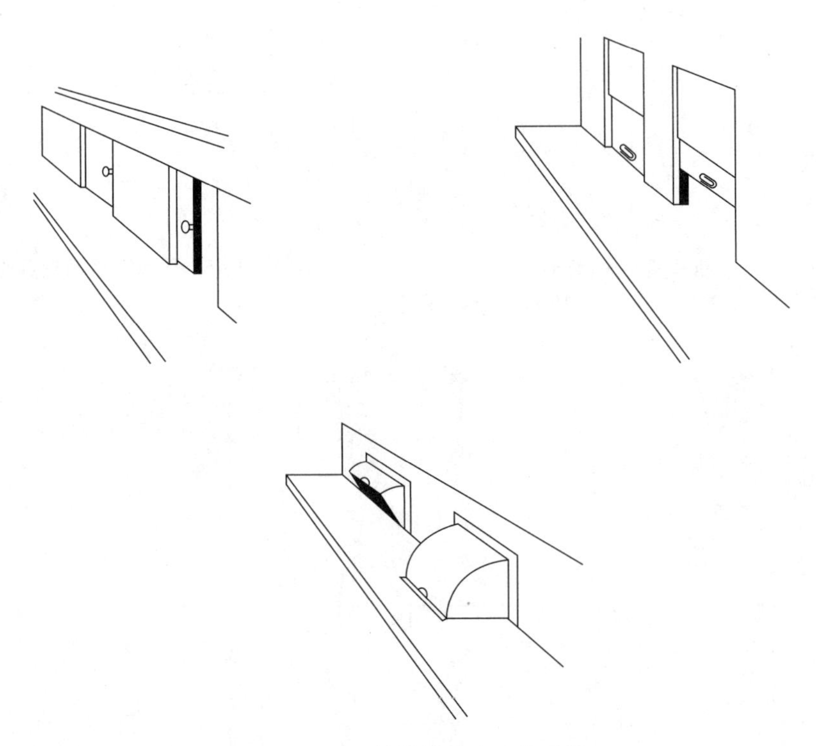

图 1-3-9　传递样品窗口的式样

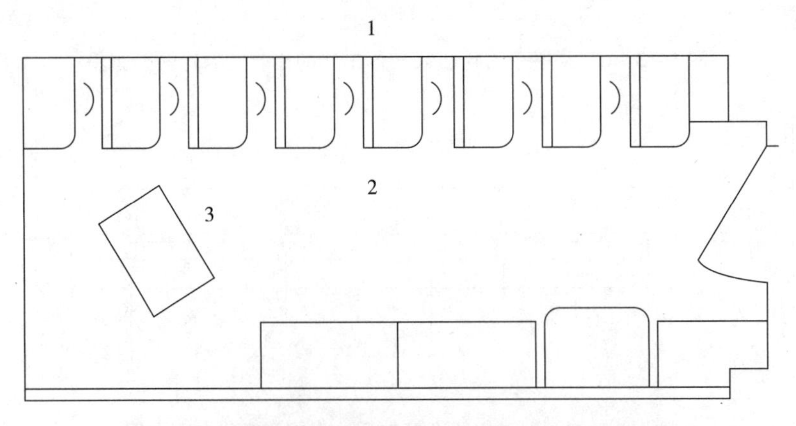

图 1-3-10　设立检验主持人座位的检验区

1—横向布置的评价小间;2—分发区;3—检验主持人座位

4)气味

检验区应尽量保持无气味。一种方式是安装带活性炭过滤器的换气系统,需要时,也可利用形成正压的方式减少外界气味的侵入。

检验的建筑应易于清洁,不吸附和不散发气味。检验区的设施和装置(如地毯、椅子等)也不应散发气味干扰评价。根据实验室用途,应尽量减少使用织物,因其易吸附气味且难以清洗。

使用的清洁剂在检验区内不应留下气味。

5)装饰

检验区墙壁和内部设施的颜色应为中性色,以免影响对被检样品颜色的评价。宜使用乳白色或中性浅灰色(地板和椅子可适当使用暗色)。

6)照明

感官评价中照明的来源、类型和强度非常重要。应注意所有房间的普通照明及评价小间的特殊照明。检验区应具备均匀、无影、可调控的照明设施。

尽管不要求,但光源应是可选择的,以产生特定照明条件。

例如:色温为6500K的灯能提供良好的、中性的照明,类似于“北方的日光”;色温为5000~5500K的灯具有较高的显色指数,能模仿“中午的日光”。

进行产品或材料的颜色评价时,特殊照明尤其重要。为掩蔽样品不必要的、非检验变量的颜色或视觉差异,可能需要特殊照明设施。可使用的照明设施包括:

——调光器;

——彩色光源;

——滤光器;

——黑光灯;

——单色光源,如钠光灯。

在消费者检验中,通常选用日常使用产品时类似的照明。检验中所需要照明的类型应根据具体检验的类型而定。

7)安全措施

应考虑建立与实验室类型相适应的特殊安全措施。若检验有气味的样品,应配置特殊的通风橱;若使用化学药品,应建立化学药品清洗点;若使用烹调设备,应配备专门的防火设施。

无论何种类型的实验室,应适当设备安全出口标志。

(2)评价小间

1)一般要求

许多感官检验要求评价员独立进行评价。当需要评价员独立评价时,通常使用独立评价小间以在评价过程中减少干扰和避免相互交流。

2)数量

根据检验区实际空间的大小和通常的检验类型确定评价小间的数量,并保证检验区内有足够的活动空间和提供样品的空间。

3)设置

推荐使用固定的评价小间,也可使用临时的、移动的评价小间。

若评价小间是沿着检验区和准备区的隔墙设立的,则宜在评价小间的墙上开一窗口以传递样品。窗口应装有静音的滑动门或上下翻转门等。窗口的设计应便于样品的传递并保证评价员看不到样品准备和样品编号的过程。为方便使用,应在准备区沿着评价小间外壁安装工作台。

需要时应在合适的位置安装电器插座,以供特定检验条件下需要的电器设备方便使用。

若评价员使用计算机输入数据,要合理配置计算机组件,使评价员集中精力于感官评价工作。例如,屏幕高度应适合观看,屏幕设置应使眩光最小,一般不设置屏幕保护。在令人感觉舒适的位置,安置键盘和其他输入设备,且不影响评价操作。

评价小间内宜设有信号系统,以使评价员准备就绪时通知检验主持人,特别是准备区与检验区有隔墙分开时尤为重要。可通过开关打开准备区一侧的指示灯或者在送样窗口下移动卡片。样品按照特定的时间间隔提供给评价小组时例外。

评价小间可标有数字或符号,以便评价员对号入座。

4)布局和大小

评价小间内的工作台应足够大以容纳以下物品:

——样品;

——器皿;

——漱口杯;

——水池(若必要);

——清洗剂;

——问答表、笔或计算机输入设备。

同时工作台也应有足够的空间,能使评价员填写问答表或操作计算机输入结果。

工作台长最少为0.9m,宽0.6m。若评价小间内需增加其他设备时,工作台尺寸应相应加大。工作台要高度合适,以使评价员可舒适地进行样品评价。

评价小间侧面隔板的高度至少应超过工作台表面0.3m,以部分隔开评价员,使其专心评价。隔板也可从地面一直延伸至天花板,从而使评价员完全隔开,但同时要保证空气流通和清洁。也可采用固定于墙上的隔板围住就座的评价员。

评价小间内应设一舒适的座位,高度与工作台表面相协调,供评价员就座。若座位不能调整或移动,座位与工作台间的距离至少为0.35m。可移动的座位应尽可能安静地移动。

评价小间内可配备水池,但要在卫生和气味得以控制的条件下才能使用。若评价过程中需要用水,水的质量和温度应是可控的。抽水型水池可处理废水,但也会产生噪声。

如果相关法律法规有要求,应至少设计一个高度和宽度适合坐轮椅的残疾评价员使用的专用评价小间。

5)颜色

评价小间内部应涂成无光泽的、亮度因数为15%左右的中性灰色(如孟塞尔色卡N4~N5)。当被检样品为浅色和近似白色时,评价小间内部的亮度因数可为30%或者更高(如孟塞尔色卡N6),以降低待测样品颜色与评价小间之间的亮度对比。

6)照明

见“(1)一般要求”中“6)照明”的要求。

(3)集体工作区

1)一般要求

感官分析实验室常设有一个集体工作区,用于评价员之间以及与检验主持人之间的讨论,也用于评价初始阶段的培训,以及任何需要讨论时使用。

集体工作区应足够宽大,能摆放一张桌子及配置舒适的椅子供参加检验的所有评价员同时使用(参见图3-1-1~图3-1-4感官分析实验室平面图示例)。桌子应较宽大,以能放置以下物品:

——供每位评价员使用的盛放答题卡和样品的托盘或其他用具;

——其他的物品,如用到的参比样品、钢笔、铅笔和水杯等;

——计算机工作站(必要时)。

桌子中心可配置活动的部分,以有助于传递样品。也可配置可拆卸的隔板,以使评价员相互隔开,进行独立评价。最好配备图表或较大的写字板以记录讨论的要点。

2)照明

见"(1)一般要求"中"6)照明"的要求。

5.准备区

(1)一般要求

准备样品的区域(或厨房)要紧邻检验区,避免评价员进入检验区时穿过样品准备区而对检验结果造成偏差。

各功能区内及各功能区之间布局合理,使样品准备的工作流程便捷高效。

准备区内应保证空气流通,以利于排除样品准备时的气味及来自外部的异味。

地板、墙壁、天花板和其他设施所用材料应易于维护、无味、无吸附性。

准备区建立时,水、电、气装置的放置空间要有一定余地,以备将来位置的调整。

(2)设施

准备区需配备的设施取决于要准备的产品类型。通常主要有:

——工作台;

——洗涤用水池和其他供应洗涤用水的设施;

——必要设备,包括用于样品的贮存、样品的准备和准备过程中可控的电器设备,以及用于提供样品的用具(如:容器、器皿、器具等)。设备应合理摆放,需校准的设备应于检验前校准;

——清洗设施;

——收集废物的容器;

——贮藏设施;

——其他必需的设施。

用于准备和贮存样品的容器以及使用的烹饪器具和餐具,应采用不会给样品带来任何气味或滋味的材料制成,以避免玷染样品。

6.办公室

(1)一般要求

办公室是感官评价中从事文案工作的场所,应靠近检验区并与之隔开。

(2)大小

办公室应有适当的空间,以能进行检验方案的设计、问答表的设计、问答表的处理、数据的统计分析、检验报告的撰写等工作,需要时也能用于与客户讨论检验方案和检验结论。

(3)设施

根据办公室内需进行的具体工作,可配置以下设施:办公桌或工作台、档案柜、书架、椅子、电话、用于数据统计分析的计算器和计算机等。

也可配置复印机和文件柜,但不一定设置在办公室中。

7. 辅助区

若有条件,可在检验区附近建立更衣室和盥洗室等,但应建立在不影响感官评价的地方。设置用于存放清洁和卫生用具的区域非常重要。

8. 辅助区

新建或改建实验区之前,应对区域依次编码,并在有所改变时进行标注。

二、样品准备区的工作人员

感官分析实验室内样品准备区的工作人员(实验员)应是经过适当训练,具有常规化学实验室工作能力,熟悉食品感官分析有关要求和规定的人员。工作人员最好是专职固定的。未经训练的临时人员不适合做样品准备区的工作,因为感官分析实验室各项条件的控制和精确的样品准备对实验成功与否起决定性因素,否则实验终将失去作用。

三、样品的制备和呈送

样品是感官分析的受体,样品制备的方式及制备好的样品呈送至评价员的方式,对感官分析实验能否获得准确而可靠的结果有重要影响。在感官分析实验中,必须规定样品制备的要求和控制样品制备及呈送过程中的各种外部影响因素。

(一)样品制备

1. 样品制备时常用的器皿和用具

在食品感官分析的样品制备中,经常会使用的仪器和工具有量筒、天平、温度计、秒表等。准备过程中还会用到一些大的容器,用来混合或存放某些样品,这些容器应该是用陶瓷、玻璃或不锈钢制成的,尽量避免使用易带来气味的塑料器具。

食品感官分析实验所用器皿应符合试验要求,同一试验内所用器皿最好外形、颜色和大小相同。器皿本身应无气味或异味。试验器皿和用具的清洗应慎重选择涤剂。不应使用会遗留气味的洗涤剂。清洗时应小心清洗干净并用不会给器皿留下毛屑的布或毛巾擦拭干净,以免影响下次使用。

2. 控制样品量

样品量对感官分析实验的影响体现在两个方面,即感官评价人员在一次实验所能评价的样品个数及实验中提供给每个评价人员供分析用的样品数量。考虑到评价人员的感官和精神上的疲劳等因素,每一阶段提供给评价人员的样品有数量上的限制。通常啤酒 6 ~ 8 瓶,饼干上限 8 ~ 10 个,气味重的样品每次只能提供 1 ~ 2 个,含酒精的饮料和带有强刺激感官特性(如辣味)的样品,可评价样品数应限制在 3 ~ 4 个。对于只进行视觉评价的产品,每次可提供的样品数可以达到 20 ~ 30 个。呈送给每个评价员的样品分量应随实验方法和样品种类的不同而分别控制。通常,对需要控制用量的差别试验,每个样品的分量控制在液体 30mL、固体 28g 左右为宜。嗜好实验的样品分量可比差别实验高一倍。描述性实验的样品分量可依据实际情况而定。

3. 保证样品的均一性

均一性是指制备的样品除所要评价的特性外，其他特性应完全相同。它是感官分析实验样品制备中最重要的因素。在样品制备中要达到均一的目的，除精心选择适当的制备方式以减少出现特性差别的机会外，还应选择一定的方法加以掩盖样品间的某些明显的差别。对不希望出现差别的特性，采用不同方法消除样品间该特性上的差别。如在评价某样品风味时，就可使用无味的色素物质掩盖样品间的色差，使感官评价人员能准确分辨出样品间的味差。样品本身性质、样品温度、摆放顺序、呈送顺序均会影响均一性。

4. 直接感官分析的样品制备

样品制备方法应根据样品本身的情况以及所关心的问题来定。如片状产品检验时不应将其均匀化；对风味作差别检验时应掩蔽其他特性，以避免可能存在的交互作用。样品制备过程应注意保持食品的风味不受外来气味和味道的影响。同种样品的制备方法应一致。制备好的样品在呈送时要处于最佳温度。

5. 不能直接感官分析的样品制备

有些试验样品由于食品风味浓郁或物理状态（黏度、颜色、粉状度等）原因而不能直接进行感官分析，如香精、调味品、糖浆等。为此，需根据检验目的进行适当稀释，或与化学组分确定的某一物质进行混合，或将样品添加到中性的食品载体中，而后按照直接感官分析的样品制备方法进行制备与呈送。

不能直接感官分析样品的制备有两种方法：

（1）评估样品本身的性质

1）与化学组分确定的物质混合

根据试验目的，确定稀释载体最适温度。将均匀定量的样品用一种化学组分确定的物质（如水、乳糖、糊精等）稀释或在这些物质中分散样品。每一个试验系列的每个样品使用相同的稀释倍数或分散比例。由于这种稀释可能改变样品的原始风味，因些配制时应避免改变其所测特性。当确定风味剖面时，对于相同样品有时推荐使用增加稀释倍数和分散比例的方法。

2）添加到中性的食品载体中

在选择样品和载体混合的比例时，应避免二者之间的拮抗或协同效应。将样品定量的混入选用的载体中或放在载体（如牛奶、油、面条、大米饭、馒头、菜泥、面包、乳化剂和奶油等）上面。在检验系列中，被评估的每种样品应使用相同的样品/载体比例。根据分析的样品种类和试验目的选择制备样品的温度，但评估时，同一检验系列的温度应与制备样品的温度相同。

（2）评估食物制品中样品的影响

一般情况下，使用的是一个较复杂的制品，样品混于其中。在这种情况下，样品将与其他风味竞争。在同一检验系列中评估的每个样品使用相同的样品/载体比例。制备样品的温度应与评估时的正常温度相同（例如，冰淇淋处于冰冻状态）同一检验系列的样品温度也应相同。

（二）样品的呈送

1. 盛放样品的容器

对于容器的选择很难作出一个严格统一的规定。一般使用一次性容器，比如各种规格的杯子或碟子。当然，也可以使用非一次性的容器，只要保证每一次试验使用的容器相同即可。

同时要确保容器不会对样品的感官性质产生影响,比如,如果要检验的是热饮,就不能使用塑料的容器,因为塑料会对热饮料的风味产生负面影响。

2. 样品的大小、形状

如果样品是固体,即使品评人员没有觉察到样品大小的差异,样品的大小仍会影响样品各项感官性质的得分,如果品评人员能够明显觉察到样品之间大小的差异,那么试验结果就更会受到影响。所以,固体样品的大小、形状一定要尽可能保持一致;如果样品是液体,则含量要相同。

3. 样品的混合

如果需要检验的样品是几种物质的混合物,那么混合的时间和程度要一致。

4. 样品的温度

样品被品评的温度应是通常情况下该样品被食用的温度,试验所用样品在试验前有的都放在冰箱或冷库中储存,在试验开始前,样品要提前取出,有的样品要升温到室温,比如水果;有的需要加热,比如比萨饼;有的需要解冻并保持一定低温,如冰淇淋;有的要保持一定非室温的温度,如茶等饮料。总之,按照该食品正常食用温度即可,但要保证每个品评人员得到的样品温度一致。

5. 样品的编号

样品在呈送之前必须编号,不适当的样品编号通常会对评价人员产生某种暗示作用。如评价人员可能下意识地把标 A 的产品分数打得比其他产品高。所以实验组织者或样品制备人员在实验前不能告知评价员编号的含义或给予任何暗示。一般在给样品编号时不使用一位或两位的数字或字母,能够代表产品公司的数字、字母或地区号码也不用来作为编号,样品可以用数字、拉丁字母或字母和数字的组合方式进行编号。用数字编号时最好使用从随机数字表上选择三位数的随机数字。字母编号时则应避免按字母顺序编号或选择喜好感较强的字母(如最常用字母、相邻字母、字母表中开头和结尾字母等)进行编号。

6. 样品的呈送顺序

样品呈送应遵循"平衡"的原则,让每一个样品出现在某个特定位置上的次数一样。比如,给 3 个样品 A、B、C 进行打分,这 3 种样品的所有可能的排列顺序:ABC—ACB—BCA—BAC—CAB—CBA,所以这个试验需要品评人员的数量就应该是 6 的倍数,使这 6 种组合被呈送给品评人员的机会相同。在此基础上,样品呈送与试验设计有关,可以把全部样品随机分送给每个评价员,即每个评价员只品尝一种样品,比如,5 种样品由 5 个不同的人来品尝,或者 5 种样品由 5 组人来品尝,每组人只品尝一种样品,然后取平均值。也可以让所有参与实验的评价员对所有样品进行品尝,如参加试验的人是 5 人,有 3 个试验样品,这 5 人每人都对 3 种样品进行品尝。后一种方法是感官评价中经常使用的一种方法。

考虑到感官敏感性,评价时间一般选择在上午或下午的中间时间。评价时要有一定时间间隔。

子模块二　感官检验评价员的选拔及培训

食品感官的系统分析就是在特定的试验条件下利用人的感官进行评析。参加感官检验人员的感官灵敏性和稳定性严重影响最终结果的趋向性和有效性。由于个体间感官灵敏性差异较大，而且有许多因素会影响到感官灵敏性的正常发挥。因此，感官检验评价人员的选拔和培训是使感官分析试验结果可靠和稳定的首要条件。

一、感官检验人员的类型

感官检验评价员分评价员、优选评价员和专家评价员三类。

1. 评价员

评价员指参加感官分析的人员。可以是尚未完全满足判断准则的准评价员和已经参与过感官评价的初级评价员。

2. 优选评价员

优选评价员指挑选出的具有较高感官分析能力的评价员。是经过选拔并受过培训的评价员。

3. 专家评价员

专家评价员指具有高度的感官敏感性和丰富的感官分析方法经验，并能够对所涉及领域内的各种产品作出一致性的、可重复的感官评价的优选评价员。

二、感官检验评价人员的选拔与培训

感官检验是用人来对样品进行测量。因此，感官检验评价人员自身状况对整个实验是至关重要的，为了减少外界因素的干扰，得到正确的实验结果，就要在感官检验评价人员这一关上做好初选、筛选和培训的工作。感官检验评价员选拔和培训的第一步就是初选，淘汰那些明显不适宜作感官分析评价员的候选者。初选合格的候选评价员将参加筛选检验。

1. 感官检验评价员的初选

初选包括报名、填表、面试等阶段，目的是淘汰那些明显不适宜作感官分析评价员的候选者。初选合格的候选评价员将参加筛选检验。

(1)获取候选评价员背景资料的方式

候选评价员的背景资料可通过候选评价员自己填写清晰明了的调查表，以及经验丰富的感官分析人员对其进行面试综合得到。

(2)候选评价员背景资料调查内容

1)兴趣和动机

对感官分析工作以及被调查产品感兴趣的候选人，比缺乏兴趣和动机的候选人可以更有积极性并成为更好的感官评价员。

2)对食品的态度

应确定候选评价员厌恶的某些食品或饮料，特别是其中是否有将来可能评价的对象，同时应了解是否由于文化上、种族上或其他方面的原因而不食用某种食品和饮料，那些对某些食品有偏好的人常常会成为好的描述性分析评价员。

3)知识和才能

候选人应能说明和表达出第一感知，这需要具备一定的生理和才智方面的能力，同时具备思想集中和保持不受外界影响的能力。如果只要求候选评价员评价一种类型的产品，掌握该产品各方面的知识则利于评价，那么就有可能从对这种产品表现出感官评价才能的候选人中选拔出专家评价员。

4)健康状况

候选评价员应健康状况良好,没有影响他们感官的功能缺失、过敏或疾病,并且未服用损害感官能力进而影响感官判定可靠性的药物。了解感官评价员是否戴有假牙是很有必要的,因为假牙能影响对某些质地味道等特性的感官评价。感冒或其他暂时状态(如怀孕)不应成为淘汰候选评价员的理由。

5)表达能力

在考虑选拔描述性检验员时,候选人表达和描述感觉的能力特别重要。这种能力可在面试以及随后的筛选检验中考察。

6)可用性

候选评价员应能参加培训和持续的感官评价工作。那些经常出差或工作繁重的人不宜从事感官分析工作。

7)个性特点

候选评价员应在感官分析工作中表现出兴趣和积极性,能长时间集中精力工作,能准时出席评价会,并在工作中表现诚实可靠。

8)其他因素

候选评价员招募时需要记录的其他信息有姓名、年龄组、性别、国籍、教育背景、现任职务和感官分析经验。抽烟习惯等资料也要记录,但不能以此作为淘汰候选评价员的理由。

(3)感官分析评价员筛选调查表

1)风味评价员筛选调查表举例

个人情况:

姓名:__________ 性别:__________ 年龄:__________

地址:______________________________

联系电话:______________________________

你从哪里知道我们这个项目:____________________

时间:

1. 周一~周五,一般你哪一天有空余的时间?
2. 从×月×日到×月×日,你是否要外出,如果外出要多长时间?

健康状况:

1. 你有下列情况吗?

假牙____________________

糖尿病____________________

口腔或牙龈疾病________________

低血糖____________________

食物过敏____________________

高血压____________________

2. 你是否在服用对感官有影响的药物,尤其对味觉和嗅觉有什么影响?

____

饮食习惯:

1. 你之前正在限制饮食?如果有,是哪一种食物?

____

2. 你每个月有几次外出就餐?________________________

3. 你每个月有几次只吃速冻食品？ ____________________

4. 你每个月吃几次快餐？ ____________________

5. 你最喜欢的食物是什么？ ____________________

6. 你最不喜欢的食物是什么？ ____________________

7. 你不能吃什么食物？ ____________________

8. 你不愿意吃什么食物？ ____________________

9. 你认为你的味觉和嗅觉的辨别能力如何？

	嗅觉	味觉
高于平均水平	________	________
平均水平	________	________
低于平均水平	________	________

10. 你目前的家庭成员中有人在食品公司工作吗？

____

11. 你目前的家庭成员中有人在广告公司或市场研究机构工作吗？

____

风味测验：

1. 如果一种配方需要橘子香味物质，而手头又没有，你会用什么来替代？

____

2. 还有哪些食物吃起来感觉像酸奶？

____

3. 为什么往肉汁里加咖啡会使其风味更好？

____

4. 你怎样描述风味和香味之间的区别？

____

5. 你怎样描述风味和质地之间的区别？

____

6. 用于描述啤酒的最合适的词语（一个或两个字）？

____

7. 请对酱油的风味进行描述。

____

8. 请对可乐的风味进行描述。

____

9. 请对某种火腿的风味进行描述。

____

10. 请对苏打饼干的风味进行描述。

____

2）口感、质地评价员筛选调查表举例

个人情况：

姓名：__________ 性别：__________ 年龄：__________

地址：____________________

联系电话：____________________

你从哪里知道我们这个项目：________________

时间：

1. 周一～周五，一般你哪一天有空余的时间？
2. 从×月×日到×月×日，你是否要外出，如果外出要多长时间？

健康状况：

1. 你有下列情况吗？

   假牙________________

   糖尿病________________

   口腔或牙龈疾病________________

   低血糖________________

   食物过敏________________

   高血压________________

2. 你是否在服用对感官有影响的药物，尤其对味觉和嗅觉有什么影响？

   ____

饮食习惯：

1. 你之前正在限制饮食？如果有，是哪一种食物？

   ____

2. 你每个月有几次外出就餐？________________
3. 你每个月有几次只吃速冻食品？________________
4. 你每个月吃几次快餐？________________
5. 你最喜欢的食物是什么？________________
6. 你最不喜欢的食物是什么？________________
7. 你不能吃什么食物？________________
8. 你不愿意吃什么食物？________________
9. 你认为你的味觉和嗅觉的辨别能力如何？

	嗅觉	味觉
高于平均水平	________	________
平均水平	________	________
低于平均水平	________	________

10. 你目前的家庭成员中有人在食品公司工作吗？

    ____

11. 你目前的家庭成员中有人在广告公司或市场研究机构工作吗？

    ____

质地测验：

1. 你如果描述风味和质地之间的不同？

   ____

2. 请在一般意义上描述一下食品的质地。

   ____

3. 请描述一下咀嚼食品时能够感到的比较明显的几个特性。

   ____

4. 请对食品当中的颗粒做一下描述。

   ____

5. 描述一下脆性和易碎性之间的区别。

____

6. 马铃薯片的质地特性是什么？

____

7. 花生酱的质地特性是什么？

____

8. 麦片粥的质地特性是什么？

____

9. 面包的质地特性是什么？

____

10. 质地对哪一类食品比较重要？

____

3）香味评价员筛选调查表举例

个人情况：

姓名：__________ 性别：__________ 年龄：__________

地址：______________________________

联系电话：______________________________

你从哪里知道我们这个项目：______________________________

时间：

1. 周一～周五，一般你哪一天有空余的时间？

2. 从×月×日到×月×日，你是否要外出，如果外出要多长时间？

健康状况：

1. 你有下列情况吗？

鼻腔疾病______________________________

低血糖______________________________

过敏______________________________

经常感冒______________________________

2. 你是否在服用一些对感官，尤其是对嗅觉有影响的药物？

____

日常生活习惯：

1. 你是否使用香水？如果用，是什么牌子？

____

2. 你喜欢带香味还是不带香味的物品，如香皂等。______________________________

陈述理由：______________________________

3. 请列出你喜爱的香味产品。______________________________

它们的品牌是：______________________________

4. 请列出你不喜爱的香味产品。______________________________

陈述理由：______________________________

5. 你最讨厌哪些气味？______________________________

陈述理由：______________________________

6. 你最喜欢哪些香气或者气味？ ______________________________

7. 你认为你辨别气味的能力在何种水平？

高于平均水平 __________

平均水平 __________

低于平均水平 __________

8. 你目前的家庭成员中有在香精、食品或者广告公司工作吗？如果有，是在哪一家？

____

9. 评价员在品评期间不能用香水，在评价员集合之前也不能吸烟，如果你被选为评价员你愿意遵守该规定吗？

____

香气测验：

1. 如果某种香水类型是果香，你还可以用什么词汇来描述？

____

2. 哪些产品具有植物气味？

____

3. 哪些产品具有甜味？

____

4. 哪些气味与“干净”“新鲜”有关？

____

5. 你怎样描述水果味和柠檬味之间的不同？

____

6. 你用哪些词汇来描述男用香水和女用香水的不同？

____

7. 哪些词汇可以用来描述一篮子刚洗过的衣服的气味？

____

8. 请描述一下面包房里的气味。

____

9. 请你描述一下某品牌的洗涤剂气味。

____

10. 请你描述一下某种品牌的香皂气味。

____

11. 请你描述一下某食品店的气味。

____

12. 请你描述一下地下室的气味。

____

13. 请你描述一下香精开发实验室的气味。

____

(4)候选评价员面试

接见者应具有感官分析的丰富知识和经验；面谈之前，接见者应准备所有要询问的问题和要点；接见者应创造轻松的气氛；接见者应认真听取并作记录；所问问题的顺序应有逻辑性。

2. 感官检验评价员的筛选

在初步确定评价候选人选后，通过一系列筛选检验，进一步淘汰那些不适宜做感官分析工作的候选者。筛选指通过一定的筛选试验方法观察候选人员是否具有感官评价能力。例如，普通的感官分辨能力；对感官评价实验的兴趣；分辨和再现实验结果的能力和适当的感官评价人员行为（合作性、主动性和准时性等）。

食品感官评价人员的筛选工作在初步确定感官评价候选人后进行。根据筛选实验的结果获知参加筛选实验人员在感官评价实验上的能力，决定候选人员适宜作为哪种类型的感官评价或不符合参加感官评价实验的条件而淘汰。

筛选过程中应注意事项：

（1）最好使用与正式感官评价实验相类似的试验材料，这样既可以使参加筛选实验的人员熟悉今后实验中将要接触的样品的特性，也可以减少由于样品间差距而造成人员选择不适当。

（2）根据各次试验的结果随时调整试验的难度。难易程度取决于从参加筛选试验人员的整体水平来说能够分辨出差别或识别出味道（气味），但其中少数人员不能正确分辨或识别为宜。

（3）参加筛选试验的人数要多于预定参加实际感官鉴评试验的人数。

（4）多次筛选以相对进展为基础，连续进行直至挑选出人数适宜的最佳人选。

在感官评价人员的筛选中，感官评价试验的组织者起决定性的作用。

3. 感官检验评价人员的培训

（1）培训原则

向评价员提供感官分析程序的基本知识，提高其觉察、识别和描述感官刺激的能力。培训评价员掌握感官评价的专门知识，并能熟练应用于特定产品的感官评价。

（2）培训要求

1）参加培训的人数应是评定小组最后实际需要人数的1.5～2倍。

2）为了保证候选评价员逐步养成感官分析的正确方法，应按要求在适宜的环境中进行。

3）应对候选评价员进行所承担检测产品的相关基本知识培训，如传授产品生产过程知识或组织去工厂参观。除了偏爱检验之外，应要求候选评价员在任何时候都要客观评价，不应掺杂个人喜好和厌恶情绪。

4）对结果进行讨论并给予候选评价员再次评价样品的机会。当存在不同意见的时候，应查看他们的答案。

5）要求候选评价员在评价之前和评价过程中禁止使用有香味的化妆品，且至少在评价前60min避免接触香烟及其他强烈味道或气味。手上不应留有洗涤剂的残留气味。并向候选评价员强调，如果他们将任何气味带入检测房间，检测可能无效。

（3）培训

培训计划开始时，应教会候选评价员评价样品的正确方法。开展每项评价任务之前要充分学习规程，并在分析中始终遵守。样品的测试温度应明确说明。除非被告知关注特定属性，候选评价员通常应按下列次序检验特性：色泽和外观、气味、质地、风味（包括气味和味道）、余味。评价气味时，评价员闻气味的时间不要太长，次数不宜太多，以免嗅觉混乱和疲劳。对固体和液体样品，应预先告知评价员样品的大小（口腔检测）、样品在口内停留的大致时间、咀嚼的次数以及是否吞咽。另外，告知如何适当的漱口及两次评价之间的时间间隔。最终达成一致意见的所有步骤都应明确表述,以保证感官评价员评价产品的方法一致。样品之间的评价间隔时间要充足,以保证感觉的恢复,但要避免间隔时间过长以免失去辨别能力。

思考题

1. 食品感官检验实验室应有哪些功能和要求?

2. 样品制备有哪些要求?

3. 案例分析

有甲、乙两名实验员准备A、B两种奶酪样品,切成$1cm^2$的小块各5块,甲切A种奶酪样品,每块都是非常标准的$1cm^2$的小块,乙切B种奶酪样品,小方块大小略有差别,是否可以同时送给感官评价员?为什么?

4. 给7名茶叶感官评价员准备5种绿茶样品,请思考:(1)如何给所有的样品编号;(2)如何确定呈送顺序?

5. 食品感官检验人员应具备哪些基本条件?

学习模块四　常用的食品感官检验方法

学习目标

1. 熟悉常用的感官检验方法。
2. 了解各种检验方法的应用范畴。
3. 学会感官检验试验方案的制定。

学习内容

实际应用	检验目的	方法举例
生产过程中的质量控制	检出与标准品有无差异	二－三点检验法，两点法，选择法，配偶法等
	检出与标准差异的量	评分法，两点法，三点法等
原料质量控制检查	原料的分等	评分法等
成品质量控制检查	检出趋向性和异常	评分法等
消费者嗜好调查成品品质研究	获知嗜好程度或品质好坏	两点法，三点法，选择法等
	嗜好程度或感官品质顺序评分法的数量化	评分法，配偶法等
品质研究	分析品质内容	描述法等

一、差别检验法

差异识别试验只要求鉴评员评定两个或两个以上的样品中是否存在感官差异(或偏爱其一)，一般不允许回答“无差异”(即强迫选择)。差异试验的结果分析是以选择了每种样品的鉴评员数量为基础。例如：有多少人选样品A，有多少人选样品B。最后统计回答正确的人数，并分析相关的显著性特征。

1. 成对比较检验法

(1)定义

成对比较检验法又称两点检验法或配对检验法。即以随机顺序同时出示两个样品给评价员，要求评价员对这两个样品进行比较，判断两个样品间是否存在某种差异(差异识别)及其差异方向(如某些特征强度的顺序)的一种检验方法。这是最简单的一种感官检验方法。

(2)应用领域和范围

成对比较试验有两种形式，一种叫做差别成对比较(双边检验)，也叫简单差别试验和异同试验,另一种叫定向成对比较法(单边检验)。决定采取哪种形式的检验,取决于研究的目的。如果感官评价员已经知道两种产品在某一特定感官属性上存在差别,那么就应采用定向成对比较试验。如果感官评价员不知道样品间何种感官属性不同,那么就应采用差别成对比较试验。

(3)对品评员要求

对评价员没有硬性规定必须培训,一般在5人以上,最多可选择100人以上。

(4)品评要点

把A、B两个样品同时呈送给评价员,要求评价员根据评价表按要求进行评价。在试验中,应使样品A、B和B、A这两种次序出现的次数相等,样品编码可以随机选3位数组成,且每个评价员之间的样品编码尽量不重复。

(5)问答表设计和做法

问答表的设计应和产品特性及试验目的相结合。一般常用的问答表如表1-4-1所示。呈送给受试者两个带有编号的样品,要使组合形式AB和BA数目相等,并随机呈送,要求受试者从左到右尝试样品,然后填写问卷。

表1-4-1 差别成对比较检验常用问卷示例

日期: 姓名
检验开始前,请用清水漱口。两组成对比较试验中各有两个样品需要评价,请按照呈送的顺序品尝各组中的编码样品,从左至右,由第一组开始。将全部样品摄入口中,请勿再次品尝。回答各组中的样品是相同还是不同?圈出相应的词。在两种样品品尝之间请用清水漱口,并吐出所有的样品和水。然后进行下一组试验,重复品尝程序。 组别 1.________________相同 2.________________不同

(6)结果分析与判断

根据A、B两个样品特性强度的差异大小,确定检验是差别成对比较检验还是定向成对比较检验。如果样品A的特性强度(或被偏爱明显优于B,换句话说,参加检验的评价员,作出样品A比样品B的特性强度大(或被偏爱)的判断概率大于作出样品B比样品A的特性强度大(或被偏爱)的判断概率,即$P_a>1/2$。例如,两种饮料A和B,其中饮料A明显甜于饮料B,则该检验是定向成对比较;如果这两种样品有显著差别,但没有理由认为A或B的特性强度大于对方或被偏爱,则该检验是差别成对比较(双边检验)。最后统计有效评价表,查两点检验法检验表(表1-4-2、表1-4-3),与表中的某一显著性水平的数值作比较,若大于或等于表中的数,说明在该显著性水平上,样品间有显著差异;若小于表中的数,则说明两样品间无显著差异。

对于单边检验,统计有效回答表的正解数,此正解数与表1-4-2中相应的某显著水平的数相比较,若大于或等于表中的数,则说明在此显著水平上,样品间有显著性差异,或认为样品A的特性强度大于样品B的特性强度(或样品A更受偏爱)。

对于双边检验,统计有效回答表的正解数,此正解数与表1-4-3中相应的某显著水平的数相比较,若大于或等于表中的数,则说明在此显著水平上,样品间有显著差异,或认为样品A的特性强度大于样品B的特性强度(或样品A更受偏爱)。

(7)方法特点

此法可用于确定两种样品之间是否存在某种差异、差异方向及偏爱倾向,也可用于选择和培训评价员。

表 1-4-2　定向成对比较检验法检验表

答案数目	显著水平			答案数目	显著水平			答案数目	显著水平			答案数目	显著水平		
	5%	1%	0.1%		5%	1%	0.1%		5%	1%	0.1%		5%	1%	0.1%
7	7	—	—	20	15	16	18	33	22	24	26	46	30	32	34
8	7	8	—	21	15	17	18	34	23	25	27	47	30	32	35
9	8	9	—	22	16	17	19	35	23	25	27	48	31	33	36
10	9	10	0	23	16	18	20	36	24	26	28	49	31	34	36
11	9	10	11	24	17	19	20	37	24	27	29	50	32	34	37
12	10	11	12	25	18	19	21	38	25	27	29	60	37	40	43
13	10	12	13	26	18	20	22	39	26	28	30	70	43	46	49
14	11	12	13	27	19	20	22	40	26	28	31	80	48	51	55
15	12	13	14	28	19	21	23	41	27	29	31	90	54	57	61
16	12	14	15	29	20	22	24	42	27	29	32	100	59	63	66
17	13	14	16	30	20	22	24	43	28	30	32				
18	13	15	16	31	21	23	25	44	28	31	33				
19	14	15	17	32	22	24	26	45	29	31	34				

表 1-4-3　差别成对比较检验法检验表

答案数目	显著水平			答案数目	显著水平			答案数目	显著水平			答案数目	显著水平		
	5%	1%	0.1%		5%	1%	0.1%		5%	1%	0.1%		5%	1%	0.1%
7	7	—	—	20	15	16	18	33	22	24	26	46	30	32	34
8	8	8	—	21	15	17	18	34	23	25	27	47	30	32	35
9	8	9	—	22	16	17	19	35	23	25	27	48	31	33	35
10	9	10	10	23	16	18	20	36	24	26	28	49	31	34	36
11	9	10	11	24	18	19	21	37	24	27	29	50	32	34	37
12	10	11	12	25	18	20	21	38	25	27	29	60	37	40	43
13	10	12	13	26	19	20	22	39	26	28	30	70	43	46	49
14	11	12	13	27	19	20	22	40	26	28	31	80	48	51	55
15	12	13	14	28	19	21	23	41	28	30	32	90	54	57	61
16	12	14	15	29	20	22	24	42	28	30	32	100	59	63	66
17	13	14	16	30	20	22	24	43	29	31	33				
18	13	15	16	31	21	23	25	44	28	31	33				
19	14	15	17	32	22	24	26	45	29	31	34				

[应用实例]

某饮料厂生产有四种饮料，编号分别为“798”“379”“527”和“806”。其中，两种编号为“798”和“379”的饮料，其中一个略甜，但两者都有可能使评价员感到更甜。编号为“527”和“806”的两种饮料，其中“527”配方明显较甜。请通过成对比较试验来确定哪种样品更甜，您更喜欢哪种样品。

共有30名优选评价员参加鉴评，统计结果如下。

(1)18人认为“798”更甜，12人选择“379”更甜。

(2)22人回答更喜欢“379”，8人回答更喜欢“798”。

(3)22人认为“527”更甜，8人回答“806”更甜。

(4)23人回答更喜欢“527”，7人回答更喜欢“806”。

(1)(2)属双边检验。查表4“798”和“379”两种饮料甜度无明显差异(接受原假设)，“379”饮料更受欢迎。

(3)(4)属单边检验。查表3“527”比“806”更甜(拒绝原假设)，“527”饮料更受欢迎。

2. 二－三点检验法

(1)定义

先提供给评价员一个对照样品，接着提供两个样品，其中一个与对照样品相同或者相似。要求评价员在熟悉对照样品后，从后者提供的两个样品中挑选出与对照样品相同的样品，这种方法，也被称为二－三点检验法。

(2)应用领域和范围

故此方法常用于风味较强、刺激较烈和产生余味持久的产品检验，以降低鉴评次数，避免味觉和嗅觉疲劳。另外，外观有明显差别的样品不适宜此法。

(3)对品评员要求

一般来说，参加评定的人员可以没有专家，但要求人数较多，其中选定评价员通常20人，临时参与的可以多达30人，总共50人之多。

(4)品评要点

样品有两种可能的呈送顺序，如R_aBA、R_aAB，应在所有的评价员中交叉平衡。而在平衡参照二－三点检验中，样品有四种可能的呈送顺序，如R_aBA、R_aAB、R_bAB、R_bBA，一般的评价员得到一种样品类型作为参照，而另一半的评价员得到另一种样品类型作为参照。样品在所有的评价员中交叉平衡。当评价员对两种样品都不熟悉，或者没有足够的数量时，可运用平衡参照二－三点试验。

(5)问答表设计和做法

二－三点检验虽然有两种形式，从评价员角度来讲，这两种检验的形式是一致的，只是所使用的作为参照物的样品是不同的。问答卷形式可参照表1－4－4。

表1－4－4　二－三点检验问答卷的一般形式

二－三点检验
姓名：　　　　　日期：
试验指令：在你面前有3个样品，其中一个标明“参照/另外两个标有编号。从左向右依次品尝3个样品，先是参照样，然后是两个样品。品尝之后，请在与参照相同的那个样品的编号上划圈。你可以多次品尝，但必须有答案。
参照321586

(6)结果分析与判断

统计有效评价表,查二－三点检验法检验表1－4－2,与表中的某一显著性水平的数值作比较,若大于或等于表中的数,说明在该显著性水平上,样品间有显著差异;若小于表中的数,则说明两样品间无显著差异。

(7)方法特点

此法可用于区别两个同类样品是否存在感官差异,但差异的方向不能被检验指明。即感官评价员只能知道样品可察觉到差别,而不知道样品在何种性质上存在差别。

[应用实例]

某饮料厂为降低饮料成品的异味,在加工中添加了某种除味剂,为了了解除味剂的效果,运用二－三点检验法进行试验,由41名评价员进行检查,其中有20名接受到的对照样品是未经去味的制品,令21名接受到的对照样品是经去味处理的制品,共得到41张有效答案,其中有28张回答正确,查表1－4－2得知,则在5%显著水平,两样品间有显著差异,即去除异味效果显著。

3. 三点检验法

(1)定义

三点检验法是差别检验当中最常用的一种方法。在检验中,同时提供三个编码样品,其中有两个是相同的,另外一个样品与其他两个样品不同,要求评价员挑选出其中不同于其他两个样品的检验方法,也称为三角试验法。

(2)应用领域和范围

①确定产品的差异是否来自成分、工艺、包装和储存期的改变;②确定两种产品之间是否存在整体差异;③筛选和培训检验人员,以锻炼其发现产品差别的能力。

(3)对品评员要求

一般来说,参加评定的人员可以没有专家,但要求人数较多,其中选定评价员通常20人,临时参与的可以多达30人,总共50人之多。

(4)品评要点

三点检验试验中,每次随机呈送给评价员3个样品,其中2个样品是一样的,一个样品则不同。并要求在所有的评价员间交叉平衡。为了使3个样品的排列次序和出现次数的概率相等,这两种样品可能的组合是:BAA、ABA、AAB、ABB、BAB和BBA。在试验中,组合在六组中出现的概率也应是相等的,当评价员人数不足六的倍数时,可舍去多余样品组,或向每个评价员提供六组样品做重复检验。评价员进行检验时,每次都必须按从左到右的顺序品尝样品。评价过程中,允许评价员重新检验已经做过的那个样品。评价员找出与其他两个样品不同的一个样品或者相似的样品。

(5)问答表设计和做法

在问答表的设计中,通常要求评价员指出不同的样品或者相似的样品。对于评价员必须告知该批检验的目的,提示要简单明了,不能有暗示。常用的三点检验法问答表如表1－4－5所示。

表 1－4－5　三点检验法问答表的一般形式

三点检验
姓名：　　　日期：
试验指令：在你面前有 3 个带有编号的样品，其中有两个是一样，而另一个和其他两个不同。请从左到右依次品尝 3 个样品，然后在与其他两个样品不同的那一个样品的编号上划圈。你可以多次品尝，但不能没有答案。
624 801 129

(6) 结果分析与判断

按三点检验法要求统计回答正确的问答表数，查表 1－4－6 可得出两个样品间有无差异。当有效鉴评表大于 100 时，表明在差异的鉴评最少数为 $0.4714Z\sqrt{n}+\frac{2n+3}{6}$（式中，$Z$ 值：5% 时为 1.64，1% 时为 2.33，0.1% 时为 3.10）的近似整数；若回答正确的鉴评表数大于或等于这个最少数，则说明两样品间有差异。

表 1－4－6　三点检验法检验表

答案数目	显著水平			答案数目	显著水平			答案数目	显著水平		
	5%	1%	0.1%		5%	1%	0.1%		5%	1%	0.1%
4	4	—	—	23	13	15	16	42	20	22	25
5	4	5	—	24	14	16	18	43	21	23	25
6	5	6	—	25	15	16	18	44	21	23	25
7	5	6	7	26	15	17	19	45	22	24	26
8	6	7	8	27	15	17	19	46	22	24	26
9	6	7	8	28	16	18	20	47	23	24	27
10	7	8	9	29	15	16	18	48	23	25	27
11	7	8	10	30	15	17	19	49	23	25	28
12	8	9	10	31	15	17	19	50	24	26	28
13	8	9	10	32	16	18	20	51	24	26	29
14	9	10	11	33	17	18	21	52	24	27	29
15	9	10	12	34	17	19	21	53	25	27	29
16	9	11	12	35	17	19	22	54	25	27	30
17	10	11	13	36	18	20	22	55	26	28	30
18	11	12	13	37	18	20	22	56	26	28	31
19	11	12	14	38	19	21	23	57	26	29	31
20	11	13	14	39	19	21	23	58	27	29	32
21	12	13	15	40	19	21	24	59	27	29	32
22	12	14	16	41	20	22	24	60	28	30	33

续表

答案数目	显著水平			答案数目	显著水平			答案数目	显著水平		
	5%	1%	0.1%		5%	1%	0.1%		5%	1%	0.1%
61	28	30	33	71	32	34	37	82	36	39	42
62	28	31	33	72	32	35	38	84	37	40	43
63	29	31	34	73	33	35	38	86	38	40	44
64	29	32	34	74	33	36	39	88	38	41	44
65	30	32	35	75	34	36	39	90	39	42	45
66	30	32	35	76	34	36	39	92	40	43	46
67	30	33	36	77	34	37	40	94	41	44	47
68	31	33	36	78	35	37	40	96	42	44	48
69	31	34	36	79	35	38	41	98	42	45	49
70	32	34	37	80	35	38	41	100	43	46	49

(7)方法特点

三点检验法是一种专门的方法,用于两种产品的样品间的差异分析,而且适合于样品间细微差别的鉴定,如品质管制和仿制产品。其差别可能与样品的所有特征,或者与样品的某一特征有关。

[应用实例]

例如,36 张有效鉴评表,有 21 张正确地选择出单个样品,查表 1-4-6 中 $n=36$ 栏。由于 21 大于 1% 显著水平的临界值 20,小于 0.1% 显著水平的临界值 22,则说明在 1% 显著水平,两样品间有差异。

4."A"-"非 A"检验法

(1)定义

在感官评定人员先熟悉样品"A"以后,再将一系列样品呈送给这些检验人员,样品中有"A",也有"非 A"。要求参评人员对每个样品作出判断,哪些是"A",哪些是"非 A"。这种检验方法被称为"A"-"非 A"检验法。这种是与否的检验法,也称为单项刺激检验。

(2)应用领域和范围

此试验适用于确定原料、加工、处理、包装和储藏等各环节的不同所造成的两种产品之间存在的细微的感官差别,特别适用于检验具有不同外观或后味样品的差异检验,也适用于确定评价员对产品某一种特性的灵敏性。

(3)对品评员要求

评价员必须经过训练,使之能够理解评分表所描述的任务,但他们不需要接受特定感官方面的评价训练。通常需要 10~50 名品评人员参加试验,他们要经过一定的训练,做到对样品"A"和"非 A"比较熟悉。

(4)品评要点

样品有 4 种可能的呈送顺序,如 AA、BB、AB、BA。这些顺序要能够在评价员之间交叉随机化。在呈送给评价员的样品中,分发给每个评价员的样品数应相同,但样品"A"的数目与样品

“非 A”的数目不必相同。每次试验中,每个样品要被呈送 20 ~ 50 次。每个品评者可以只接受一个样品,也可以接受 2 个样品,一个“A”,一个“非 A”,还可以连续品评 10 个样品。每次评定的样品数量视检验人员的生理疲劳程度而定,受检验的样品数量不能太多,应以品评人数较多来达到可靠的目的。

(5)问答表设计和做法

“A” -“非 A”检验法问答表的一般形式如表 1 -4 -7 所示。

表 1 -4 -7 “A” -“非 A”检验法问答表

<table>
<tr><td colspan="4">“A” -“非 A”检验
姓名:________　　样品:________　　日期:________</td></tr>
<tr><td colspan="4">试验指令:
1. 在试验之前对样品“A”和“非 A”进行熟悉,记住它们的口味。
2. 从左到右依次品尝样品,在品尝完每一个样品之后,在其编码后面相对应位置上打“√”。
注意:在你所得到的样品中,“A”和“非 A”的数量是相同的。</td></tr>
<tr><td rowspan="2">样品顺序号</td><td rowspan="2">编号</td><td colspan="2">该样品是</td></tr>
<tr><td>“A”</td><td>“非 A”</td></tr>
<tr><td>1</td><td></td><td></td><td></td></tr>
<tr><td>2</td><td></td><td></td><td></td></tr>
<tr><td>3</td><td></td><td></td><td></td></tr>
<tr><td>4</td><td></td><td></td><td></td></tr>
</table>

(6)结果分析与判断

对鉴评表进行统计,并汇入表 10 中,并进行结果分析。表中 n_{11} 为样品本身是“A”,评价员也认为是“A”的回答总数;n_{22} 为样品本身是“非 A”,评价员也认为是“非 A”的回答总数;n_{21} 为样品本身是“A”,而评价员认为是“非 A”的回答总数;n_{12} 为样品本身是“非 A”,而评价员认为是“A”的回答总数。$n_{.1}$ 和 $n_{.2}$ 为第 1、2 行回答数之和;$n_{1.}$ 和 $n_{2.}$ 为第 1、2 列回答数之和;n 为所有回答数,然后用 f 检验来进行解释。结果参看表 1 -4 -8。

表 1 -4 -8 结果统计表

判别	样品判别数		
	“A”	“非 A”	累计
判为“A”的回答数	n_{11}	n_{12}	$n_{1.}$
判为“非 A”的回答数	n_{21}	n_{22}	$n_{2.}$
累计	$n_{.1}$	$n_{.2}$	n

假设评价员的判断与样品本身的特性无关。

当回答总数为 $n \leqslant 40$ 或 $n_{ij} \leqslant 5$ 时($i=1,2;j=1,2$),χ^2 的统计量为:

$$\chi^2 = [\,|n_{11} \times n_{22} - n_{12} \times n_{21}| - n/2\,]^2 \times n/(n_{.1} \times n_{.2} \times n_{1.} \times n_{2.})$$

当回答总数是 $n>40$ 和 $n_{ij}>5$ 时，χ^2 的统计量为：

$$\chi^2=[n_{11}\times n_{22}-n_{12}\times n_{21}]^2\times n/(n_{.1}\times n_{.2}\times n_{1.}\times n_{2.})$$

将χ^2 统计量与χ^2 分布临界值比较：

当$\chi^2\geqslant3.84$，为 5% 显著水平；当$\chi^2\geqslant6.63$，为 1% 显著水平。

因此，在此选择的显著水平上拒绝原假设，即认为评价员的判断与样品特性相关，即认为样品“A”与“非 A”有显著差异。

当$\chi^2<3.84$，为 5% 显著水平；当$\chi^2<6.63$，为 1% 显著水平。

因此，在此选择的显著水平上接受原假设，即认为评价员的判断与样品本身特性无关，即认为样品“A”与“非 A”无显著性差异。

(7) 方法特点

此检验本质上是一种顺序成对差别检验或简单差别检验。评价员先评价第一个样品，然后再评价第二个样品，要求评价员指明这些样品感觉上是相同还是不同。此试验的结果只能表明评价员可察觉到样品的差异，但无法知道样品品质差异的方向。

[应用实例]

例 1. 20 位评价员鉴评“A”和“非 A”两种样品，每个评价员 4 个“A”和 6 个“非 A”评价员判别结果如表 1－4－9 所示，采用“A”和“非 A”检验法求两样品是否有差异？

表 1－4－9　“A”－“非 A”检验法评价员判别统计表

判别	样品判别数		
	“A”	“非 A”	累计
判为“A”的回答数	50	55	105
判为“非 A”的回答数	30	65	95
累计	80	120	200

当回答总数是 $n>40$ 和 $n_{ij}>5$ 时，χ^2 的统计量为：

$$\begin{aligned}\chi^2&=[n_{11}\times n_{22}-n_{12}\times n_{21}]^2\times n/(n_{.1}\times n_{.2}\times n_{1.}\times n_{2.})\\&=[50\times65-55\times30]^2\times200/(80\times120\times105\times95)\\&=5.34\end{aligned}$$

查表 1－4－11，得出，χ^2 大于 3.84，两样品在 5% 显著水平上有显著差异。

例 2. 评价员鉴评“A”和“非 A”两种样品共 32 个，其中包括 13 个“A”和 19 个“非 A”评价员判别结果如表 1－4－10 所示，采用“A”和“非 A”检验法求两样品是否有差异？

表 1－4－10　“A”－“非 A”检验法评价员判别统计表

判别	样品判别数		
	“A”	“非 A”	累计
判为“A”的回答数	8	6	14
判为“非 A”的回答数	5	13	18
累计	13	19	32

当回答总数为 $n \leqslant 40$ 或 $n_{ij} \leqslant 5$ 时，χ^2 的统计量为：

$$\chi^2 = [\,|\,n_{11} \times n_{22} - n_{12} \times n_{21}\,| - n/2]^2 \times n/(n_{.1} \times n_{.2} \times n_{1.} \times n_{2.})$$

$$= [\,|\,8 \times 13 - 6 \times 5\,| - 32/2]^2 \times 32/(13 \times 19 \times 14 \times 18)$$

$$= 1.73$$

查表 1-4-11，得出 χ^2 小于 3.84，两样品在 5% 显著水平上无显著差异。

表 1-4-11　χ^2 分布表

f	α											
	0.995	0.99	0.975	0.95	0.90	0.75	0.25	0.10	0.05	0.025	0.01	0.005
1	—	—	0.001	0.004	0.016	0.102	1.323	2.706	3.841	5.024	6.635	7.879
2	0.010	0.020	0.051	0.103	0.211	0.575	2.773	4.605	5.991	7.378	9.210	10.597
3	0.072	0.115	0.216	0.352	0.584	1.213	4.108	6.251	7.815	9.348	11.345	12.838
4	0.207	0.297	0.484	0.711	1.064	1.923	5.385	7.779	9.488	11.143	13.277	14.860
5	0.412	0.554	0.831	1.145	1.610	2.675	6.626	9.236	11.071	12.833	15.086	16.750
6	0.676	0.872	1.237	1.635	2.204	3.455	7.841	10.645	12.592	14.449	16.812	18.548
7	0.989	1.239	1.690	2.167	2.833	4.255	9.037	12.017	14.067	16.013	18.475	20.278
8	1.344	1.646	2.180	2.733	3.490	5.071	10.219	13.362	15.507	17.535	20.090	21.955
9	1.735	2.088	2.700	3.325	4.168	5.899	11.389	14.684	16.919	19.023	21.666	23.589
10	2.156	2.558	3.247	3.940	4.865	6.737	12.549	15.987	18.307	20.483	23.209	25.188
11	2.603	3.053	3.816	4.575	5.578	7.584	13.701	17.275	19.675	21.920	24.725	26.757
12	3.074	3.571	4.404	5.226	6.304	8.438	14.845	18.549	21.026	23.337	26.217	28.299
13	3.565	4.107	5.009	5.892	7.042	9.233	15.984	19.812	22.362	24.736	27.688	29.819
14	4.075	4.660	5.629	5.571	7.790	10.165	17.117	21.064	23.685	26.119	29.141	31.319
15	4.601	5.229	6.262	7.261	8.547	11.037	18.245	22.307	24.996	27.488	30.578	32.801
16	5.142	5.812	6.908	7.962	9.312	12.212	19.369	23.542	26.296	28.845	32.000	34.267
17	5.697	6.408	7.564	8.672	10.085	12.792	20.489	24.769	27.587	30.191	33.409	35.718
18	6.265	7.015	8.231	9.390	10.865	13.675	21.605	25.989	28.869	31.526	34.805	37.156
19	6.844	7.633	8.907	10.117	11.651	14.562	22.718	27.204	30.144	32.852	36.191	38.582
20	7.434	8.260	9.591	10.851	12.443	15.452	23.828	28.412	31.410	34.170	37.566	39.997
21	8.034	8.897	10.283	11.591	13.240	16.344	24.935	29.615	32.671	35.479	38.932	41.401
22	8.643	9.542	10.982	12.338	14.042	17.240	26.039	30.813	33.924	36.781	40.289	42.796
23	9.260	10.193	11.689	13.091	14.848	18.137	27.141	32.007	35.172	38.076	41.638	44.181
24	9.885	10.593	12.401	13.848	15.659	19.037	28.241	33.196	36.415	39.364	42.980	45.559
25	10.520	11.524	13.120	14.611	16.473	19.939	29.339	34.382	37.652	40.646	44.314	46.928
26	11.160	12.198	13.844	15.379	17.292	20.843	30.435	35.563	38.885	41.923	45.642	48.290
27	11.808	12.879	14.573	16.151	18.114	21.749	31.528	36.741	40.113	43.194	46.963	49.645

续表

f	α											
	0.995	0.99	0.975	0.95	0.90	0.75	0.25	0.10	0.05	0.025	0.01	0.005
28	12.461	13.555	15.308	16.928	18.939	22.657	32.602	37.916	41.337	44.461	48.278	50.993
29	13.121	14.257	16.047	17.708	19.768	23.567	33.711	39.081	42.557	45.722	49.588	52.336
30	13.787	14.954	16.791	18.493	20.599	24.478	34.800	40.256	43.773	46.979	50.892	53.672
31	14.458	15.655	17.539	19.281	21.434	25.890	35.887	41.422	44.985	48.232	52.191	55.003
32	15.134	16.362	18.291	20.072	22.271	26.304	36.973	42.585	46.194	49.480	53.486	56.328
33	15.815	17.047	19.047	20.867	23.110	27.219	38.058	43.745	47.400	50.725	54.776	57.648
34	16.501	17.789	19.806	21.664	23.952	28.136	39.141	44.903	48.602	51.966	56.061	58.964
35	17.682	18.509	20.569	22.465	24.797	29.054	40.223	46.059	49.802	53.203	57.342	60.275
36	17.887	19.233	21.336	23.269	25.643	29.973	41.304	47.212	50.998	54.437	58.619	61.581
37	18.586	19.950	22.106	21.075	25.492	30.893	42.383	48.363	52.192	55.668	59.892	62.883
38	19.289	20.691	22.878	24.884	27.343	31.815	43.462	49.513	53.384	56.896	61.162	64.181
39	19.996	21.426	23.654	25.695	28.196	32.737	44.539	50.660	54.572	58.120	62.428	65.476
40	20.707	22.164	24.433	26.509	29.051	33.660	45.616	51.805	55.758	59.342	63.691	66.766
41	21.421	22.906	25.215	27.326	29.907	34.585	46.692	52.949	56.942	60.561	64.950	68.053
42	22.138	23.650	25.999	28.144	30.765	35.510	47.766	54.090	58.124	61.777	66.206	69.336
43	22.859	24.398	26.785	28.965	31.625	36.436	48.840	55.230	59.304	62.990	67.459	70.615
44	23.584	25.148	27.575	29.787	32.487	37.363	49.913	56.369	60.481	64.201	68.710	71.893
45	24.311	25.901	28.366	31.612	33.350	38.291	50.985	57.505	61.656	65.410	69.957	73.166
46	25.041	26.557	29.160	31.439	34.215	39.220	52.056	58.641	62.830	66.617	71.201	74.437
47	25.775	27.416	29.956	32.268	35.081	40.149	53.127	59.774	64.001	67.821	72.443	75.704
48	26.511	28.177	30.755	33.098	35.949	41.079	54.196	60.907	65.171	69.023	73.683	76.969
49	27.249	28.941	31.555	33.930	36.818	42.010	55.265	62.038	66.339	70.222	74.919	78.231
50	27.991	29.707	32.357	34.764	37.689	42.942	56.334	63.167	67.505	71.420	76.154	79.490
51	28.735	30.475	33.162	35.600	38.560	43.874	57.401	64.295	68.669	72.616	77.386	80.747
52	29.481	31.246	33.968	36.437	39.433	44.808	58.468	65.422	69.832	73.810	78.616	82.001
53	30.230	32.018	34.776	37.276	40.303	45.741	59.534	66.548	70.993	75.002	79.843	83.253
54	30.981	32.793	35.586	38.116	41.183	46.676	60.600	67.673	72.153	76.192	81.069	84.502
55	31.735	33.570	36.398	38.958	42.060	47.610	61.665	68.796	73.311	77.380	82.292	85.749
56	32.490	34.350	37.212	39.801	42.937	43.546	62.729	69.919	74.468	78.567	83.513	86.994
57	33.248	35.131	38.027	40.646	43.816	59.482	63.793	71.040	75.624	79.752	84.733	88.236
58	34.008	35.913	38.844	41.492	44.696	50.419	64.857	72.160	76.778	80.936	85.950	89.477
59	34.770	36.698	39.662	42.339	45.577	51.356	65.919	73.279	77.931	82.117	87.166	90.715
60	35.534	37.485	40.482	43.188	46.459	52.294	66.981	74.397	79.082	83.298	88.379	91.952

续表

f	α											
	0.995	0.99	0.975	0.95	0.90	0.75	0.25	0.10	0.05	0.025	0.01	0.005
61	36.300	38.273	41.303	44.038	47.342	53.232	68.043	75.514	80.232	84.476	89.591	93.186
62	37.058	39.063	42.126	44.889	48.226	54.171	69.104	76.630	81.381	85.654	90.802	94.419
63	37.838	39.855	42.950	45.741	49.111	55.110	70.165	77.745	82.529	86.830	92.010	95.649
64	38.610	40.649	43.776	46.595	49.996	56.050	71.225	78.860	83.675	88.004	93.217	96.878
65	39.383	41.444	44.603	47.450	50.883	56.990	72.285	79.973	84.821	89.117	94.422	98.105
66	40.158	42.240	45.431	48.305	51.770	57.931	73.344	81.085	85.965	90.349	95.626	99.330
67	40.935	43.038	46.261	49.162	52.659	58.872	74.403	82.197	87.108	91.519	96.828	100.554
68	41.713	43.838	47.092	50.020	53.543	59.814	75.461	83.308	88.250	92.689	98.028	101.776
69	42.494	44.639	47.924	50.879	54.438	60.756	76.519	84.418	89.391	93.856	99.228	102.996
70	43.275	45.442	48.758	51.739	55.329	61.698	77.577	85.527	90.531	95.023	100.425	104.215
71	44.058	46.246	49.592	52.600	56.221	62.641	78.634	86.635	91.670	96.189	101.621	105.432
72	44.843	47.051	50.428	53.462	57.113	63.585	79.690	87.743	92.808	97.353	102.816	106.648
73	45.629	47.858	51.265	54.325	58.006	64.528	80.747	88.850	93.945	98.516	104.010	107.862
74	46.417	48.666	52.103	55.189	58.900	65.472	81.803	89.956	95.081	99.678	105.202	109.074
75	47.206	49.475	52.945	56.054	59.795	66.417	82.858	91.061	96.217	100.839	106.393	110.286
76	47.997	50.286	53.782	56.920	60.690	67.362	83.913	92.166	97.351	101.999	107.583	111.495
77	48.788	51.097	54.623	57.786	61.585	68.307	84.968	93.270	98.484	103.158	108.771	112.704
78	49.582	51.910	55.466	58.654	62.483	69.252	86.022	94.374	99.617	104.316	109.958	113.911
79	50.376	52.725	56.309	59.522	63.380	70.198	87.077	95.476	100.749	105.473	111.144	115.117
80	51.172	53.540	57.153	60.391	64.278	71.145	88.130	96.578	101.879	106.629	112.329	116.321
81	51.969	54.357	57.998	61.261	65.176	72.091	89.184	97.680	103.010	107.783	113.512	117.524
82	52.767	55.174	58.845	62.132	66.075	73.038	90.237	98.780	104.139	108.937	114.695	118.726
83	53.567	55.993	59.692	63.004	66.976	73.985	91.289	99.880	105.267	110.090	115.876	119.927
84	54.368	56.813	60.540	63.876	67.875	74.933	92.342	100.980	106.395	111.242	117.057	121.126
85	55.170	57.634	61.389	64.749	68.777	75.881	93.394	102.079	107.522	112.393	118.236	122.325
86	55.973	58.456	62.239	65.623	69.679	76.829	94.446	103.177	108.648	113.544	119.414	123.522
87	56.777	59.279	63.089	66.498	70.581	77.777	95.497	104.275	109.773	114.693	120.591	124.718
88	57.582	60.103	63.941	67.373	71.484	78.726	96.548	105.372	110.898	115.841	121.767	125.913
89	58.389	60.928	64.793	68.249	72.387	79.675	97.599	106.469	112.022	116.980	122.942	127.406
90	59.196	61.754	65.647	69.126	73.291	80.625	98.650	107.365	113.145	118.136	124.116	128.299

5. 选择检验法

(1)定义

从3个以上样品中,选择出一个最喜欢或最不喜欢的样品的检验方法称为选择检验法。

(2)应用领域和范围

选择检验法主要用于嗜好调查,不适用于一些味道很浓或延缓时间较长的样品,这种方法在做品尝时,要特别强调漱口,在做第二次检验之前必须彻底地洗漱口腔,不得有残留物和残留味的存在。试验简单易懂,不复杂,技术要求低。

(3)对品评员要求

对评价员没有硬性规定必须培训,一般在5人以上,最多可选择100人以上。

(4)品评要点

样品以随机顺序呈送给评价员,按照组织方的要求作出评价,并进行统计分析。

(5)问答表设计和做法

选择检验法问答表的一般形式如表1-4-12所示。

表1-4-12 选择检验法问答表的一般形式

选择检验法			
姓名:________	样品:________	日期:________	
试验指令: 从左到右依次品尝样品,在品尝完每一个样品之后,在你最喜欢的样品编码后面相对应位置上打"√"。			
样品编号			

(6)结果分析与判断

1)求数个样品间有无差异,根据检验判断结果,用如下公式求值:

$$\chi_0^2 = \sum_{i=1}^{m} \frac{\left(\chi_i - \frac{n}{m}\right)^2}{\frac{n}{m}}$$

式中 m——样品数;

n——参加检验评价员数;

χ_i——m个样品中最喜好其中某个样品的人数。

当$\chi_0{}^2 \geqslant \chi^2(f,\alpha)$($f$为自由度,$f=m-1$,$\alpha$为显著水平),说明$m$个样品在$\alpha$显著水平存在差异。

当$\chi_0{}^2 < \chi^2(f,\alpha)$($f$为自由度,$f=m-1$,$\alpha$为显著水平),说明$m$个样品在$\alpha$显著水平不存在差异。

2)求被多数人判断为最好的样品与其他样品间是否存在差异,根据检验判断结果,用如下公式求值:

$$\chi_0^2 = \left(\chi_i - \frac{n}{m}\right)^2 \frac{m^2}{(m-1)n}$$

当$\chi_0^2 \geqslant \chi^2(f,\alpha)$,说明此样品与其他样品之间在$\alpha$显著水平存在差异。反之,无差异。

［应用实例］

样品 A 与其他三种同类样品进行比较，结果如表 1－4－13 所示，由 80 位评价员进行评价，求各个样品间是否有差异？样品 X 与其他样品是否有差异？样品 X 与样品 A 是否有差异？

表 1－4－13　选择检验法评价结果统计表

样品	A	X	Y	Z	合计
评价员数	26	32	16	6	80

（1）4 个样品间有无差异，由以下公式得出：

$$\chi_0^2 = \sum_{i=1}^{m} \frac{\left(\chi_i - \frac{n}{m}\right)^2}{\frac{n}{m}} = \frac{m}{n}\sum_{i=1}^{m}\left(\chi_i - \frac{n}{m}\right)^2$$

$$= \frac{4}{80} \times \left[\left(26 - \frac{80}{4}\right)^2 + \left(32 - \frac{80}{4}\right)^2 + \left(16 - \frac{80}{4}\right) + \left(6 - \frac{80}{4}\right)^2\right]$$

$$= 19.6$$

$$f = 4 - 1 = 3$$

查表 1－4－11，可知 $19.6 > \chi^2(3, 0.05) = 7.815$，说明 4 个样品在 0.05 显著水平存在显著差异。

（2）求被多数人判断为最好的样品与其他样品间是否存在差异，根据检验判断结果，由以下公式得出：

$$\chi_0^2 = \left(\chi_i - \frac{n}{m}\right)^2 \frac{m^2}{(m-1)n} = \left(32 - \frac{80}{4}\right)^2 \frac{4^2}{(4-1) \times 80} = 9.6$$

查表 1－4－11，可知 $9.6 > \chi^2(3, 0.05) = 7.815$，说明样品 X 与其他样品在 0.05 显著水平存在显著差异。

（3）求样品 X 与样品 A 是否有差异，由以下公式得出：

$$\chi_0^2 = \left(\chi_i - \frac{n}{m}\right)^2 \frac{m^2}{(m-1)n} = \left(32 - \frac{58}{2}\right)^2 \frac{2^2}{(2-1) \times 58} = 0.62$$

查表 1－4－11，可知 $0.62 < \chi^2(1, 0.05) = 3.841$，说明样品 X 与样品 A 在 0.05 显著水平不存在显著差异。

6. 配偶法

（1）定义

配偶试验法是指把两组样品逐个取出，各组的样品进行两两归类的检验方法。

（2）应用领域和范围

此法可用于评价两个样品之间的差异。

（3）对品评员要求

对评价员没有硬性规定必须培训，参与评价员人数可根据检验的目的和要求来决定。

(4)品评要点

首先确定待检食品或样品的类别,评价员按顺序评价样品后,对样品进行两两归类,把评价结果写在配偶试验法评价表上。

(5)问答表设计和做法

示例如表1-4-14,也可另自行设计。

表1-4-14　配偶法品评结果记录表

配偶法
姓名:________　样品:________　日期:________
试验指令:
1. 从左到右依次品尝样品。 2. 品尝完归类样品,把结果写在下面的横线上。
实验结果:
________和________ ________和________ ________和________ ________和________

(6)结果分析与判断

待所有评价员完成评价任务后,由工作人员将所有评价员的评价表收集并统计出正确的配对数平均值,并按配偶法检验表1-4-15进行分析结果,得出有无差异的结论,此正确的配对数平均值与表中相应的某显著性水平的数相比较,若大于或等于表中的数,则说明在该显著水平上,样品间有显著性差异,否则无差异。

表1-4-15　配偶法检验表

n	5%显著水平	n	5%显著水平
1	4.00	10	1.64
2	3.00	11	1.60
3	2.33	12	1.58
4	2.25	13	1.54
5	1.90	14	1.52
6	1.86	15	1.50
7	1.83	20	1.43
8	1.75	25	1.36
9	1.67	30	1.33

[应用实例]

由四名评价员对8种食品进行了感官评价,采用配偶法对评价结果进行分析,统计结果见表1-4-16。

表 1-4-16 配偶法结果统计表

评价员	样品							
	A	B	C	D	E	F	G	H
1	B	C	E	D	A	F	G	B
2	A	B	C	E	D	F	G	H
3	A	B	F	C	E	D	H	C
4	B	F	C	D	E	G	A	H

四个人正确配对数的平均值为(3+6+3+4)/4=4。

查表 1-4-15 中 $n=4$ 时,5%显著水平对应的值为 2.25,说明这 8 个产品在 5%水平有显著差异。

二、标度与类别检验法

1. 分类检验法

(1)定义

分类检验法是先由专家根据样品的一个或多个特征确定出样品的质量或其他特征类别,再将样品归纳入相应类别或等级的方法。

(2)应用领域和范围

这种方法是使样品按照已有的类别划分,可在任何一种检验方法的基础上进行。

(3)对品评员要求

专家型或经过培训的评价员 3 人以上,也可根据检验的目的和要求来决定。

(4)品评要点

确定待检食品或样品的类别,评价员按顺序评价样品后,将样品进行分类。

(5)问答表设计和做法

分类检验法问答表的一般形式如表 1-4-17 所示。

表 1-4-17 分类检验法品评结果记录表

<table>
<tr><td colspan="4">分类检验法
姓名:__________ 样品:__________ 日期:__________</td></tr>
<tr><td colspan="4">试验指令:
1. 从左到右依次品尝样品。
2. 品尝完每一个样品之后,把样品划入你认为应属的预先定义的等级,在相对应位置上打“√”。</td></tr>
<tr><td colspan="4">实验结果:</td></tr>
<tr><td rowspan="2">样品编号</td><td colspan="3">等级</td></tr>
<tr><td>一级</td><td>二级</td><td>三级</td></tr>
<tr><td></td><td></td><td></td><td></td></tr>
<tr><td></td><td></td><td></td><td></td></tr>
</table>

(6)结果分析与判断

将评价结果统计在表1-4-18中,比较两种或多种产品落入不同类别的分布,计算出各类别的期待值,根据实际测定值与期待值之间的差值,得出每一种产品应属的级别。然后根据χ^2检验,判断各个级别之间是否具有显著差异。

表1-4-18　分类检验法结果统计表

样品	等级			
	一级	二级	三级	合计
A				
B				
C				
合计				

(7)方法特点

分类检验法是以过去积累的已知结果为根据,在归纳的基础上进行产品分类。当样品打分有困难时,可用分类法评价出样品的好坏差异,得出样品的级别、好坏,也可以鉴定出样品的缺陷等。

[应用实例]

有四种产品,通过检验分成3级,要求评价员采用分类检验法,了解它们由于工艺的不同对产品质量所造成的影响。30位评价员进行评定分级,统计结果如表1-4-19所示。问:这四种产品在3个级别1%显著性水平是否有显著差异?其中哪个产品的品质最优?

表1-4-19　4种产品的分类检验结果统计表

样品	等级			
	一级	二级	三级	合计
A	7	21	2	30
B	18	9	3	30
C	19	9	2	30
D	12	11	7	30
合计	56	50	14	120

具体公式见第四章中的第三节。

假设各样品的级别不相同,则各级别的期待值为:

$$E=\frac{该等级次数}{120}\times 30=\frac{该等级次数}{4}$$

即

$$E_1=\frac{56}{4}=14, E_2=\frac{50}{4}=12.5, E_3=\frac{14}{4}=3.5$$

而实际测定值Q与期待值之差$Q_{ij}-E_{ij}$列出如表1-4-20所示。

表 1-4-20　各级别实际值与期待值之差

样品	等级			
	一级	二级	三级	合计
A	-7	8.5	-1.5	0
B	4	-3.5	-0.5	0
C	5	-3.5	-1.5	0
D	-2	-1.5	3.5	0
合计	0	0	0	

$$\chi^2 = \sum_{i=1}^{t}\sum_{j=1}^{m}\frac{(Q_{ij}-E_{ij})^2}{E_{ij}} = \frac{(-7)^2}{14}+\frac{4^2}{14}+\frac{5^2}{14}+\cdots+\frac{(-1.5)^2}{3.5}+\frac{3.5^2}{3.5} = 19.49$$

误差自由度f=样品自由度×级别自由度，即

$$f=(m-1)(t-1)=(4-1)\times(3-1)=6$$

查表 1-4-11 得：

$$\chi^2(6,0.05)=12.592;\ \chi^2(6,0.01)=16.812$$

由于$\chi^2=19.49>12.592$，同时$\chi^2=19.49>16.812$，所以，这 3 个级别在 1% 显著性水平和 5% 显著性水平均有显著差别，即这 4 个样品可划分为有显著差别的 3 个等级。其中样品 C 的品质最佳，该产品的生产工艺最优。

2. 评分检验法

(1)定义

评价员把样品的品质特性以数字标度形式来评价的检验称为评分检验法，即按预先设定的评价基准，对样品的特性和嗜好程度以数字标度进行评定，然后换算成得分的一种评价方法。在评分法中所使用的数字标度为等距标度或比率标度。

(2)应用领域和范围

此方法可同时评价一种或多种产品的一个或多个指标的强度及其差异，所以应用较为广泛。尤其用于评价新产品。

(3)对品评员要求

对评价员进行筛选、培训，评价员应该熟悉所评样品的性质、操作程序，具有区别性质细微差别的能力。参加评定的评价员人数应在 8 人以上。

(4)品评要点

以平衡或随机的顺序将样品呈送给评价员，要求评价员采用类别尺度、线性尺度或数字估计评价等方法对规定的感官性质强度进行评定。在进行结果分析与判断前，首先要将问答票的评价结果按选定的标度类型转换成相应的数值。如非常喜欢 =9、很喜欢 =8、喜欢 =7、稍喜欢 =6、一般 =5、不太喜欢 =4、不喜欢 =3、很不喜欢 =2、非常不喜欢 =1 的 9 分制评分式，或无感觉 =0、稍稍有感觉 =1、稍有感觉 =2、有感觉 =3、较强感觉 =4、非常强感觉 =5 的 5 分制评分式。当然，也可以用十分制或百分制等其他尺度。

(5)问答表设计和做法

评分检验法问答表的一般形式如表 1-4-21 所示。

表 1-4-21　评分检验法品评结果记录表

<table>
<tr><td colspan="3">评分检验法
姓名:________　　样品:________　　日期:________</td></tr>
<tr><td colspan="3">试验指令:
1. 从左到右依次品尝样品。
2. 品尝完每一个样品后,把样品每项得分记录在相应位置上,合计总分。</td></tr>
<tr><td colspan="3">实验结果:</td></tr>
<tr><td rowspan="2">项目</td><td colspan="2">样品编号</td></tr>
<tr><td></td><td></td></tr>
<tr><td>色泽</td><td></td><td></td></tr>
<tr><td>气滋味</td><td></td><td></td></tr>
<tr><td>冲调性</td><td></td><td></td></tr>
<tr><td>组织状态</td><td></td><td></td></tr>
<tr><td>合计</td><td></td><td></td></tr>
</table>

(6)结果分析与判断

通过相应的统计分析和检验方法来判断样品间的差异性,当样品只有两个时,可以采用简单的 t 检验。

(7)方法特点

该方法不同于其他方法的是绝对性判断,即根据评价员各自的鉴评基准进行判断,它出现的粗糙评分现象也可由增加评价员人数的方法来克服。

[应用实例]

10 位评价员鉴评两种样品,以 9 分制鉴评,具体评分如表 1-4-22 所示,采用评分检验法求两样品是否有差异?

表 1-4-22　评分检验法评定结果表

评价员		1	2	3	4	5	6	7	8	9	10	合计
样品	A	8	7	7	8	6	7	7	8	6	7	71
	B	6	7	6	7	6	6	7	7	7	7	66
评分差	d	2	0	1	1	0	1	0	1	-1	0	5
	d^2	4	0	1	1	0	1	0	1	1	0	9

解: $\sum d = 5 \quad \bar{d} = \frac{5}{10} = 0.5 \quad \sum d^2 = 9$

$$\sigma = \sqrt{\frac{\sum d^2 - (\sum d)^2/n}{n-1}} = 0.85$$

$$t=\frac{\overline{d}}{\sigma/\sqrt{n}}=1.86$$

以评价员自由度为 9 查表 1－4－23t 分布表，在 5% 显著水平相应的临界值为 2.262，由于 2.262 大于 1.86，因此可推断两样品在 5% 显著水平上没有显著差异。

表 1－4－23　t 分布表

自由度	α									
	0.500	0.400	0.300	0.200	0.100	0.050	0.020	0.010	0.005	0.001
1	1.000	1.376	1.963	3.078	6.314	12.706	31.821	63.657	—	—
2	0.816	1.061	1.386	1.886	2.920	4.303	6.965	9.925	14.089	31.598
3	0.765	0.978	1.250	1.638	2.353	3.182	4.541	5.841	7.453	12.941
4	0.741	0.941	1.190	1.533	2.132	2.776	3.747	4.604	5.598	8.610
5	0.727	0.920	1.156	1.476	2.015	2.571	3.365	4.032	4.773	6.859
6	0.718	0.906	1.134	1.440	1.943	2.447	3.143	3.707	4.317	5.959
7	0.711	0.896	1.119	1.415	1.895	2.365	2.998	3.499	4.029	5.405
8	0.706	0.889	1.108	1.397	1.860	2.306	2.896	3.355	3.832	5.041
9	0.703	0.883	1.100	1.383	1.833	2.262	2.821	3.250	3.630	4.781
10	0.700	0.879	1.093	1.372	1.812	2.228	2.764	3.169	3.581	4.587
11	0.697	0.876	1.088	1.363	1.796	2.201	2.718	3.106	3.497	4.437
12	0.695	0.873	1.083	1.356	1.782	2.179	2.681	3.055	3.428	4.318
13	0.694	0.870	1.079	1.350	1.771	2.160	2.650	3.012	3.372	4.221
14	0.692	0.868	1.076	1.345	1.761	2.145	2.624	2.977	3.326	4.140
15	0.691	0.866	1.074	1.341	1.753	2.131	2.602	2.947	3.286	4.073
16	0.690	0.865	1.071	1.337	1.746	2.120	2.583	2.921	3.252	4.015
17	0.689	0.863	1.069	1.333	1.740	2.110	2.567	2.898	3.222	3.965
18	0.688	0.862	1.067	1.330	1.734	2.101	2.552	2.878	3.197	3.922
19	0.688	0.861	1.066	1.328	1.729	2.093	2.539	2.861	3.174	3.883
20	0.687	0.860	1.064	1.325	1.725	2.086	2.528	2.845	3.153	3.850
21	0.686	0.859	1.063	1.323	1.721	2.080	2.518	2.831	3.135	3.789
22	0.686	0.858	1.061	1.321	1.717	2.074	2.508	2.819	3.119	3.782
23	0.685	0.858	1.060	1.319	1.714	2.069	2.500	2.807	3.104	3.767
24	0.685	0.857	1.059	1.318	1.711	2.064	2.492	2.797	3.090	3.745
25	0.684	0.856	1.058	1.316	1.708	2.060	2.485	2.787	3.078	3.725
26	0.684	0.856	1.058	1.315	1.706	2.056	2.479	2.779	3.067	3.707
27	0.684	0.855	1.057	1.314	1.703	2.052	2.473	2.771	3.056	3.690
28	0.683	0.855	1.056	1.313	1.701	2.048	2.467	2.763	3.047	3.674
29	0.683	0.854	1.055	1.311	1.699	2.045	2.462	2.756	3.038	3.659

续表

自由度	α									
	0.500	0.400	0.300	0.200	0.100	0.050	0.020	0.010	0.005	0.001
30	0.683	0.854	1.055	1.310	1.697	2.042	2.457	2.750	3.030	3.646
35	0.682	0.852	1.052	1.306	1.690	2.030	2.438	2.724	2.996	3.591
40	0.681	0.851	1.050	1.303	1.684	2.021	2.423	2.704	2.971	3.551
50	0.679	0.849	1.047	1.299	1.676	2.009	2.403	2.678	2.937	3.496
60	0.679	0.848	1.045	1.296	1.671	2.000	2.390	2.660	2.915	3.460
70	0.678	0.847	1.044	1.294	1.667	1.994	2.381	2.648	2.899	3.435
80	0.678	0.846	1.043	1.292	1.664	1.990	2.374	2.639	2.887	3.416
90	0.677	0.846	1.042	1.291	1.662	1.987	2.368	2.632	2.878	3.402
100	0.677	0.845	1.042	1.290	1.660	1.984	2.364	2.626	2.871	3.390
∝	0.674	0.842	1.036	1.282	1.645	1.960	2.326	2.576	2.807	3.290

3. 评估检验法

(1)定义

随机顺序提供一个或多个样品,要求评价员在一个或多个指标的基础上进行分类、排序,评价样品的一个或多个特征强度,或对产品的偏爱程度进行评价。进一步可根据各项特征指标对该产品质量的重要程度确定其加权数,并对各指标的评价结果加权平均,从而得出整个样品的评估结果。

(2)应用领域和范围

评估检验法主要用于评价样品的一个或多个指标的强度及对产品的嗜好程度。

(3)对品评员要求

对评价员没有硬性规定要求,根据检验的目的和用途来确定评价员人数。

(4)品评要点

样品以随机顺序呈送给评价员,按照组织方提供的参考标准对样品的各项指标进行打分。

(5)问答表设计和做法

评估检验法问答表的一般形式如表 1-4-24 所示。

表 1-4-24 评估检验法问答表的一般形式

评估检验法 姓名:________ 样品:________ 日期:________			
试验指令: 从左到右依次品尝样品,在品尝完每一个样品之后,对各项指标进行打分。			
指标	所占比例	样品编号	

(6)结果分析与判断

对各项指标的评分进行加权处理后求平均得分,根据得分情况来判断产品质量的优劣、等级。公式如下:

$$p = \sum_{i=1}^{n} \frac{m_i x_i}{f}$$

式中 m_i——各指标的权重得分;

x_i——各指标得分;

f——评价指标的满分值。

(7)方法特点

该方法考虑到了食品各项指标的重要程度,从而降低了产品总体评价结果的偏差。对于一种食品,由于各项指标对其质量的影响程度不同,它们之间的关系不完全是平权的,因此加权平均法更客观、公正,并且简单易用。

[应用实例]

有四种样品,通过四项指标进行了打分,采用评估检验法综合评定四个样品的等级,评定标准为:一级 9.0~10 分,二级 7.0~8.9 分,三级 5.0~6.9 分,四级 3.0~4.9 分,评价结果表 1-4-25 所示。

表 1-4-25 评估检验法的评价结果表

指标	A	B	C	D
外观 20%	6	8	7	5
口感 30%	6	7	9	4
香气 30%	5	9	9	4
色泽 20%	5	7	7	6

解:A:1.2+1.8+1.5+1=5.5,三级;

B:1.6+2.1+2.7+1.4=7.8,二级;

C:1.4+2.7+2.7+1.4=8.2,二级;

D:1+1.2+1.2+1.2=4.6,四级。

三、分析与描述性检验法

(一)简单描述试验

(1)定义

简单描述性检验法即要求评价员对构成样品质量特征的各个指标,用合理、清楚的文字,尽量完整地、准确地进行定性的描述,以评价样品的质量。

(2)应用领域和范围

此法用于识别或描述某一特殊样品或许多样品的特殊指标,或将感觉到的特性指标建立一个序列。常用于质量控制，产品在储存期间的变化或描述已经确定的差异检测，也可用于培训评价员。

(3)对品评员要求

评定小组需要专家5名或5名以上，或者优选评价员5名或5名以上。

(4)品评要点

简单描述检验通常被用在对已知特征有差异的形状进行描写。它通常有两种评价形式：

1)自由式描述：由评价员用任意的词汇，对样品的特性进行描述。

2)界定式描述：提供指标评价表，评价员按评价表中所列出描述各种质量特征的专用词汇进行评价。比如：

色泽：色泽深、浅、有杂色、有光泽、暗淡、苍白、褪色等；

风味：一般、正常、焦味、苦味、涩味、不新鲜味、金属味、腐败味等；

口感：黏稠、粗糙、细腻、油腻、润滑、酥、脆等；

组织结构：致密、疏松、厚重、薄弱、易碎、断面粗糙、不规则、蜂窝状、层状等。

评价员完成评价后进行统计，根据每一描述性词汇使用的频数，得出评价结果，最后最好集中评价员对评价结果做公开讨论。

(5)制定问答表

在进行问答表设计时，首先应了解该产品的整体特征，或该产品对人的感官属性有重要作用或者贡献的某些特征，将这些特征列入评价表中，让评价员逐项进行品评，并用适当的词汇予以表达，或者用某一种标度进行评价。

(6)结果分析与判断

这种方法可以应用于1个或多个样品。在操作过程中样品出示的顺序可以不同，通常将第一个样品作为对照是比较好的。每个评价员在品评样品时要独立进行，记录中要写清每个样品的特征。在所有评价员的检验全部完成后，在组长的主持下进行必要的讨论，然后得出综合结论。该方法的结果通常不需要进行统计分析。为了避免试验结果不一致或重复性不好，可以加强对品评人员的培训，并要求每个品评人员都使用相同的评价方法和评价标准。

[应用实例]

玉冰烧型米酒，原产于广东珠江三角洲地区，有五百多年的历史，它是以大米为原料，以米饭、黄豆、酒饼叶所制成的小曲酒饼作糖化发酵剂，通过半固体发酵和甑式蒸馏方式制成白酒，再经陈化的猪脊肥肉浸泡，精心勾兑而成的低度白酒。该酒的特点是豉香突出醇和甘爽，其代表产品为豉味玉冰烧米酒、石湾特醇米酒等。玉冰烧型米酒评分标准见表1－4－26。

表1－4－26　玉冰烧型米酒评分标准

项目	标准	最高分	扣分
色泽	色清透明、晶亮　色清透明，有微黄感　色清微混浊，有悬浮物	10	1～2 3分以上
香气	豉香独特、协调、浓陈、柔和、有幽雅感，杯底留香长　豉香纯正、沉实，杯底留香尚长、无异香　豉香略淡薄，放香欠长、杯底留香短，无异杂味	25	1～2 4～7

续表

项目	标准	最高分	扣分
口味	入口醇和,绵甜细腻,酒体丰满,余口甘爽,滋味协调,苦不留口　入口醇净,绵甜甘爽,略微涩入口醇甜,微涩,苦味不留口,尚爽净,后苦短　入口尚醇甜,有微涩、苦,或有杂	50	2~6 5~9 8~13
风格	具有该酒的典型风格,色香味协调　色香味尚协调,风格尚典型者　风格典型性不足,色香味欠协调	15	1~2 2分以上

玉冰烧型米酒评分表见表1-4-27。

表1-4-27　玉冰烧型米酒评分表

样品名称:________　评价员姓名:________　日期:__________

编号	指标					
	色泽	香气	口味	风格	评语	备注
1						
2						
3						
4						
5						

(二)定量描述和感官剖面检验法

(1)方法特点

要求评价员尽量完整地对形成样品感官特征的各个指标强度进行描述的检验方法称为定量描述检验。这种检验可以使用本章第二节中讲述的简单描述试验所确定的术语词汇中选择的词汇,描述样品整个感官印象的定量分析。这种方法可单独或结合地用于品评气味、风味、外观和质地。

定量描述试验[或称作定量描述分析(quantitative descriptive analysis,QDA)]是20世纪70年代发展起来的,其特点是其数据不是通过一致性讨论而产生的,评价小组领导者不是一个活跃的参与者,同时使用非线性结构的标度来描述评估特性的强度,通常称为QDA图或蜘蛛网图,并利用该图的形态变化定量描述试样的品质变化。

定量描述和感官剖面检验法,依照检验方法的不同可分为一致方法和独立方法两大类型。一致方法的含义是,在检验中所有的评价员(包括评价小组组长)都是一个集体的一部分,而工作目的是获得一个评价小组赞同的综合结论,使对被评价的产品的风味特点达到一致的认识。可借助参比样品来进行,有时需要多次讨论方可达到目的。独立方法是由评价员先在小组内讨论产品的风味,然后由每个评价员单独工作,记录对食品感觉的评价成绩,最后用统计的平均值作为评价的结果。无论是一致方法还是独立方法,在检验开始前,评价组织者和评价员应完成的工作包括:制定记录样品的特性目录、确定参比样、规定描述特性的词汇、建立描述和检验样品的方法。

此种方法的检验内容通常有以下几点。

1)特性特征的鉴定:用叙词或相关的术语描述感觉到的特性特征。

2)感觉顺序的确定:记录显示和察觉到的各特性特征所出现的顺序。

3)强度评价:每种特性特征所显示的强度,特性特征的强度可用多种标度来评估。

4)余味和滞留度的测定:样品被吞下(或吐出)后出现的与原来不同的特性特征称为余味;样品已被吞下(或吐出)后继续感觉到的特性特征称为滞留度。

5)综合印象的评估:综合印象是对产品的总体评估,通常用三点标度评估,即以低、中、高表示。

6)强度变化的评估:评价员在接触到样品时所感受到的刺激到脱离样品后存在的刺激的感觉强度的变化,如食品中的甜味、苦味的变化等。

(2)问答表设计

定量描述和感官剖面检验法是属于说明食品质和量兼用的方法,多用于判断两种产品之间是否存在差异和差异存在的方面以及差异的大小、产品质量控制、质量分析、新产品开发和产品质量改良等方面。因此,在进行描述时都会面临下面几个问题:

1)一个产品的什么品质在配方改变时会发生变化?

2)工艺条件改变时对产品品质可能会产生什么样的变化?

3)这种产品在贮藏过程中会有什么变化?

4)在不同地域生产的同类产品会有什么区别?

根据这些问题,这种方法的实施通常需要经过三个过程:

1)决定要检验单产品的品质是什么;

2)组织一个鉴评小组,开展必要的培训和预备检验,使评价员熟悉和习惯将要用于该项检验的尺度标注和有关术语;

3)评价这种有区别的产品在被检验的品质上有多大程度的差异。

(3)结果分析

定量描述法不同于简单描述法的最大特点是利用统计法数据进行分析。统计分析的方法随所用对样品特性特征强度评价的方法而定。强度评价的方法主要有以下几种。

数字评估法:0 = 不存在,1 = 刚好可识别,2 = 弱,3 = 中等,4 = 强,5 = 很强。

标度点评估法:弱|||||强,在每个标度的两端写上相应的叙词,其中间级数或点数根据特性特征改变。

直线评估法:例如,在100mm长的直线上,距每个末端大约10mm处,写上叙词(如弱 - 强),评价员在线上做一个记号表明强度,然后测量评价员做的记号与线左端之间的距离(mm),表示强度数值。

评价人员在单独的品评室对样品进行评价,试验结束后,将标尺上的刻度转换为数值输入计算机,经统计分析后得出平均值,然后用标度点评估法或直线评估法并作图。定量描述分析和感官剖面检验的同时一般还附有一个图,图形常有扇形图、圆形图和直线形评估图等。

[应用实例]

调味西红柿酱风味剖面检验报告(一致方法)。

(1)表格(见表1-4-28)

表1-4-28　调味西红柿酱风味剖面检验报告

特性特征(感觉顺序)		强度指标
风味	西红柿	4
	肉桂	1
	丁香	3
	甜度	2
	胡椒	1
余味		无
滞留度		相当长
综合印象		2

(2)图示(见图1-4-1)

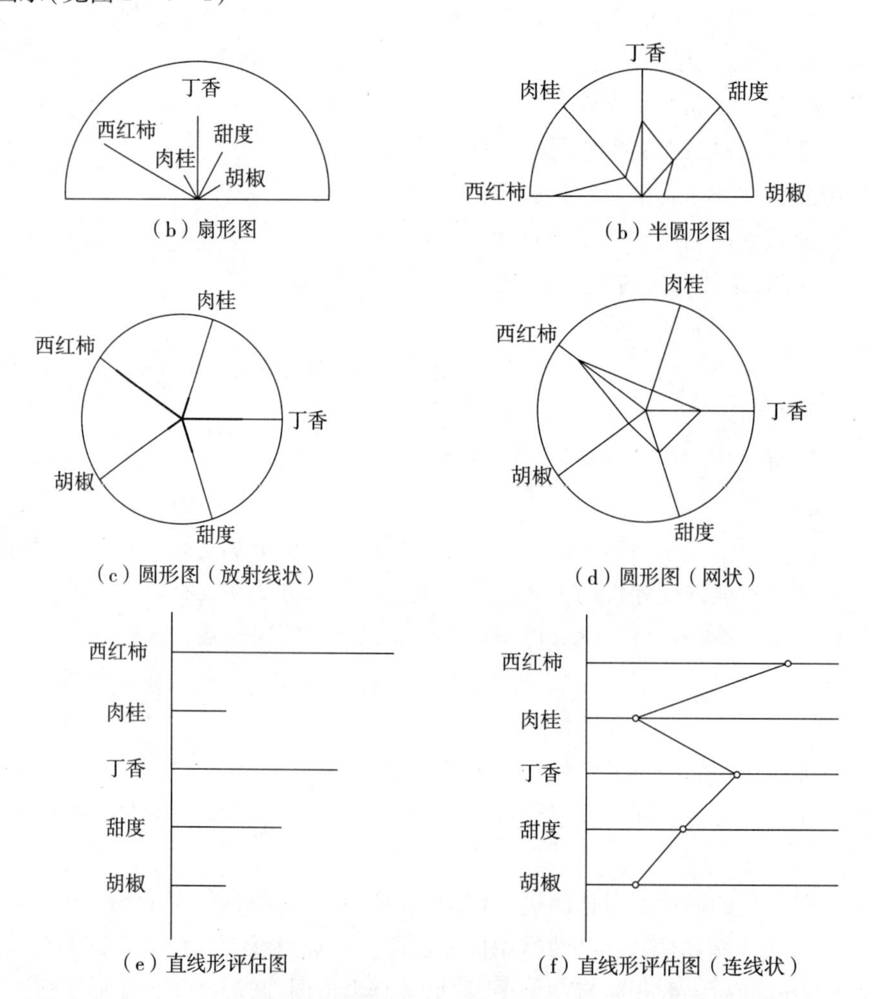

注:用线的长度表示每种特性强度,按顺时针方向或上下方向表示特性感觉的顺序。

图1-4-1　调味西红柿酱风味剖面图

学习模块五　常见大宗民生消费食品的感官检验

学习目标

1. 掌握各类食品的感官检验要点。
2. 了解目前国内外常见食品掺伪、掺假现状。
3. 了解我国现行食品质量标准。

子模块一　米面、油脂类的感官检验

一、米及其制品的感官检验

不同粮谷及其成品粮因受生长环境、收获时期、贮存条件及加工、包装、运输、销售等过程中诸多因素的影响，普遍都存在着品质上的差别，甚至有些还出现变质现象，所以对其进行鉴别尤为必要。大米按籽粒形状分为粳米、籼米，按黏度分为糯米和一般大米；米类制品主要有米粉、年糕等。

（一）米面质量感官检验和检验指标

米面质量的感官检验和检验指标主要包括：色泽、口感、气味、水分、杂质、纯度等。

1. 色泽

良质的粮食籽粒应具有本品种所固有的色泽；未成熟的籽粒颜色苍白或无光泽；而病害、霉菌、异物的感染及仓虫危害、水浸、陈化等因素的影响，可使籽粒的色泽变暗或光泽减弱。

色泽鉴别的操作方法为：在黑色的样品盘（或黑纸）上，薄薄地均摊一层粮食样品，在散射光线下仔细察看其色泽（最好用标准样品加以对照）。鉴别结果除用“正常”或“不正常”字样来表示外，还应注明实际色泽。

2. 滋味

新鲜良质的粮食应具有本品种所固有的滋味，无异味。霉变、虫害、陈化等因素可引起粮食滋味的变化，产生霉味、酸味、苦味等。

滋味鉴别的操作方法为：用水漱口后，取少许试样放进门中，慢慢咀嚼，仔细辨别其滋味；也可将试样制成食品后再辨别滋味。鉴别结果除用“正常”或“不正常”字样来表示外，还应注明实际滋味。

3. 气味

粮食应具有本品种固有的气味，并且气味浓郁清香，无异味。由于粮食自身的变化和外界条件（病虫害、霉菌、异物感染）的影响，粮食会产生出不正常的气味，如发酵气味、霉味、酸味、哈喇味、仓虫气味等。

气味鉴定的操作方法为:取少许试样放在手掌中,用哈气的方法提高试样的温度,然后立即嗅其气味;或取少许粉碎的试样,放入盛有60~70℃温水的容器中,盖上盖子,2~3min后把水倾出立即嗅其气味。鉴定结果除用"正常"或"不正常"字样来表示外,还应注明实际气味。

4. 粉状粮食牙碜的鉴别

造成粉状粮食牙碜的主要因素是粉中含有尘土或细砂。此项鉴别常与滋味的鉴别同时进行,即用臼齿摩擦拭样来鉴别牙碜程度。

5. 纯度

主要是检验粮食中有机杂质和无机杂质的含量,包括砂石、煤渣、谷壳、秸秆等的含量,粮食中杂质的含量应不超过1%。

6. 水分

粮食的正常水含量应在14%以下。

水含量的鉴别方法为:水含量低的粮食,用于摸、捻、压、掐时感觉很硬;用手插入粮食堆中光滑易进;在搅动时,发出清脆的声音;用牙齿嗑籽粒时,抗压力大,破碎时发出强有力的声响。水含量高的粮食粒形膨胀,光泽较强;手插入粮食中,有涩滞和潮湿感,甚至在拔出手时,籽粒易黏在手上。牙嗑时抗压力小,破碎时响声较低,略有弹性。

7. 粮食外观价值

粮食外观价值是粮食的外部特性(主要是类型、品种及颗粒的形状、大小、色泽、气味、纯度、含水量等)和品质的综合标志,是评定粮食品质的一个重要参考项目。

(二)稻谷的质量鉴别

1. 色泽

良质稻谷:外壳呈黄色,浅黄色或金黄色,色泽鲜艳一致,具有光泽,无黄粒米。

次质稻谷:色泽灰暗无光泽,黄粒米超过2%。

劣质稻谷:色泽变暗或外壳呈褐色、黑色,肉眼可见霉菌菌丝。有大量黄粒米或褐色米粒。

2. 外观

良质稻谷:颗粒饱满,完整,大小均匀,无虫害及霉变,无杂质。

次质稻谷:有未成熟颗粒,少量虫蚀米,生芽粒及病斑粒等,大小不均一,有杂质。

劣质稻谷:有大量虫蚀米、生芽粒、霉变颗粒、有结团、结块现象。

3. 气味

良质稻谷:具有纯正的稻香味,无其他任何异味。

次质稻谷:稻香味微弱,稍有异味。

劣质稻谷:有霉味、酸臭味、腐败味等不良气味。

(三)早米与晚米的鉴别

我国稻谷按栽培季节的不同,将大米分为早米与晚米两类。

1. 早米

由于早稻的生长期短,只有80~120d,所以生产出来的早米,米质疏松,腹白度较大,透明度较小,缺乏光泽,比晚米吸水率大,黏性小,糊化后体积大。所以,用早米煮成的饭,口感差、质干硬、易饱肚。早米中含的稗粒和小碎米比晚米多。一般来说,早米的食用品质比晚米差。

2. 晚米

由于晚稻的生长期较长，约在150～180d，并在秋高气爽的时节成熟，有利于营养物质的积累，因此它的晶质特征好，如米质结构紧密，腹白度小或无，透明度较大，富有光泽，煮熟的饭，口感质地细腻，黏稠适中，松软可口。晚米中的稗粒和小碎米的数量比早米少。晚米为大多数人所喜食，尤其是老年人。

根据米粒的营养成分测定，早米与晚米中的蛋白质、脂肪、B族维生素、矿物质等含量，以及产热量，均相差无几。

(四)大米的质量鉴别

良质大米：色泽呈淡青白色或精白色，具有光泽，呈半透明状。

形状：米粒呈长形或椭圆形，籽粒大小均匀，表面光滑，组织紧密完整，允许有少量碎米，但无霉变，无虫害，不含杂质。

气味滋味：具有纯正的香气味，无霉味、腐败或其他异味。

劣质大米：色泽霉变的米粒色泽差，表面呈绿色、黄色、黑色、灰褐色。

形状：米粒不完整，有结块，呈霉粒，表面可见霉菌菌丝，组织疏松。

气味、滋味：有霉味、酸味或其他异味。

(五)大米霉变过程的鉴别

异味：大米原有的香气减退或消失，微觉异味。

出汗：由于大米与微生物的强烈呼吸，局部水凝结，米粒表面微觉潮湿。

米粒发软：出汗部位米粒吸湿，水分增加，硬度降低，手搓或手嗑清脆声减弱。散落性降低，米粒吸湿膨胀，使之流动时断断续续；手握可以成团，脚踩陷入较浅。

色泽鲜明：因米粒表面有水气凝聚，色泽微显鲜明，透明感略增。

起毛：米粒潮湿，沾附糠粉或米粒上未碾尽的糠皮浮起，显得毛糙，不光洁，俗称起毛或脱糠。

起眼：大米胚部组织松软，含蛋白质、脂肪较多，霉菌先从胚部发展，使胚部变色，俗称起眼。

起筋：米粒侧面与背面的沟纹呈白色以致灰白色，俗称起筋。

大米在霉变的早期过程中，品质损失不明显，及时妥善处理，不影响食用。

(六)大米蒸煮食用品质感官检验方法

按照GB/T 15682—2008《粮油检验　稻谷、大米蒸煮食用品质感官评价方法》规定的方法进行检验

1. 范围

本标准规定了稻谷、大米蒸煮试验的术语和定义、原理、仪器和器具、操作步骤、米饭品质的品尝评定内容、顺序、要求及评分结果表示。

本标准适用于稻谷、大米的蒸煮试验及米饭食用品质评定。

2. 原理

稻谷经砻谷、碾白，制备成国家标准三等精度的大米作为试样。商品大米直接作为试样。取一定量的试样，在规定条件下蒸煮成米饭，品评人员感官鉴定米饭的气味、外观结构、适口

性、滋味及冷饭质地等，评价结果以参加品评人员的综合评分的平均值表示。

3. 操作步骤

(1)样品的制备

1)大米样品的制备

取稻谷15000~2000g，用砻谷机去壳得到糙米，将糙米在碾米机上制备成GB 1354《大米》中规定的标准三等精度的大米。商品大米则直接分取试样。

2)样品的编号和登记

随机编排试样的编号、制备米饭的盒号和锅号。记录试样的品种、产地、收获或生产时间、储藏和加工方式及时间等必要信息。

3)参照样品的选择

选取符合GB 1354《大米》中规定的标准三等精度的新鲜大米样品3~5份，经米饭制作，由评价员按照评分方法一的规定，进行2~3次品评，选出色、香、味正常，综合评分在75分左右的样品1份，作为每次品评的参照样品。

(2)米饭的制备

1)小量样品米饭的制备

①称样：称取每份10g试样于蒸饭皿中。试样份数按评价员每人1份准备。

②洗米：将称量后的试样倒入沥水筛，将沥水筛置于盆内，快速加入300mL水，顺时针搅拌10圈，逆时针搅拌10圈，快速换水重复上述操作一次。再用200mL蒸馏水淋洗1次，沥尽余水，放入蒸饭皿中。洗米时间控制在3~5min。

③加水浸泡：籼米加蒸馏水量为样品量的1.6倍，粳米加蒸馏水量为样品量的1.3倍。加水量可依据米饭软硬适当增减。浸泡水温25℃左右，浸泡30min。

④蒸煮：蒸锅内加入适量的水，用电炉(或电磁炉)加热至沸腾，取下锅盖，再将盛放样品的蒸饭皿加盖后置于蒸屉上，盖上锅盖，继续加热并开始计时，蒸煮40min，停止加热，焖制20min。

⑤将制成的不同试样的蒸饭皿放在白瓷盘上(每人1盘)，每盘4份试样，趁热品尝。

2)大量样品米饭的制备

①洗米：称取500g试样放入沥水筛内，将沥水筛置于盆中，快速加入1500mL自来水，每次顺时针搅拌10圈，逆时针搅拌10圈，快速换水重复上述操作一次。再用1500mL蒸馏水淋洗1次，沥尽余水，倒入相应编号的直热式电饭锅内。洗米时间控制在3~5min。

②加水浸泡：籼米加蒸馏水量为样品量的1.6倍，粳米加蒸馏水量为样品量的1.3倍。加水量可依据米饭软硬适当增减。浸泡水温25℃左右，浸泡30min。

③蒸煮：电饭锅接通电源开始蒸煮米饭，在蒸煮过程中不得打开锅盖。电饭锅的开关跳开后，再焖制20min。

④搅拌米饭：用饭勺搅拌煮好的米饭，首先从锅的周边松动，使米饭与锅壁分离，再按横竖两个方向各平行滑动2次，接着用筷子上下搅拌4次，使多余的水分蒸发之后盖上锅盖，再焖10min。

⑤将约50g试样米饭松松地盛入小碗内，每人1份(不宜在内锅周边取样)，然后倒扣在白色瓷餐盘上不同颜色(红、黄、蓝、绿)的位置，呈圆锥形，趁热品评。

3)米饭品评份数和品评时间

每次试验品评4份试样(包含1份参照样品和3份被检样品)。当试样为5份以上时,应分两次以上进行试验;当试样不足4份时,可以将同一试样重复品评,但不得告知评价员。同一评价员每天品评次数不得超过2次,品评时间安排在饭前1h或饭后2h进行。

4)品评样品编号与排列顺序

将全部试样分别编成号码No.1,No.2,No.3,No.4,且参照样品编号为No.1,其他试样采用随机编号。同一小组的评价员采用相同的排列顺序,不同小组之间尽量做到品评试样数量均等、排列顺序一致。

4. 样品品评

(1)品评内容

品评米饭的气味、外观结构、适口性(包括黏性、弹性、软硬度)、滋味和冷饭质地。

(2)品评顺序及要求

1)品评前的准备

评价员在每次品评前用温开水漱口,漱去口中的残留物。

2)辨别米饭气味

趁热将米饭置于鼻腔下方,适当用力地吸气,仔细辨别米饭的气味。

3)观察米饭外观

观察米饭表面的颜色、光泽和饭粒完整性。

4)辨别米饭的适口性

用筷子取米饭少许放入口中,细嚼3~5s,边嚼边用牙齿、舌头等各感觉器官仔细品尝米饭的黏性、软硬度、弹性、滋味等项。

5)冷饭质地

米饭在室温下放置1h后,品尝判断冷饭的黏弹性、黏结成团性和硬度。

(3)评分

1)评分方法一

①根据米饭的气味、外观结构、适口性、滋味和冷饭质地,对比参照样品进行评分,综合评分为各项得分之和。评分规则和记录表格式见表1-5-1。

表1-5-1 米饭感官评价评分规则和记录表(评分方法一)

品评组编号: 姓名: 性别: 年龄: 出生地:

品评时间: 年 月 日 午 时 分

一级指标分值	二级指标分值	具体特性描述:分值	样品得分		
			No.1	No.2	No.3
气味 20分	纯正性、浓郁性 20分	具有米饭特有的香气,香气浓郁:18~20分			
		具有米饭特有的香气,米饭清香:15~17分			
		具有米饭特有的香气,香气不明显 12~14分			
		米饭无香味,但无异味:7~12分			
		米饭有异味:0~6分			

续表

一级指标分值	二级指标分值	具体特性描述:分值	样品得分		
			No. 1	No. 2	No. 3
外观结构 20 分	颜色 7 分	米饭颜色洁白:6 ~ 7 分			
		颜色正常:4 ~ 5 分			
		米饭发黄或发灰:0 ~ 3 分			
	光泽 8 分	有明显光泽:7 ~ 8 分			
		稍有光泽:5 ~ 6 分			
		无光泽:0 ~ 4 分			
	饭粒完整性 5 分	米饭结构紧密,饭粒完整性好:4 ~ 5 分			
		米饭大部分结构紧密完整:3 分			
		米饭粒出现爆花:0 ~ 2 分			
适口性 30 分	黏性 10 分	滑爽,有黏性,不黏牙:8 ~ 10 分			
		有黏性,基本不黏牙:6 ~ 7 分			
		有黏性,黏牙;或无黏性:0 ~ 5 分			
	弹性 10 分	米饭有嚼劲:8 ~ 10 分			
		米饭稍有嚼劲:6 ~ 7 分			
		米饭疏松、发硬,感觉有渣;0 ~ 5 分			
	软硬度 10 分	软硬适中:8 ~ 10 分			
		感觉略硬或略软:6 ~ 7 分			
		感觉很硬或很软:0 ~ 5 分			
滋味 25 分	纯正性、持久性 25 分	咀嚼时,有较浓郁的清香和甜味: 22 ~ 25 分			
		咀嚼时,无清香滋味和甜味, 但无异味:16 ~ 17 分			
		咀嚼时,无清香滋味和甜味, 但有异味:0 ~ 15 分			
冷饭质地 5 分	成团性、黏弹性、硬度 5 分	较松散,黏弹性较好,硬度适中: 4 ~ 5 分			
		结团,黏弹性稍差,稍变硬:2 ~ 3 分			
		板结,黏弹性差,偏硬:0 ~ 1 分			
综合评分					
备注					

②根据每个评价员的综合评分结果计算平均值,个别评价员品评误差大者(超过平均值 10 分以上)可舍弃,舍弃后重新计算平均值。最后以综合评分的平均值作为稻米食用品质感官评定的结果,计算结果取整数。

③综合评分以50分以下为很差，51～60分为差，61～70分为一般，71～80分为较好，81～90分为好，90分以上为优。

2）评分方法二

①分别将试验样品米饭的气味、外观结构、适口性、滋味、冷饭质地和综合评分与参照样品一一比较评定。根据好坏程度，以“稍”“较”“最”“与参照相同”的7个等级进行评分。评分记录表格式见表1－5－2。在评分时，可参照表1－5－3所列的米饭感官品质评价内容与描述。

表1－5－2　米饭感官评分记录表（评分方法二）

品评组编号：　　姓名：　　性别：　　年龄：　　出生地：

品评时间：　年　月　日　午　时　分

参照样品：红　　试样编号：No.　　黄

项目	与参照样品比较						
	不好			参照样品	好		
	最	较	稍		稍	较	最
评分	－3	－2	－1	0	－1	－2	－3
气味							
外观结构							
适口性							
滋味							
冷饭质地							
综合评分							
备注							

参照样品：红　　试样编号：No.　　蓝

项目	与参照样品比较						
	不好			参照样品	好		
	最	较	稍		稍	较	最
评分	－3	－2	－1	0	－1	－2	－3
气味							
外观结构							
适口性							
滋味							
冷饭质地							
综合评分							
备注							

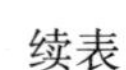
续表

参照样品:红　　　　试样编号:No.　　　　绿

项目	与参照样品比较						
	不好			参照样品	好		
	最	较	稍		稍	较	最
评分	-3	-2	-1	0	-1	-2	-3
气味							
外观结构							
适口性							
滋味							
冷饭质地							
综合评分							
备注							

注1:与参照样品比较,根据好坏程度在相应栏内画○。

注2:综合评分是按照评价员的感觉、嗜好和参照样品比较后进行的综合评价。

注3:“备注”栏填写对米饭的特殊评价(可以不填写)。

表1-5-3　米饭感官评价内容与描述

评价内容		描述
气味	特有气味	香气浓郁;香气清淡;无香气
	有异味	陈米味和不愉快味
外观结构	颜色	颜色正常,米饭洁白;颜色不正常,发黄、发灰
	光泽	表面对光反射的程度;有光泽、无光泽
	完整性	保持整体的程度:结构紧密;部分结构紧密;部分饭粒爆花
适口性	黏性	黏附牙齿的程度:滑爽、黏性、有无黏牙
	软硬度	臼齿对米饭的压力:软硬适中;偏硬或偏软
	弹性	有嚼劲;无嚼劲;疏松;干燥、有渣
滋味	纯正性	咀嚼时的滋味:甜味、香味以及味道的纯正性、浓淡和持久性
	持久性	
冷饭质地	成团性	冷却后米饭的口感:黏弹性和回生性(成团性、硬度等)
	黏弹性	
	硬度	

②整理评分记录表,读取表中画○的数值,如有漏画的则作“与参照相同”处理。

③根据每个评价员的综合评分结果计算平均值,个别评价员品评误差大者(综合评分与平均值出现正负不一致或相差2个等级以上时)可舍弃,舍弃后重新计算平均值。最后以综合评分的平均值作为稻米食用品质感官评定的结果,计算结果保留小数点后两位。按表1-5-4的格式总结出“结果统计表”。

表 1-5-4　米饭感官评价结果统计表

评价员编号	所属组别	姓名	年龄	性别	综合评分		
					No.2(黄)	No.3(蓝)	No.4(绿)
1							
2							
3							
4							
5							
6							
7							
8							
…							
n							
$\bar{X}$(平均值)							

(七)米粉的感官检验

米粉又名米粉条,它是用特定米或加工精度高的米为原料,经洗米、浸泡、磨浆、搅拌、蒸粉、切粉、干燥等工序加工制成的米制品。米粉质地柔韧,富有弹性,水煮不糊汤,不炒不易断,配以各种菜码或汤料进行汤煮或干炒,爽滑入味,深受人们(尤其是南方人)的喜爱。

对米粉品质进行评定时,可从其色泽、状态、气味及加热处理等几方面进行。

1. 色泽评定

米粉是大米的加工制品,大米品质对米粉品质影响显著,且米粉具有大米的天然本色,洁白如玉,有光亮和透明度,无气泡和斑点;质量差者则色泽洁白、无光泽,出现气泡或斑点。

2. 状态评定

质量好的米粉组织纯洁,质地干燥,片形均匀、平直、松散,无结疤,无并条等;若组织粗糙、米粉不整齐,出现弯曲、有斑点和结疤,出现并条和断条等现象时,米粉品质变差,所现整齐度越差、越弯曲、斑点或结疤越多,米粉质量越差。

3. 气味评定

米粉是由大米加工而成,制作中仅有水的添加,因而质量好的米粉应具有清心的米香味,无酸味、霉味、哈喇味及其他异味。质量差者米香味较淡、且略呈酸味、哈喇味及其他异味等,若有霉味或酸败味重,不得使用。

4. 加热状态评定

质量好的米粉煮熟后不糊汤、不黏条,不断条,吃起来有韧性,清香爽口,色、香、味、形俱佳,反之,质量差。

(八)年糕的感官检验

年糕是以糯米和粳米为原料,经洗米、浸米,磨粉、蒸熟、成型等加工而成,属传统食物;年糕又称"年年糕",与"年年高"谐音,寓意着人们的工作和生活一年比一年提高,因而常作为农历年的一种象征食品。

对年糕进行品质检验时,可从色泽、气味及手感三方面进行。

1. 色泽评定

年糕采用糯米和粳米为原料加工而成,因而产品应具有大米的特有色泽,即色泽清白、有光泽,不透明状。质量差者色泽呈白色或微淡黄色,光泽较差。

2. 气味评定

质量好的年糕应具有清新的米香味,无酸味、霉味、哈喇味及其他异味。质量差者米香味较淡、且略呈酸味、哈喇味及其他异味等,若有霉味或酸败味重,不得食用。

3. 手触评定

质量好的年糕手触有光滑感,但手感较硬;质量差者光滑度较差,手触硬度变低,有时略呈柔软状。

(九)如何鉴别糯米中掺入大米

在农贸市场上,常有投机商在糯米中掺入大米出售,以牟取钱财,坑害消费者。鉴别糯米中掺入大米的方法如下:

1. 色泽检验

糯米色泽乳白或蜡白,不透明,也有半透明的(俗称阴糯);大米腹白度小,多为透明和半透明的,有光泽。

2. 形态检验

糯米为椭圆形,较细长;大米为椭圆形,较圆胖。

3. 质地检验

糯米硬度较小;大米硬度较大。

4. 米饭检验

糯米煮成的饭,胶结成团,膨胀不多,但黏性大,光亮透明;大米煮成的饭,粒粒膨大而散开,黏性小。

从以上糯米与大米的品质特征比较,可识别出糯米中是否掺入大米。

(十)掺霉变米的检验

大米曾出现将霉变米掺到好米中出售,也有将发霉的米,经漂洗、晾干之后出售。在进口米中也曾发现霉变米。人们吃了霉变米,身体也会受到损害。

感官鉴别方法可看色泽、闻气味,并进行品尝。

1. 色泽

发霉的米,其色泽与正常米粒不一样,呈现出黑、灰黑、绿、紫、黄、黄褐等颜色。

2. 气味

好米的气味正常,霉变米有一股霉气味。

3. 品尝

好米煮成的饭,食之有一股米香味,霉变的米,食之有一股霉味。

(十一)用姜黄染色小米、黄米的检验

一些不法商家为了掩盖陈小米和陈黄米轻度发霉现象,将其漂洗后,加入姜黄粉及姜黄色素,进行伪装,使其鲜黄诱人,如同当年的新米。陈小米和陈黄米色暗,无新鲜感。感官鉴别方法如下。

1. 色泽

新鲜小米、黄米的色泽均匀,呈金黄色,富有光泽。染色后的小米、黄米,色泽深黄,缺乏光泽。

2. 气味

新鲜小米、黄米有一股小米、黄米的正常气味。染色后的小米,闻之有姜黄色素的气味。

3. 水洗

新鲜小米、黄米用温水清洗时,水色不黄,染色后的小米、黄米,用温水清洗时,水色显黄色。

(十二)鉴别速冻米面制品质量

消费者在选购汤圆、饺子等速冻面米制品产品时,要注意以下几点:

(1)选择信誉度较好的大型商场、超市。

(2)商场存放速冻面米制品的冷柜是否正常工作,注意冷柜中冷冻食品的堆放高度不能过高,如堆放过高,会造成堆放在上层的速冻食品贮存温度过高,影响产品质量。

(3)购买标有QS标志的预包装速冻面米制品。选购时注意查看产品标签及包装。食品标签应标注产品名称、配料表、生产厂名、厂址、净含量、执行标准号、生产日期、保质期等内容。同时要注意外包装是否整洁干净,字迹印刷是否清晰,标签是否规范,产品是否在保质期内。

(4)有相当部分速冻食品为生制品(即未经熟制过程),因此消费者在煮制汤圆等速冻面米制品时应按产品说明的烹调方法煮熟煮透后进食。

二、面及其制品的感官鉴别

(一)面粉质量的感官鉴别

1. 色泽鉴别

进行面粉色泽的感官鉴别时,应将样品在墨纸上撒一薄层,然后与适当的标准颜色或标准样品做比较,仔细观察其色泽异同。

良质面粉色泽呈白色或微黄色,不发暗,无杂质的颜色。

次质面粉:色泽暗淡。

劣质面粉:色泽呈灰白色或深黄色,发暗,色泽不均。

2. 组织状态鉴别

进行面粉组织状态的感官鉴别时,将面粉样品在墨纸上撒一薄层,仔细观察有无发霉、结块、生虫及杂质等,然后用手捻捏以试手感。

良质面粉:呈细粉末状,不含杂质,手指捻捏时无粗粒感,无虫子和结块,置于手中紧捏后

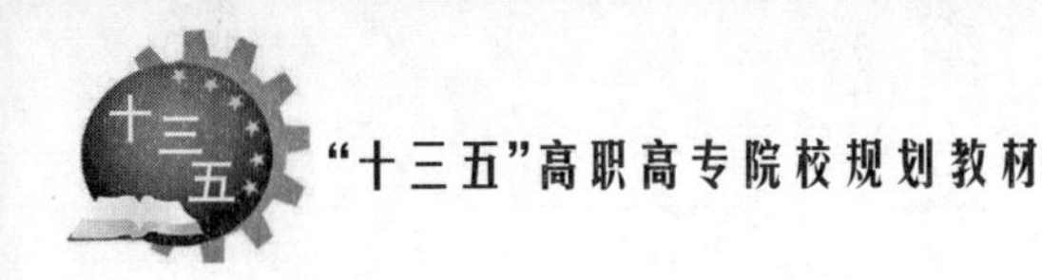

放开不成团。

次质面粉:手捏时有粗粒感,生虫或有杂质。

劣质面粉:面粉吸潮后霉变,有结块或手捏成团。

3. 气味鉴别

进行面粉气味的感官鉴别时,取少量样品置于手掌中,用嘴哈气使之稍热;为了增强气味,也可将样品置于有塞的瓶中,加入60℃热水,紧塞片刻,然后将水倒出嗅其气味。

良质面粉:具有面粉的正常气味,无其他异味。

次质面粉:微有异味。

劣质面粉:有霉臭味、酸味、煤油味以及其他异味。

4. 滋味鉴别

进行面粉滋味的感官鉴别时,可取少量样品细嚼,遇有可疑情况,应将样品加水煮沸后尝试。

良质面粉:味道可口,淡而微甜,没有发酵、刺喉、发苦、发甜以及外来滋味;咀嚼时没有砂声。

次质面粉:淡而乏味,微有异味,咀嚼时有砂声。

劣质面粉:有苦味、酸味、发甜或其他异味,有刺喉感。

5. 水分

如果面粉含水分多,手检时容易发黏和成块,也易霉变和发酸。国家质量标准规定,特制粉的水含量为14% ±0.5%;标准粉为13.5% ±0.5%;普通粉为13% ±0.5%。

(二)面筋的感官检验

面筋质存在于小麦的胚乳中,其主要成分是小麦蛋白质中的胶原蛋白和谷蛋白,它们是人体需要的营养素,也是面粉品质的重要质量指标。主要从颜色、气味、弹性、延伸性四个方面鉴别面筋质的质量。

1. 颜色

质量好的面筋质呈白色,稍带灰色;反之,面筋质的质量就差。

2. 气味

新鲜面粉加工出的面筋质,具有轻微的面粉香味。螨虫害、含杂质多以及陈旧的面粉加工出的面筋质,则带有不良气味。

3. 弹性

正常的面筋质有弹性,变形后可以复原,不黏手;质量差的面筋质,无弹性,黏手,容易散碎。

4. 延伸性

质量好的软面筋质拉伸时具有很大的延伸性,质量差的面筋质,拉伸性小,易拉断。

(三)面包的感官检验

感官要求按照GB/T 20981—2007《面包》执行,见表1-5-5。

表 1-5-5 感官要求

项目	软式面包	硬式面包	起酥面包	调理面包	其他面包
形态	完整,丰满,无黑泡或明显焦斑,形状应与品种造型相符	表皮有裂口,完整,丰满,无黑泡或明显焦斑,形状应与品种造型相符	丰满,多层,无黑泡或明显焦斑,光洁,形状应与品种造型相符	完整,丰满,无黑泡或明显焦斑,形状应与品种造型相符	符合产品应有的形态
表面色泽	金黄色、淡棕色或棕灰色,色泽均匀、正常				
组织	细腻,有弹性,气孔均匀,纹理清晰,呈海绵状,切片后不断裂	紧密,有弹性	有弹性,多孔,纹理清晰,层次分明	细腻、有弹性,气孔均匀,纹理清晰,呈海绵状	符合产品应有的组织
滋味与口感	具有发酵和烘烤后的面包香味,松软适口,无异味	耐咀嚼,无异味	表皮酥脆,内质松软,口感酥香,无异味	具有品种应有的滋味与口感,无异味	符合产品应有的滋味与口感,无异味
杂质	正常视力无可见的外来异物				

面包外表的品质鉴定一般从体积、表面颜色、样式、烘焙均匀度、表皮质地等方面进行。

1. 体积检验

因面包使用原料及制备工艺的特殊性,加工后其体积会发生变化,而成熟面包体积的变化量决定了其感官质量。在由生面团至烤熟的面包时,面包体积必须膨胀至一定的程度,并不是说体积越大越好,因为体积膨胀过大,会影响内部组织,使面包过分多孔而松软;但若体积膨胀不够,会使组织紧密,颗粒粗糙;因而加工中对体积变化有一定的规定,例如在做烘焙试验时多采用美式不带盖的白面包来对比,一个标准的白面包的体积,应是此面包重量的 6 倍,最低不得低于 4.5 倍,所以通过面包体积对其品质进行评定时,首先要定出这种面包体积的标准体积比,即体积与重量之比,质量好的面包体积变化应在所预先设定的体积重量比范围内,而质量差者体积变化超出所设定的范围,超出越多质量越差。

2. 表皮颜色检验

质量好的面包表皮应为金黄色,且顶部较深而四边较浅,表面均匀一致,无异白斑点,整体无烤焦或发白现象。质量差的面包表皮颜色过深或太浅,表面颜色不均匀、深浅各异,整体给人以烤焦或是未熟的感觉。

3. 外表式样检验

面包种类繁多,其形状各异,质量好的面包应符合生产要求,其外形端正、大小一致、体积适中。以主食白面为例,面包成熟后应方正,边缘部分稍呈圆形而不可过于尖锐(三文治包例外),两头及中间应齐整,不可高低不平或四角低垂等。质量差的面包其外形不端正、大小不统一,形状与生产要求不符,其中与生产要求差别越大质量越差。

4. 烤焙均匀度检验

主要是对面包的全部颜色而言,质量好的面包其上下及四边颜色必须均匀,一般顶部应较深。质量差者则出现颜色不均匀、甚至出现焦糊或发白现象。若面包上部黑而四周及底部呈白色，多是没有烤熟。

5. 表皮质地检验

质量好的面包表皮应薄而柔软，不应该有粗糙破裂的现象（但某些特殊品种如法国面包、维也纳面包等硬度表皮包除外）。质量差者则出现表皮厚而坚韧或者出现灰白而破碎的表皮，有时表皮呈现深褐色、无光泽，更有甚者出现表皮焦黑、龟裂等现象。

面包内部鉴定一般从颗粒状况、内部颜色、香味、味道、组织与结构五个方面进行的。

1. 颗粒状态检验

面包的颗粒是面粉中的面筋经过搅拌扩展，和发酵时酵母所产生的二氧化碳气体的充气，形成许多网状结构，这种网状结构把面粉中的淀粉颗粒包在网状的薄膜中，经过烤焙后即变成了颗粒的形状。质量好的面包其内部颗粒细小，且有弹性和柔软，面包切片时不宜碎落；质量差者颗粒粗糙，一经切割会有很多碎块落下。

2. 内部颜色检验

质量好的面包内部颜色为淡白色或浅乳色并有丝样的光泽。一般颜色的深浅决定于面粉的本色，即受面粉精度的影响，如果制作得法，则会产生丝样的光泽，因而不同原料所得的面包内部颜色也存在一定差异。

3. 香味检验

面包的香味是由外皮和内部两部分共同产生的，外表的香味是由面团表面的糖分经过焙烤过程所发生的焦化作用与面粉本身的麦芽香形成的一种焦香的香味。面包内部的香味是靠面团发酵过程中所产生的酒精、酯类以及其他化学变化，综合面粉的麦香味及各种使用的材料形成的面包香味。

在进行面包内部香味评定时，应将面包横切面放在鼻前，用手挖一大孔洞以嗅闻新发出的气味。质量好的面包除应具有面包加工中形成的特有外表和内部香味外，应无过重的酸味，无霉味、油脂的酸败味和其他怪味。质量差的面包特有香味不突出，且出现酸味、霉味、油脂酸败等异味，异味的味道越重品质越差。

4. 滋味检验

各种面包由于配方的不同，入口咀嚼时味道各不相同，但正常的面包咬入口内应容易嚼碎，且不黏牙，不可有酸和霉且无未溶化的糖盐的味道。质量差者当面包入嘴遇唾液会结成一团，或出现黏牙现象。

5. 组织与结构检验

一般来说，质量好的面包内部组织结构应均匀，切片时面包屑越少结构越好；手触切割面时，感觉柔软、细腻。质量差的面包内部组织结构不均匀、切片时面包屑较多，且手触面包切面感觉粗糙且硬。此外，有些面包经包装后进行销售，通过外观包装评定也是对面包品质评定的一种方法。

6. 外观包装检验

质量好的面包其包装采用食品包装纸，且图案清晰、整齐美观，无破裂或封口脱落现象。若用塑料袋包装，袋子应完好无损，无破裂。在包装纸或袋上应标明厂名、产品名称、商标、生产日期、保质期。

(四)方便面的感官检验

方便面感官检验方法按照 GB/T 25005—2010《感官分析　方便面感官评价方法》执行。

1. 范围

本标准规定了方便面感官检验的术语和定义、一般要求、评价步骤及评价结果的统计分析与表述。

本标准适用于泡面、煮面、拌面等各类方便面面饼的感官检验。

2. 术语和定义

(1)色泽(color):面饼的颜色和亮度。

(2)表观状态(apparent status):面饼表面光滑程度、起泡、分层情况。

(3)复水性(rehydration character):面条到达特定烹调时间的复水情况。

(4)光滑性(smoothness):在品尝面条时口腔器官所感受到的面条的光滑程度。

(5)软硬度(hardness or softness):用牙咬断一根面条所需力的大小。

(6)韧性(toughness):面条在咀嚼时,咬劲和弹性的大小。

(7)黏性(adhesiveness):在咀嚼过程中,面条黏牙程度。

(8)耐泡性(cooking - resistance):面条复水完成一段时间后保持良好感官和食用特点的能力。

3. 方法原理

方便面感官检验包括外观评价和口感评价两个过程。外观评价即在面饼未泡(煮)之前,由评价员主要利用视觉感官检验方便面的色泽和表观状态;口感评价即在规定条件下将面饼泡(煮)后,由评价员主要利用口腔触觉和味觉感官检验方便面的复水性、光滑性、软硬度、韧性、黏性、耐泡性等。评价的方法可采用标度(评分)法。评价的结果采用统计检验法处理异常值后进行分析统计。

4. 一般要求

(1)评价小组

每次感官检验应由 5 位及以上专家评价员或 10 位及以上优选评价员组成评价小组承担。评价小组的成员应具有相同的资格水平与检验能力,均为专家评价员或均为优选评价员。感官检验小组组长由感官分析师担任。

(2)评价器具

盛放样品的容器应白色、无味,尺寸应大于所评价的面饼本身,不会以任何方式影响评价结果。

(3)评价时间

评价时间宜安排在早上 9 ~ 10 点、下午 3 ~ 4 点,或者饭前或饭后 1h 进行。

5. 评价步骤

(1)样品提供

每组样品提供的时间间隔应不少于 0.5h,每组样品的数量不应超过 5 个。提供的样品应保持完整性并用三位数字随机编码。同一轮次评价中每个样品的编码应不同,评价员之间的编码也宜不同。样品提供表格式样参见表 1 - 5 - 6。

表 1－5－6　样品提供表的格式样

感官分析师：	评价组数：		日期：		
评价员	提供顺序				
	1	2	3	4	5
01	随机三位数（样品编码）				
02					
03					
04					
05					
…					

（2）外观评价

在规定的照明条件下（见 GB/T 21172《感官分析　食品颜色评价的总则和检验方法》），评价方便面面饼的色泽和表观状态。根据评价结果进行标度评价（打分），评分规则见表 1－5－7，回答表格式参见表 1－5－8。

表 1－5－7　方便面感官评价评分规则

感官特性	评价标度		
	低	中	高
	1～3	4～6	7～9
色泽	有焦、生现象，亮度差	颜色不均匀，亮度一般	颜色标准、均匀、光亮
表观状态	起泡分层严重	有起泡或分层	表面结构细密、光滑
复水性	复水差	复水一般	复水好
光滑性	很不光滑	不光滑	适度光滑
软硬度	太软或太硬	较软或较硬	适中无硬心
韧性	咬劲差、弹性不足	咬劲和弹性一般	咬劲合适、弹性适中
黏性	不爽口、发黏或夹生	较爽口、稍黏牙或稍夹生	咀嚼爽口、不黏牙、无夹生
耐泡性	不耐泡	耐泡性差	耐泡性适中
注：评价结果保留到小数点后一位。			

表 1－5－8　检验回答表的格式样

样品	评价员：
	日期：
提示语： 1. 2. …	

续表

感官特性	标度（评分）值(1～9)
色泽	
表观状态	
复水性	
光滑性	
软硬度	
韧性	
黏性	
耐泡性	

(3)口感评价

用量杯量取面饼质量约5倍（保证加水量完全浸没面饼）以上体积的沸水（蒸馏水）注入评价容器中，加盖盖严（对于泡面的面饼）；或者用量杯量取面饼质量约5倍（保证加水量完全浸没面饼）以上的蒸馏水，注入锅中，加热煮沸后将待评价面饼放入锅中进行煮制（对于煮面的面饼），用秒表开始计时。

达到该种方便面标识的冲泡或煮制时间后（如泡面一般4min），取用适量的面条，由评价员主要利用口腔触觉和味觉感官评价方便面的复水性、光滑性、软硬度、韧性、黏性、耐泡性等。根据评价结果进行标度评价（打分）。评分规则见表1－5－7，回答表格式参见表1－5－8。

6. 结果的分析与表达

(1)评价数据中异常值的处理

对评价员的评分结果可参考狄克逊（Dixon）检验法、Q检验法或格鲁布（Grubbs）法等进行异常值的分析剔除。

(2)单项得分的计算

对6.1剔除异常值处理后的方便面面饼各感官特性的评价结果，按式(1－5－1)计算感官特性单项平均得分，精确至小数点后两位。

$$\overline{X_i} = \frac{\sum_{i=1}^{n} X_i}{n} \qquad (1-5-1)$$

式中 $\overline{X_i}$——某单项平均得分；

$\sum_{i=1}^{n} X_i$——某单项得分加和；

n——处理后的参加评价人数。

(3)总和评价结果的计算

根据6.2得出的各单项评分平均结果，按式(1－5－2)依照单项结果的加权平均得出综合评价结果（在此，各评价项目权重均为1）。

$$Y = \sum_{i=1}^{n} \overline{X_i} \qquad (1-5-2)$$

式中 Y——总和评价得分；

n——感官指标项的个数；

$\overline{X_i}$——某单项平均得分。

(4)评价结果的表达

评价结果按表1－5－9进行某一样品不同评价员评价结果的汇总。按表1－5－10进行所有样评价结果的汇总。结果的表达根据实际需要以表格或者图式表示（见GB/T 12313《感官分析方法　风味剖面检验》）。

表1－5－9　单样品检验结果汇总表的格式样

样品：	感官分析师：				日期：				
评价员	感官特性								
	单项标度（评分）值（1～9）								整体综合评价
	色泽	表观状态	复水性	光滑性	软硬度	韧性	黏性	耐泡性	
01									
02									
03									
04									
05									
…									
异常值									
平均值									
均方差									

表1－5－10　检验结果汇总表的格式样

感官分析师		日期					
感官特性		样品					
		01	02	03	04	05	…
单项标度（评分）值（1～9）	色泽						
	表观状态						
	复水性						
	光滑性						
	软硬度						
	韧性						
	黏性						
	耐泡性						
整体综合评价							

7. 评价报告

评价报告应包括以下内容：

(1)评价目的;

(2)有关样品的情况说明;

(3)评价员人数及其资格水平;

(4)评价结果及其统计解释;

(5)注明根据本标准进行评价;

(6)如果有与本标准不同的做法应予以说明;

(7)评价负责人的姓名;

(8)评价的日期与时间。

(五)挂面的感官检验

挂面制作简单、煮食方便、食用可口、四季皆宜,因而深受广大消费者的喜爱。现在市场上出现了各种各样的挂面,这些挂面多数质量过关,但少量也存在问题。对挂面进行感官检验时,主要包括对其色泽、表面状况和煮制品质三方面。

1. 色泽检验

色泽是产品吸引消费者的一个重要方面,挂面加工中使用的面粉和产品配方会影响产品色泽。面粉纯度低则产品色泽变暗,而产品中含有的某些氧化酶会氧化原料中所存在的酪氨酸和酚类物质等使产品产生黑色。此外,不同挂面生产时所用原辅料不同,尤其是一些风味挂面加工中添加果汁、菜汁、调味料等物质,而这些物质本身存有有色成分,故使所得产品呈现不同颜色。对普通挂面而言其色泽由面粉颜色而定,故质量好的普通挂面色泽洁白、稍带淡黄,如若面条颜色变深或呈褐色,则说明挂面品质变差,颜色变化越大,产品质量越差。

2. 表面状况检验

表面状况是指产品在未煮前的光滑性、斑点、断裂情况。挂面的表面状况主要是挂面配方及其加工工艺所决定。质量好的挂面应是两端整齐(面条的不整齐度应低于15%),竖提起来不掉碎条(自然断条率不超过10%),面条光滑无斑点。质量差者出现大量断条、面条表面光洁度差。

3. 煮制品质检验

煮制品质包括煮制时间、煮制吸水率或煮制过程中面条的膨胀程度,以及煮后产品的质构特性、表面状况、气味和口感等。质量好的面条煮熟后不糊、不浑汤、口感不黏,不碜牙,柔软爽口;嗅之有芳香的小麦面粉味,无霉味或酸味、异味。若挂面不耐煮,没有嚼劲,说明湿面筋含量太少,如果面条口感太硬,说明湿面筋含量太高。面条有异味、出现断条率较高、面汤浑汤等现象均是挂面品质差的表现。

挂面口感检验(按照LS/T 3212—2014《挂面》执行)。

测定步骤:

烹调时间测定:用可调式电炉加热盛有样品质量50倍沸水的1000mL烧杯或锅,保持水的微沸状态。随机抽取挂面40根,放入沸水中,用秒表开始计时。从2min开始取样,然后每隔半分钟取样一次,每次取一根,用两块玻璃板压扁,观察挂面内部白硬心线,白硬心线消失时所记录的时间即为烹调时间。

用可调式电炉加热盛有样品质量50倍沸水的1000mL烧杯或锅,保持水的微沸状态。随机抽取挂面40根,放入沸水中,用秒表开始计时。达到上述烹调时间测定所测时间煮熟后,用筷子挑出挂面分别放入 5 个烧杯中,自然冷却 1min。由 3 个专业检验人员各自品尝并将结果记录于表 1-5-11。如果有 1 人认为煮熟后口感有黏牙、牙碜现象则认为不合格。

表 1-5-11 挂面口感检验记录表

项目	检验结果	
口感	□煮熟后口感不黏,不牙碜	□煮熟后口感有黏牙、牙碜现象
注:在同意的栏目□中画"√"。		

(六)烤制蛋糕的感官检验

1. 色泽鉴别

良质蛋糕:表面油润,顶和墙部呈金黄色,底部呈棕红色。色泽鲜艳,富有光泽,无焦糊和黑色斑块。

次质蛋糕:表面不油润,呈深棕红色或背灰色,火色不均匀,有焦边或黑斑。

劣质蛋糕:表面呈棕黑色,底部黑斑很多。

2. 形状鉴别

良质蛋糕:块形丰满周正,大小一致,薄厚均匀,表面有细密的小麻点,不黏边,无破碎,无崩顶。

次质蛋糕:块形不太圆整,细小麻点不明显,稍有崩顶破碎。

劣质蛋糕:大小不一致,崩顶破损过于严重。

3. 组织结构鉴别

良质蛋糕:起发均匀,柔软而具弹性,不死硬,切面呈细密的蜂窝状,无大空洞,无硬块。

次质蛋糕:起发稍差,不细密,发硬,偶尔能发现大空洞但为数不多。

劣质蛋糕:劣质太多,不起发,无弹性,有面疙瘩。

4. 气味和滋味鉴别

良质蛋糕:蛋香味纯正,口感松喧、香甜,不撞醉,不黏牙,具有蛋糕的特有风味。

次质蛋糕:蛋香味及松喧程度稍差,没有明显的特有风味。

劣质蛋糕:味道不纯正,有哈喇味、焦糊味或腥味。

(七)蒸蛋糕(条块形蛋糕)的感官检验

1. 色泽鉴别

良质蛋糕:表面呈乳黄色,内部为月白色,表面果料撒散均匀,戳记清楚,装饰得体。

次质蛋糕:色泽稍差,果料不太均匀,戳记轻重不一。

劣质蛋糕:色泽发绿,表面有发花现象。

2. 形状鉴别

良质蛋糕:切成条块状的长短、大小、薄厚都均匀一致,若为碗状或梅花状的则周正圆整。

次质蛋糕:切成的块形稍有差距,异形蛋糕则不太周正。

劣质蛋糕:切成的块形大小极不均匀,相差悬殊。

3. 组织结构鉴别

良质蛋糕:有均匀的小蜂窝,无大的空气孔洞,有弹性,内部夹的果料或果酱均匀,层次分别。

次质蛋糕:空隙不太细密,偶见大孔洞,内夹果酱或果料不均匀。

劣质蛋糕:内部孔洞大而多,杂质含量也高,有霉斑。

4. 气味和滋味鉴别

良质蛋糕:松软爽口,有蛋香味,不黏牙,易消化,具有蒸蛋糕的特有风味。

次质蛋糕:松软程度稍差,蒸蛋糕的特殊风味不突出。

劣质蛋糕:有异味及发霉变质味。

(八)月饼的质量检验

月饼有浆皮月饼、酥皮月饼等类型。

1. 浆皮月饼的感官检验

(1)色泽

良质月饼:表面金黄色,底部红褐色,墙部呈白色至乳白色,火色均匀,墙沟中不泛青,表皮有蛋液的光亮。

次质月饼:表面、底部、墙部的火色都略显不均匀,表皮不光亮。

劣质月饼:表面生、糊严重,有青墙、青沟、崩顶等现象。

(2)形状

良质月饼:块形周正圆整,薄厚均匀,花纹清晰,侧边不抽墙、无大裂纹,不跑糖,不露馅。

次质月饼:部分花纹模糊不清,有少量跑糖、露馅现象。

劣质月饼:块形大小相差很多,跑糖、露馅严重。

(3)组织结构

良质月饼:皮酥松,馅柔软,不偏皮、偏馅,无大空洞,不含机械性杂质。

次质月饼:皮和馅分布不均匀,有少部分偏皮、偏馅和少量空洞。

劣质月饼:皮和馅不松软,有大空洞,含有杂质或异物。

(4)气味和滋味

良质月饼:甜度适当,皮酥、馅软,不发艮,馅料油润细腻而不黏,具有本品种应有的正常味道,无异味。

次质月饼:甜度和松酥度掌握得稍差,本品种的味道不太突出。

劣质月饼:又艮又硬,咬之可见白色牙印,发霉变质有异味,不能食用。

2. 酥皮月饼的感官检验

(1)色泽

良质月饼:表面为白或乳白色,底部为金黄色至红褐色,色泽均匀、鲜艳。

次质月饼:表面、底部、墙部的颜色偏深或略浅,色泽分布不太均匀。

劣质月饼:色泽较正品而言或太深或太浅,差距过于悬殊。

(2)形状

良质月饼:规格和形状一致,美观大方,不跑糖露馅,装饰适中。

次质月饼:大小不太均匀,外形不美观,有少量的跑糖现象。

劣质月饼:块形大小相差悬殊,跑糖、露馅严重。

(3)组织结构

劣质月饼:皮、馅均匀,层次分明,皮和馅的位置适当,无大空洞,无杂质。

次质月饼:层次不太分明或稍有偏皮、偏馅。

劣质月饼:层次混杂不清,偏皮、偏馅严重,含杂质多。

(4)气味和滋味

良质月饼:松酥绵软不垫牙,油润、细腻,具有所填夹果料应有的味道。

次质月饼:松酥程度稍差,所应有的味道不太突出,没有油润、细腻的感觉,咬之可黏牙。

劣质月饼:食之垫牙,有异味、脂肪酸的哈喇味等。

(九)饼干的质量检验按照 GB/T 20980—2007《饼干》执行

1. 范围

本标准规定了饼干的术语和定义、产品分类、技术要求、试验方法等。适用于各类饼干产品。

2. 术语和定义

(1)饼干

以小麦粉(可添加糯米粉、淀粉等)为主要原料,加入(或不加入)糖、油脂及其他原料,经调粉(或调浆)、成型、烘烤(或煎烤)等工艺制成的口感酥松或松脆的食品。

(2)酥性饼干

以小麦粉、糖、油脂为主要原料,加入膨松剂和其他辅料,经冷粉工艺调粉、辊压或不辊压、成型、烘烤制成的表面花纹多为凸花,断面结构呈多孔状组织,口感酥松或松脆的饼干。

(3)韧性饼干

以小麦粉、糖(或无糖)、油脂为主要原料,加入膨松剂、改良剂及其他辅料,经热粉工艺调粉、辊压、成型、烘烤制成的表面花纹多为凹花,外观光滑,表面平整,一般有针眼,断面有层次,口感松脆的饼干。

(4)发酵饼干

以小麦粉、油脂为主要原料,酵母为膨松剂,加入各种辅料,经调粉、发酵、辊压、叠层、成型、烘烤制成的酥松或松脆,具有发酵制品特有香味的饼干。

(5)压缩饼干

以小麦粉、粉碎、添加油脂、乳制品为主要原料,加入其他辅料,经冷粉工艺调粉、辊印、烘烤成饼坯后,再经粉碎、添加油脂、糖、营养强化剂或再加入其他干果、肉松、乳制品等,拌和、压缩制成的饼干。

(6)曲奇饼干

以小麦粉、糖、糖浆、油脂、乳制品为主要原料,加入膨松剂及其他辅料,经冷粉工艺调粉、采用挤注或挤条、钢丝切割或辊印方法中的一种形式成型、烘烤制成的具有立体花纹或表面有规则波纹的饼干。

(7)夹心(或注心)饼干

在饼干单片之间(或饼干空心部分)添加糖、油脂、乳制品、巧克力酱、各种复合调味酱或果酱等夹心料而制成的饼干。

(8)威化饼干

以小麦粉(或糯米粉)、淀粉为主要原料,加入乳化剂、膨松剂等辅料,经调浆、浇注、烘烤制成多孔状片子,通常在片子之间添加糖、油脂等夹心料的两层或多层的饼干。

(9)蛋卷

以小麦粉、糖、鸡蛋为主要原料,添加或不添加油脂,加入膨松剂、改良剂及其他辅料,经调浆、浇注或挂浆、烘烤卷制而成的蛋卷。

(10)煎饼

以小麦粉(可添加糯米粉、淀粉等)、糖、鸡蛋为主要原料,添加或不添加油脂,加入膨松剂、改良剂及其他辅料,经调浆或调粉、浇注或挂浆、煎烤制成的饼干。

3. 感官检验要求

(1)酥性饼干

1)形态:外形完整,花纹清晰,厚薄基本均匀,不收缩,不变形,不起泡,无裂痕,不应有较大或较多的凹底。特殊加工品种表面或中间允许有可食颗粒存在(如椰蓉、芝麻、砂糖、巧克力、燕麦等)。

2)色泽:呈棕黄色或金黄色或品种应有的色泽,色泽基本均匀,表面略带光泽,无白粉,不应有过焦、过白的现象。

3)滋味与口感:具有品种应有的香味,无异味,口感酥松或松脆,不黏牙。

4)组织:断面结构呈多孔状,细密,无大孔洞。

(2)韧性饼干

1)形态:外形完整,花纹清晰或无花纹,一般有针孔,厚薄基本均匀,不收缩,不变形,无裂痕,可以有均匀泡点,不应有较大或较多的凹底。特殊加工品种表面或中间允许有可食颗粒存在(如椰蓉、芝麻、砂糖、巧克力、燕麦等)。

2)色泽:呈棕黄色、金黄色或品种应有的色泽,色泽基本均匀,表面有光泽,无白粉,不应有过焦、过白的现象。

3)滋味与口感:具有品种应有的香味,无异味,口感松脆细腻,不黏牙。

4)组织:断面结构有层次或呈多孔状。

5)冲调性:10g 冲泡型韧性饼干在 50mL 70℃温开水中应充分吸水,用小勺搅拌后应呈糊状。

(3)发酵饼干

1)形态:外形完整,厚薄大致均匀,表面有较均匀的泡点,无裂缝,不收缩,不变形,不应有凹底。特殊加工品种表面允许有工艺要求添加的原料颗粒(如果仁、芝麻、砂糖、食盐、巧克力、椰丝、蔬菜等颗粒存在)。

2)色泽:呈浅黄色、谷黄色或品种应有的色泽,饼边及泡点允许褐黄色,色泽基本均匀,表面略有光泽,无白粉,不应有过焦的现象。

3)滋味与口感:咸味或甜味适中,具有发酵制品应有的香味及品种特有的香味,无异味,口感酥松或松脆,不黏牙。

4)组织:断面结构层次分明或呈多孔状。

(4)压缩饼干

1)形态:块形完整,无严重缺角、缺边。

2)色泽:呈谷黄色、深谷黄色或品种应有的色泽。

3)滋味与口感:具有品种特有的香味,无异味,不黏牙。

4)组织:断面结构呈紧密状,无孔洞。

(5)曲奇饼干

1)形态:外形完整,花纹或波纹清楚,同一造型大小基本均匀,饼体摊散适度,无连边。花色曲奇饼干添加的辅料应颗粒大小基本均匀。

2)色泽:表面呈金黄色、棕黄色或品种应有的色泽,色泽基本均匀,花纹与饼体边缘允许有较深的颜色,但不应有过焦、过白的现象。花色曲奇饼干允许有添加辅料的色泽。

3)滋味与口感:有明显的奶香味及品种特有的香味,无异味,口感酥松或松软。

4)组织:断面结构呈细密的多孔状,无较大孔洞。花色曲奇饼干应具有品种添加辅料的颗粒。

(6)夹心(或注心)饼干

1)形态:外形完整,边缘整齐,夹心饼干不错位,不脱片,饼干表面应符合饼干单片要求,夹心层厚薄基本均匀,夹心或注心料无外溢。

2)色泽:饼干单片呈棕黄色或品种应有的色泽,色泽基本均匀。夹心或注心料呈该料应有的色泽,色泽基本均匀。

3)滋味与口感:应符合品种所调制的香味,无异味,口感疏松或松脆,夹心料细腻,无糖粒感。

4)组织:饼干单片断面应具有其相应品种的结构,夹心或注心层次分明。

(7)威化饼干

1)形态:外形完整,块形端正,花纹清晰,厚薄基本均匀,无分离及夹心料溢出现象。

2)色泽:具有品种应有的色泽,色泽基本均匀。

3)滋味与口感:具有品种应有的口味,无异味,口感松脆或酥化,夹心料细腻,无糖粒感。

4)组织:片子断面结构呈多孔状,夹心料均匀,夹心层次分明。

(8)煎饼

1)形态:外形基本完整,特殊加工品种表面允许有可食颗粒存在。

2)色泽:表面呈浅黄色、金黄色、浅棕黄色或品种应有的色泽,色泽基本均匀。

3)滋味与口感:味甜,具有品种应有的香味,无异味,口感硬脆、松脆或酥松。

(十)淀粉的掺伪检验

淀粉中掺伪,目前发现主要是掺入面粉、荞面、玉米面类品,也有极个别的掺入白土、滑石粉等。鉴别掺杂上述物质,有以下五种简便方法。

1. 听其声音

用手在装淀粉的口袋外面捏搓,能听到清脆的不间断的“咔咔”响声,这说明是好淀粉。没有声响或响声不大的,是掺有面粉、荞面或玉米面的淀粉。

2. 看其色泽

正常的淀粉颜色都是洁白或灰色,有光泽,用手指捻粉时,有细腻光滑之感。不符合上述特点的,是有掺伪的淀粉。

3. 用牙咀嚼

取少许淀粉放在舌头上,用门牙或大牙细细咀嚼,有异味或有牙碜感觉的是砂土过多。

4. 看堆尖或用手紧握

用手把淀粉堆起堆儿，看堆儿为尖尖的为纯淀粉；尖尖低而坡度缓为掺伪的淀粉。也可以用手抓一把淀粉，用力握紧，当手指放开后，淀粉被捏成团儿的，说明有掺伪或淀粉太湿；捏不成团儿的是纯淀粉。

5. 水检验法

取少许淀粉，用冷水滴在上面，仔细观察。若水渗得缓慢，形成的湿粉块松软，其表面用手一摸，沾手指，并有黏的感觉，说明是不纯的淀粉；若水很快渗到淀粉里，形成坚硬的湿粉，用用手摸其表面不沾手指，有光滑的感觉，证明是纯淀粉。

（十一）如何识别"问题馒头"

1. 怎样鉴别加有洗衣粉的白馒头、大饼和油条

看外观：掺有洗衣粉的白馒头、大饼与油条感官上看较虚、软，表面特别光滑，体积大、分量轻。

看质地：掺洗衣粉的馒头，断面上气孔比正常的要多，而且大许多。

气味和口感：掺有洗衣粉的馒头、大饼和油条，口感平淡，没有手工面食的香味。

用水浸泡：掺有洗衣粉的馒头较易松散。

2. 馒头等面制品中添加色素的鉴别

一看：看馒头的颜色，如果颜色光亮则说明馒头是添加色素做成的；由于玉米粉比面粉粗糙，如果掰开馒头发现，"玉米馒头"与普通面粉馒头一样光滑的话，这种玉米馒头就有可能有问题。

二闻：闻馒头的气味，用面粉做成的"玉米馒头"没有玉米的香味。

三水泡：即将馒头弄碎泡入水中，观看水的颜色，如果水的颜色变得与馒头颜色一样，那就是色素馒头。

3. 如何鉴别使用硫磺熏蒸的馒头

掰开馒头，如果外白里黄，那就说明碱放多了，馒头皮是用硫磺熏白的。还可以闻味道鉴别，新鲜的馒头应带有清香和发面的味道；而使用硫磺熏蒸的馒头带有硫磺味儿，皮是白的，里面是黑的。

三、植物油料及油脂的感官检验

（一）植物油料与油脂感官鉴别要点

植物油料的感官检验主要是依据色泽，组织状态、水分、气味和滋味几项指标进行。这里包括了眼观其籽粒饱满程度、颜色、光泽、杂质、霉变、虫蛀、成熟度等情况，借助于牙齿咬合，手指按捏等办法，根据声响和感觉来判断其水分大小，此外就是鼻嗅其气味，口尝其滋味，以感知是否有异臭异味。其中尤以外观、色泽、气味三项为感官鉴别的重要依据。

植物油脂的质量优劣，在感官鉴别上也可大致归纳为色泽、气味、滋味等几项，再结合透明度、水含量、杂质沉淀物等情况进行综合判断。其中眼观油脂色泽是否正常，有无杂质或沉淀物，鼻嗅是否有霉、焦、哈喇味，口尝是否有苦、辣、酸及其他异味，是鉴别植物油脂好坏的主要指标。植物油脂还可以进行加热试验，当有油脂酸败时油烟浓重而呛人。

(二)鉴别大豆的质量

大豆根据其种皮颜色和粒形可分为黄大豆、青大豆、黑大豆、其他大豆(赤色、褐色、棕色等)和饲料豆(秣食豆)五类。

1. 色泽鉴别

感官检验大豆时,可取样品直接观察其皮色或脐色。

良质大豆:皮色呈各种大豆固有的颜色,光彩油亮,洁净而有光泽。脐色呈黄白色或淡褐色。

次质大豆:皮色灰暗无光泽。脐色呈褐色或深褐色。

劣质大豆:皮色黑暗。

2. 组织状态鉴别

良质大豆:颗粒饱满,整齐均匀。无未成熟粒和虫蛀粒。无杂质,无霉变。

次质大豆:颗粒大小不均,有未成熟粒、虫蛀粒,有杂质。

3. 水含量鉴别

大豆水含量的感官检验主要是应用齿碎法,而且要根据不同季节而定,水分量相同而季节不同,齿碎的感觉也不同。

冬季:水含量在12%以下时,齿碎后可呈4~5块,水含量在12%~13%时,虽然能破碎,但不能碎成多块,水含量在14%~15%左右时,齿碎后豆粒不破碎而形成肩状,豆粒四周裂成许多小口,牙齿的痕迹会留在豆粒上,豆粒被牙齿咬过的部分出现透明现象。

夏季:水含量在12%以下时,豆粒能齿碎并发出响声,水含量在12%以上时,齿碎时不易破碎面且没有响声。

良质大豆:水含量在12%以下。

次质大豆:水含量在12%以上。

(三)鉴别花生的质量

1. 色泽鉴别

感官检验花生的色泽时,可先对整个样品进行观察,然后剥去果荚再观察果仁。

良质花生:果荚呈土黄色或白色,果仁呈各不同品种所特有的颜色。色泽分布均匀一致。

次质花生:果荚颜色灰暗,果仁颜色变深。

劣质花生:果荚灰暗或暗黑,果仁呈紫红色、棕褐色或黑褐色。

2. 组织状态鉴别

感官检验花生的组织状态时,先看样品外观,然后剥去果荚观察果仁,最后掰开果仁观看子叶形态。

良质花生:带荚花生和去荚果仁均颗粒饱满、形态完整、大小均匀,子叶肥厚而有光泽,无杂质。

次质花生:颗粒不饱满、大小不均匀或有未成熟粒(果仁皱缩,体积小于正常完善粒的1/2或重量小于正常完善粒的1/2的颗粒)、破碎粒、虫蚀粒、生芽粒等。子叶瘠瘦,有杂质。

劣质花生:花生发霉,严重虫蚀,有大量的冻伤粒(籽粒变软,色泽变暗,食味变劣的颗粒)、热伤粒(果仁种皮变色,子叶由乳白色变为透明如蜡状,含有哈喇味的颗粒)。

3. 气味鉴别

感官检验花生的气味就是将花生剥去果荚后嗅其气味。

良质花生:具有花生特有的气味。

次质花生:花生特有的气味平淡或略有异味。

劣质花生:有霉味、哈喇味等不良气味。

4. 滋味鉴别

感官检验花生的滋味时,应取花生剥去果皮后用牙齿咀嚼,细品。

良质花生:具有花生纯正的香味,无任何异味。

次质花生:花生固有的味道淡薄。

劣质花生:有油脂酸败味,辣味、苦涩味及其他令人不愉快的滋味。

(四)鉴别芝麻的质量

芝麻按颜色分为白芝麻、黑芝麻、黄芝麻和杂色芝麻四种。一般种皮颜色浅的比色深的含油量高。

1. 色泽鉴别

将芝麻样品在白纸上撒一薄层进行观察。

良质芝麻:色泽鲜亮而纯净。

次质芝麻:色泽发暗。

劣质芝麻:色泽昏暗发乌呈棕黑色。

2. 组织状态鉴别

进行芝麻组织状态的感官检验时,可取样品在白纸上撒一薄层,仔细观察。同时应查看杂质的性质及含量。进行杂质检查时,可用手抓一把芝麻,稍稍松手让其自然慢慢滑落,看一看留在手中的泥砂、碎粒,花尖等杂质,并估计其大致含量,或者用手插入包装的底层,抓出少量芝麻,采用播吹籽粒的方式,也能看出所含泥土的多少。

良质芝麻:籽粒大而饱满,皮薄,嘴尖而小,籽粒呈白色,一般性杂质不超过2.0%。

次质芝麻:籽粒不饱满或萎缩,且秕粒多,嘴尖过长,有虫蚀粒、破损粒,泥土砂子等杂质含量超过2.0%。

劣质芝麻:发霉或腐败变质的籽粒较多。

3. 水含量鉴别

芝麻水含量在现行粮食标准中规定为不超过8%。进行芝麻水含量的感官检验时,可用手抓一大把芝麻,用力握紧,使大部分籽粒从手缝中进射出去,松手看留在手中的部分,若籽粒分散,说明水含量不大。或用拇指和食指捏起芝麻一搓,有响声但不破者,其水含量不超过标准。用手捏起一把芝麻,松手时黏成一团,水含量则超标。干芝麻手易插入,水含量高的则不易插入且插入后手有发热的感觉。另外,也可将芝麻由一个容器倒入另一个容器中,若发出"嚓嚓"的响声,说明水含量不大,响声发闷,则水含量大。

良质芝麻:水含量不超过8%。

次质芝麻:水含量超过8%。

4. 气味鉴别

可取芝麻籽粒直接嗅闻。

良质芝麻:具有芝麻固有的纯正香气。

次质芝麻:芝麻气味平淡。

劣质芝麻:有霉味、哈喇味等不良气味。

5. 滋味鉴别

进行芝麻滋味的感官检验时,应先漱口,然后取样品进行咀嚼以品尝其滋味。

良质芝麻:具有芝麻固有的滋味。

次质芝麻:芝麻固有的滋味平淡,微有异味。

劣质芝麻:有苦味、腐败味及其他不良滋味。

制油用芝麻质量指标

制油用芝麻以标准水、杂的芝麻油含量确定等级,各等级质量指标见表1-5-12。

表1-5-12　制油用芝麻质量指标

等级	油含量(以标准水、杂计)/%	千粒重/g	水含量/%	蛋白质/%	杂质/%	色泽、气味
一	≥51.0	≥2.2	≤8.0	≥19.0	≤2.0	正常
二	≥50.0					
三	≥49.0					
四	≥48.0					
五	≥47.0					

制油用芝麻以三等为计价基础。油含量52.0%及以上或低于47.0%时,按实际油含量增减价。

卫生指标:卫生指标按以下标准规定执行:GB 2762《食品安全国家标准　食品中污染物限量》、GB 2763《食品安全国家标准　食品中农药最大残留限量》。

(五)鉴别油菜籽的质量

1. 色泽鉴别

取油菜籽在白纸上撒一薄层进行观察。

良质油菜籽:色泽因种类不同而各有差异,可以呈由黄到黑的一系列颜色。

次质油菜籽:色泽比该种类应具有的正常色泽浅淡。

劣质油菜籽:呈灰白色。

2. 组织状态鉴别

可先取样品撒在白纸上进行观察,然后再去掉籽皮观察,最后检查一下杂质含量及性质。检查杂质时,抄起一撮油菜籽置于手掌上反复左右晃动,籽粒上浮,而泥砂等物留在掌心,估计杂质的含量。

良质油菜籽:籽粒充实饱满,大小均匀适中,完整而皮薄,果仁呈黄白色,一般性杂质不超过3.0%。

次质油菜籽:籽粒不饱满,未成熟籽粒较多,大小不均,皮厚,果仁呈黄色,杂质含量超过3.0%。

劣质油菜籽:籽粒发霉变质,果仁呈棕色。

3. 水含量鉴别

进行油菜籽水含量的感官鉴别时，可把油菜籽放在桌面上用手指或竹片用力碾压，如皮与仁完全分离，并有碎粉，仁呈黄白色，水含量约为8%～9%，压碎后，皮仁能部分分离，但无碎粉，仁呈微黄色，水含量约为9%～10%，压碎后，皮仁能部分分离，并有个别的被压成了片状，仁呈嫩黄色，水含量约为10%～11%，压碎后，皮仁不能分开，被整个压成片，仁为黄色，水含量约为12%～13%。也可以抓满一把油菜籽，紧紧握住，水含量低的菜籽会发出"嚓嚓"的响声，并从拳眼和指缝间向外射出，将手张开时，手上剩余的籽粒自然散开，不成团，否则即为水含量高者。另外，用手插入菜籽堆深处时，有发热的感觉，且堆内的菜籽呈灰白色，可断定水含量过大，有发霉现象。

良质油菜籽：水含量在8.0%以下。

次质油菜籽：水含量在8.0%以上。

4. 气味鉴别

进行油菜籽气味的感官检验时，可取样品直接嗅闻。

良质油菜籽：具有油菜籽固有的气味。

次质油菜籽：油菜籽固有的气味平淡。

劣质油菜籽：有霉味，哈喇味等不良气味。

5. 滋味鉴别

感官检验油菜籽味时，可在漱口后取样品在口中咀嚼并细细品尝。

良质油菜籽：具有油菜籽固有的辛辣味道。

次质油菜籽：油菜籽固有的滋味平淡。

劣质油菜籽：有苦味、霉变味、油脂酸败味或其他不良滋味。

（六）鉴别食用植物油的质量

人们在日常生活中，对植物油的质量鉴别，有以下几方面。

1. 气味

每种食油均有其特有的气味，这是油料作物所固有的，如豆油有豆味，菜油有菜籽味等。油的气味正常与否，可以说明油料的质量、油的加工技术及保管条件等的好坏。国家油品质量标准要求食用油不应有焦臭、酸败或其他异味。检验方法是将食油加热至50℃，用鼻子闻其挥发出来的气味，决定食油的质量。

2. 滋味

是指通过嘴尝得到的味感。除小磨麻油带有特有的芝麻香味外，一般食用油多无任何滋味。油脂滋味有异感，说明油料质量、加工方法、包装和保管条件等不良。新鲜度较差的食用油，可能带有不同程度的酸败味。

3. 色泽

各种食用油由于加工方法、消费习惯和标准要求的不同，其色泽有深有浅。如油料加工中，色素溶入油脂中，则油的色泽加深，如油料经蒸炒或热压生产出的油，常比冷压生产出的油色泽深。检验方法是，取少量油放在50mL比色管中，在白色幕前借反射光观察试样的颜色。

4. 透明度

质量好的液体状态油脂，温度在20℃静置24h后，应呈透明状。如果油质混浊，透明度低，说明油中水分多、黏蛋白和磷脂多，加工精炼程度差，有时油脂变质后，形成的高熔点物质，也能引起油脂的浑浊，透明度低，掺了假的油脂，也有混浊和透明度差的现象。

5. 沉淀物

食用植物油在20℃以下，静置20h以后所能下沉的物质，称为沉淀物。油脂的质量越高，沉淀物越少。沉淀物少，说明油脂加工精炼程度高，包装质量好。

（七）鉴别花生油的质量

1. 色泽鉴别

进行花生油色泽的感官检验时，可按照大豆油色泽的感官检验方法进行检查和评价。

良质花生油：一般呈淡黄至棕黄色。

次质花生油：呈棕黄色至棕色。

劣质花生油：呈棕红色至棕褐色，并且油色暗淡，在日光照射下有蓝色荧光。

2. 透明度鉴别

进行花生油透明度的感官检验时，可按大豆油透明度的感官检验方法进行。

良质花生油：清晰透明。

次质花生油：微混浊，有少量悬浮物。

劣质花生油：油液混浊。

3. 水含量鉴别

进行花生油水含量的感官检验时，可按大豆油水含量的感官检验方法进行。

良质花生油：水含量在0.2%以下。

次质花生油：水含量在0.2%以上。

4. 杂质和沉淀物鉴别

进行花生油杂质和沉淀物的感官检验时，可按大豆油杂质和沉淀物的感官检验方法进行。

良质花生油：有微量沉淀物，杂质含量不超过0.2%，加热至280℃时，油色不变深，有沉淀析出。

劣质花生油：有大量悬浮物及沉淀物，加热至280℃时，油色变黑，并有大量沉淀析出。

5. 气味鉴别

进行花生油气味的感官检验时，可按照大豆油气味的感官检验方法进行。

良质花生油：具有花生油固有的香味（未经蒸炒直接榨取的油香味较淡），无任何异味。

次质花生油：花生油固有的香气平淡，微有异味，如青豆味，青草味等。

劣质花生油：有霉味、焦味、哈喇味等不良气味。

6. 滋味鉴别

进行花生油滋味的感官检验时，可按大豆油滋味的感官检验方法进行。

良质花生油：具有花生油固有的滋味，无任何异味。

次质花生油：花生油固有的滋味平淡，微有异味。

劣质花生油：具有苦味、酸味、辛辣味以及其他刺激性或不良滋味。

花生油的特点：

（1）毛花生油的特点：色泽深黄，含有较多的水分和杂质，浑浊不清，可以食用。

（2）过滤花生油的特点：较毛油澄清，酸价较高，不能长期保管。

(3)精制花生油的特点：透明度高，质地洁净，水分和杂质很少，因经精炼除去游离酸，不易酸败，是人们最欢迎的品种。

(八)豆油的质量

1. 色泽鉴别

纯净油脂是无色、透明，略带黏性的液体。但因油料本身带有各种色素，在加工过程这些色素溶解在油脂中而使油脂具有颜色。油脂色泽的深浅，主要决定于油料所含脂溶性色素的种类及含量、油料籽品质的好坏、加工方法、精炼程度及油质脂贮藏过程中的变化等。

进行大豆油色泽的感官检验时，将样品混匀并过滤，然后倒入直径50mm、高100mm的烧杯中，油层高度不得小于5mm。在室温下先对着自然光线观察。然后再置于白色背景前借其反行光线观察。

冬季油脂变稠或凝固时，取油样250g左右，加热至35～40℃，使之呈液态，并冷却至20℃左右按上述方法进行鉴别。

良质大豆油：呈黄色至橙黄色。

次质大豆油：油色呈棕色至棕褐色。

2. 透明度鉴别

品质正常的油质应该是完全透明的，如果油脂中含有磷脂，固体脂肪，蜡质以及含量过多或水含量较大时，就会出现混浊，使透明度降低。

进行大豆油透明度的感官检验时，将100mL充分混合均匀的样品置于比色管中，然后置于白色背景前借反射光线进行观察。

良质大豆油：完全清晰透明。

次质大豆油：稍混浊，有少量悬浮物。

劣质大豆油：油液混浊，有大量悬浮物和沉淀物。

3. 水含量检验

油脂是一种疏水性物质，一般情况下不易和水混合。但是油脂中常含有少量的磷脂，固醇和其他杂质等能吸收水分，而形成胶体物质悬浮于油脂中，所以油脂中仍有少量水分，而这部分水分一般是在加工过程中混入的。同时还混入一些杂质，还会促使油脂水解和酸败，影响油脂贮存时的稳定性。

进行大豆油水含量的感官检验时，可用以下三种方法进行。

(1)取样观察法

取干燥洁净的玻璃扦油管，斜插入装油容器内至底部，吸取油脂，在常温和直时光下进行观察，如油脂清晰透明，水含量在0.3%以下；若出现混浊，水含量在0.4%以上；油脂出现明显混浊并有悬浮物，则水含量在0.5%以上，把扦油管的油放回原容器，观察扦油管内壁油迹，若有乳浊现象，观察模糊，则油中水含量为0.3%～0.4%。

(2)烧纸验水法

取干燥洁净的扦油管，插入静置的油容器里，直到底部，抽取油样少可许(底部沉淀物)，涂在易燃烧的纸片上点燃，听其发出声音，观察其燃烧现象。燃烧时纸面出现气泡，并发出“滋滋”的响声，水含量约为0.1%～0.2%，如果油星四溅，并发出“叭叭”的爆炸声，水含量约在0.4%以上，如果纸片燃烧正常，水含量约在0.2%以内。这种方法主要用于检查明水(如装油容器口封闭不严,漏进雨水或容器原来带水所引起)。

(3)钢精勺加热法

取有代表性的油约250g,放入普通的钢精勺内,在炉火或酒精灯上加热到150~160℃,看其泡沫,听其声音和观察其沉淀情况,霉坏、冻伤的油料榨得的油例外,如出现大量泡沫,又发出“吱吱”响声,说明水含量较高,约在0.5%以上,如有泡沫但很稳定,也不发出任何声音,表示水含量较低,一般在0.25%左右。

良质大豆油:水含量不超过0.2%。

次质大豆油:水含量超过0.2%。

4. 杂质和沉淀鉴别

油脂在加工过程中混入机械性杂质(泥砂、料坯粉末、纤维等)和磷脂、蛋白、脂肪酸、黏液、树脂、固醇等非油脂性物质,在一定条件下沉入油脂的下层或悬浮于油脂中。

进行大豆油脂杂质和沉淀物的感观鉴别时,可用以下三种方法。

(1)取样观察法

用洁净的玻璃扦油管,插入到盛油容器的底部,吸取油脂,直接观察有无沉淀物,悬浮物及其量的多少。

(2)加热观察法

取油样于钢精勺内加热不超过160℃,拨去油沫,观察油的颜色,若油色没有变化,也没有沉淀,说明杂质少,一般在0.2%以下,如油色变深,杂质约在0.49%左右,如勺底有沉淀,说明杂质多,约在1%以上。

(3)高温加热观察法

取油于钢精勺内加热到280℃,如油色不变,无析出物,说明油中无磷脂,如油色变深,有微量析出物,说明磷脂含量超标,如加热到280℃,油色变黑,有多量的析出物,说明磷脂含量较高,超过国家标准,如油脂变成绿色,可能是油脂中铜含量过多之故。

良质大豆油:可以有微量沉淀物,其杂质含量不超过0.2%,磷脂含量不超标。

次质大豆油:有悬浮物及沉淀物,其杂质含量不超过0.2%,磷脂含量超过标准。

劣质大豆油:有大量的悬浮物及沉淀物,有机械性杂质。将油加热到280℃时,油色变黑,有较多沉淀物析出。

5. 气味鉴别

感官检验大豆油的气味时,可以用以下三种方法进行:一是盛装油脂的容器打开封口的瞬间,用鼻子挨近容器口,闻其气味。二是取1~2滴油样放在手掌或手背上,双手合拢快速摩擦至发热,闻其气味。三是用钢精勺取油样25g左右。加热到50℃左右,用鼻子接近油面,闻其气味。

良质大豆油:具有大豆油固有的气味。

次质大豆油:大豆油固有的气味平淡,微有异味,如青草等味。

劣质大豆油:有霉味、焦味、哈喇味等不良气味。

6. 滋味鉴别

进行大豆油滋味的感官检验时,应先漱口,然后用玻璃棒取少量油样,涂在舌头上,品尝其滋味。

良质大豆油:具有大豆固有的滋味,无异味。

次质大豆油:滋味平淡或稍有异味。

劣质大豆油:有苦味、酸味、辣味及其他刺激味或不良滋味。

豆油的特点:

豆油的真假鉴别,首先要知道豆油的品质特征,豆油的正常品质特征改变了,说明豆油的质量有了改变。在集市上购油时碰到这种情况,多半是油中掺了假,一般对入米汤为多。

(九)鉴别芝麻油的质量

芝麻油,俗称香油,是从芝麻中提炼出来的,具有特别香味,按其榨取方法可分为机榨香油和小磨香油两种,机榨香油色浅而香淡,小磨香油色深而香味浓。

芝麻油的质量优劣,可从色泽、气味、滋味等方面进行。

1. 色泽评定

芝麻油色泽的感官检验,可取少量已混合均匀的油,将其放在50mL比色管中,在室温下先对着自然光观察,然后再置于白色背景前借其反射光线观察。

良质芝麻油:色泽呈棕红色至棕褐色。

次质芝麻油:色泽变浅或偏深,若在香油中掺有其他油脂,颜色也会发生变化,若掺菜籽油色泽会呈深黄色,掺棉籽油呈黑红色。

劣质芝麻油:颜色呈褐色或黑褐色。

2. 气味评定

良质芝麻油:具有芝麻油特有的浓郁香味,无异味。

次质芝麻油:芝麻油中特有香气平淡,稍有异味。

劣质芝麻油:缺少其特有香气或仅有微弱的芝麻油香气,且有油脂酸败味、霉味、焦味等不良气味出现。

3. 滋味评定

良质芝麻油:具有芝麻固有的滋味,口感滑爽,且无任何异味。

次质芝麻油:芝麻固有香气变薄变淡,且稍具异味。

劣质芝麻油:缺少芝麻固有香气或仅有微薄的芝麻香气,且出现酸味、苦味、焦味、刺激性辛辣味等不良滋味。

4. 透明度检验

良质芝麻油:应清澈透明,无任何杂质。

次质芝麻油:有少量悬浮物、略呈浑浊状。

劣质芝麻油:油液浑浊。

5. 杂质和沉淀物检验

良质芝麻油:略有微量沉淀,其杂质含量不超过0.2%,将其加热到280℃时,油色无变化且无沉淀物析出。

次质芝麻油:有少量沉淀物及悬浮物,其杂质含量超过0.2%,将油加热到280℃时,油色变深,有沉淀物析出。

劣质芝麻油:有大量的悬浮物及沉淀物存在,将其加热到280℃时,油色变黑或呈绿色且有较多沉淀物析出。

鉴别掺假方法如下：

(1)看亮度：质量好的豆油，质地澄清透明，无浑浊现象。如果油质浑浊，说明其中掺了假。

(2)闻气味：豆油具有豆腥味，无豆腥味的油，说明其中掺了假。

(3)看沉淀：质量好的豆油，经过多道程序加工，其中的杂质已被分离出，瓶底不会有杂质沉淀现象，如果有沉淀，说明豆油粗糙或掺有淀粉类物质。

(4)试水分：将油倒入锅中少许，加热时，如果油中发出“叭叭”声，说明油中有水。在市场上选购油时，亦可在废纸上滴几滴油，点火燃烧时，如果发出“叭叭”声，说明油中掺了水。

(5)看油花大小和厚薄。用筷子蘸一些油，滴入盛凉水的碗内一滴，若油花很薄，无色透明，直径约1cm，是好芝麻油；若油召小而厚，比芝麻油约厚一倍，直径只及它的一半，颜色较黄，则可能是棉籽油。

(6)看摇荡后的变化。取少量油倒入白色干净的玻璃瓶内，经剧烈摇荡后，若无泡沫或很少泡沫并很快消失，是纯芝麻油；若出现白色泡沫，并消失缓慢，则可能是芝麻油中掺入了花生油，若出现大量泡沫并较长时间才消失，用手掌蘸油摩擦，闻到碱味，则可能掺有卫生油；若出现淡黄色泡沫，不易消失，用于掌摩擦有豆腥味，则可能掺有豆油，若闻有辛辣味，则可能掺有菜籽油。

(十)鉴别菜籽油的质量

1. 色泽鉴别

进行菜籽油的色泽的感官检验时，可按大豆油色泽的感官检验方法进行。

良质菜籽油：呈黄色至棕色。

次质菜籽油：呈棕红色至棕褐色。

劣质菜籽油：呈褐色。

2. 透明度鉴别

进行菜籽油透明度的感官检验时，可按大豆油透明度的感官检验方法进行。

良质菜籽油：清澈透明。

次质菜籽油：微混浊，有微量悬浮物。

劣质菜籽油：液体极混浊。

3. 水含量鉴别

进行菜籽油水含量的感官检验时，可按照大豆油水含量的感官检验方法进行。

良质菜籽油：水含量不超过0.2%。

次质菜籽油：水含量超过0.2%。

4. 杂质和沉淀物鉴别

进行菜籽油杂质和沉淀的感官检验时，可按照大豆油杂质和沉淀物的感官检验方法进行。

良质菜籽油：无沉淀物或有微量沉淀物，杂质含量不超过0.2%，加热至280℃油色不变，且无沉淀物析出。

次质菜籽油：有沉淀物及悬浮物，其杂质含量超过0.2%，加热至280℃油色变深且有沉淀物析出。

劣质菜籽油：有大量的悬浮物及沉淀物，加热至280℃时油色变黑，并有多量沉淀析出。

5. 气味鉴别

进行菜籽油气味的感官检验时,可按照大豆油气味的感官检验方法进行。

良质菜籽油:具有菜籽油固有的气味。

次质菜籽油:菜籽油固有的气味平淡或微有异味。

劣质菜籽油:有霉味、焦味、干草味或哈喇味等不良气味。

6. 滋味鉴别

感官检验菜籽油的滋味时,可用洁净的玻璃棒蘸取少许油样在漱口后的舌头上,进行试尝。

良质菜籽油:具有菜籽油特有的辛辣滋味,无任何异味。

次质菜籽油:菜籽油滋味平淡或略有异味。

劣质菜籽油:有苦味、焦味、酸味等不良滋味。

(十一)如何选购橄榄油

橄榄油等级:

最好等级是 extravirgin(西语是 extravirgin),就是初榨橄榄油。与目前我国生产的油脂比较,这种油是没有经过精炼的,也没经过高温,只是在低温下进行压榨,它的营养才得以保存。

橄榄油的下一个等级就是精炼油(pure),或者什么都不标,就写橄榄油(Oliveroil),出厂时会勾兑 10% ~20% 的初榨橄榄油,来增加它的香味。

(十二)植物油脂透明度、气味、滋味鉴定法按照 GB/T 5525—2008《植物油脂 透明度、气味、滋味鉴定法》执行

1. 范围

本标准规定了鉴定植物油脂透明度、气味、滋味的方法。适用于植物油脂透明度、气味、滋味的鉴定。

2. 透明度鉴定

(1)仪器和用具

比色管:100mL,直径 25mm;恒温水浴:0 ~100℃;乳白色灯泡。

(2)操作方法

1)当油脂样品在常温下为液态时,量取试样 100mL 注入白色比色管中,在 20℃下静置 24h(蓖麻油静置 48h),然后移置到乳白色灯泡前(或在白色比色管后衬以白纸)。观察透明度程度,记录观察结果。

2)当油脂样品在常温下为固态或半固态时,根据该油脂熔点溶解样品,但温度不得高于熔点 5℃。待样品熔化后,量取试样 100mL 注入比色管中,设定恒温水浴温度为产品标准中"透明度"规定的温度,将盛有样品的比色管放入恒温水浴中,静置 24h,然后移置到乳白色灯泡前(或在白色比色管后衬以白纸)。迅速观察透明度程度,记录观察结果。

(3)结果表示

观察结果用"透明""微浊""混浊"字样表示。

3. 气味、滋味鉴定

(1)仪器和用具

烧杯:100mL;温度计:0 ~100℃;可调电炉:电压 220V,50Hz,功率小于 1000W。酒精灯。

(2)品评人员

1)品评人员选择

油脂品尝是依靠人的感觉器官,对油脂的气味、滋味进行品尝,以评定油脂品质的优劣,因此要求品评人员具有较敏锐的感觉器官和鉴别能力,在开始进行品尝评定之前,应通过鉴别试验来挑选感官灵敏度较高的人员。

按标准等级规定制作油脂样品4份,其中有2份油脂是同一试样制成的,同时按标准规定进行品评,要求品评人员鉴别找出相同的两份油脂样品来,记录见表1-5-13。

表1-5-13 品评结果登记表

品评人:	日期:
试样号	鉴别结果
1	√
2	
3	√
4	
注:在相同2份油脂样品的编号后打"√",比如1号和3号是同一试样时,记录如上。	

鉴别试验应重复两次,结果登记于表1-5-14。对者打"√",错者打"×",如果两次都错的人员,则表明其品评鉴别灵敏度太低,应予淘汰。

表1-5-14 品评人员成绩登记表

品评人员编号	鉴别试验结果		成绩
	1	2	
P1	×	√	良
P2	√	√	优
P3	√	×	良
P4	×	×	差
P5	√	√	优
P6	√	√	优

2)品评时对品评人员的要求

品评人员在品评前1h内不吸烟,不吃东西,但可以喝水;品评期间具有正常的生理状态,不能饥饿或过饱;品评人员在品评期间不应使用化妆品或其他有明显气味的用品。

品评前品评人员应用温开水漱口,把口中残留物去净。

(3)品评实验室与品评时间

品评试验应在专用实验室进行。实验室应由样品制备室和品评室组成,两者应独立。品评室应能够充分换气,避免有异味或残留气味的干扰,室温20~25℃,无强噪声,有足够的光线强度,市内色彩柔和,避免强对比色彩。

品评时应保持市内和环境安静,无干扰。

品评时间应在饭前1h或饭后2h进行。

(4)操作方法

取少量油脂样品注入烧杯中,均匀加温至50℃后,离开热源,用玻璃棒边搅边嗅气味。同时品尝样品的滋味。

(5)结果表示

1)气味表示

当样品具有油脂固有的气味时,结果用“具有某某油脂固有的气味”表示。

当样品无味、无异味时,结果用“无味”“无异味”表示。

当样品有异味时,结果用“有异常气味”表示,再具体说明异味为:哈喇味、酸败味、溶剂味、汽油味、柴油味、热糊味、腐臭味。

2)滋味表示

当样品具有油脂固有的滋味时,结果用“具有某某油脂固有的滋味”表示。

当样品无味、无异味时,结果用“无味”“无异味”表示。

当样品有异味时,结果用“有异常气味”表示,再具体说明异味为:哈喇味、酸败味、溶剂味、汽油味、柴油味、热糊味、腐臭味、土味、青草味等。

(十三)地沟油的鉴别

从阴沟里提炼食用油,成本极低。“地沟油”一旦流入市场,消费者要学会感官鉴别。根据经验,食用植物油一般通过看、闻、尝、听、问五个方面即可鉴别。

一看。看透明度,纯净的植物油呈透明状,在生产过程中由于混入了碱、蜡质、杂质等物,透明度会下降;看色泽,纯净的油为无色,在生产过程中由于油料中的色素溶于油中,油才会带色;看沉淀物,其主要成分是杂质。

二闻。每种油都有各自独特的气味。可以在手掌上滴一两滴油,双手合拢摩擦,发热时仔细闻其气味。有异味的油,说明质量有问题,有臭味的很可能就是地沟油;若有矿物油的气味更不能买。

三尝。用筷子取一滴油,仔细品尝其味道。口感带酸味的油是不合格产品,有焦苦味的油已发生酸败,有异味的油可能是“地沟油”。

四听:取油层底部的油一两滴,涂在易燃的纸片上,点燃并听其响声。燃烧正常无响声的是合格产品;燃烧不正常且发出“吱吱”声音的,水分超标,是不合格产品;燃烧时发出“噼叭”爆炸声,表明油的水含量严重超标,而且有可能是掺假产品,绝对不能购买。

五问:问商家的进货渠道,必要时索要进货发票或查看当地食品卫生监督部门抽样检测报告。

子模块二 肉及肉制品、鱼及水产品的感官检验

一、肉及肉制品的感官检验

对肉及肉制品进行感官检验时,通常要观察其外观、气味、弹性、脂肪色泽以及肉汤的情况来判断肉及肉制品的新鲜程度。

为了延长肉类食品的保质期,常通过干燥法、盐藏法、冷藏法、冷冻法等各种加工方法来保证肉品的原有风味和质量。

肉类制品包括灌肠(肚)类、酱卤肉类、烧烤肉类、咸肉、腊肉火腿以及板鸭等。

(一)猪肉的感官检验方法

1. 新鲜猪肉

(1)外观鉴别

新鲜猪肉——表面有一层微干或微湿的外膜,呈淡粉色并且有光泽,切断面稍湿、不黏手,肉汁透明。

次鲜猪肉——表面有一层风干或潮湿的外膜,呈暗灰色,无光泽,切断面的色泽比新鲜的肉暗,有黏性,肉汁混浊。

变质猪肉——表面外膜极度干燥或黏手,呈灰色或淡绿色、发黏且有霉变现象,切断面也呈暗灰或淡绿色、很黏,肉汁严重混浊。

(2)气味鉴别

新鲜猪肉——具有鲜猪肉正常的气味。

次鲜猪肉——在肉的表层能嗅到轻微的氨味,酸味或酸霉味,但在肉的深层却没有这些气味。

变质猪肉——腐败变质的肉,不论在肉的表层还是深层均有腐臭气味。

(3)弹性鉴别

新鲜猪肉——新鲜猪肉质地紧密且富有弹性,用手指按压凹陷后会立即复原。

次鲜猪肉——肉质比新鲜肉柔软、弹性小,用指头按压凹陷后不能完全复原。

变质猪肉——组织失去原有的弹性,用指头按压后凹陷,不但不能复原,有时手指还可以把肉刺穿。

(4)脂肪鉴别

新鲜猪肉——脂肪呈白色,具有光泽,有时呈肌肉红色,柔软而富于弹性。

次鲜猪肉——脂肪呈灰色,无光泽,容易黏手,有时略带油脂酸败味和哈喇味。

变质猪肉——脂肪表面污秽、同时有黏液,常有霉变呈现淡绿色,脂肪组织很软,具有油脂酸败气味。

(5)肉汤鉴别

新鲜猪肉——肉汤透明、芳香,汤表面聚集大量油滴,油脂的气味和滋味鲜美。

次鲜猪肉——肉汤浑浊;汤表面浮油滴较少,没有鲜香的滋味,常略有轻微的油脂酸败的气味及味道。

变质猪肉——肉汤极浑浊,汤内漂浮絮状的烂肉片,汤表面几乎无油滴,具有浓厚的油脂酸败或显著的腐败臭味。

2. 冻猪肉依据标准

(1)色泽鉴别

良质冻猪肉(解冻后)——肌肉色红,均匀,具有光泽,脂肪洁白,无霉点。

次质冻猪肉(解冻后)——肌肉红色稍暗,缺乏光泽,脂肪微黄,可有少量霉点。

变质冻猪肉(解冻后)——肌肉色泽暗红,无光泽,脂肪呈污黄或灰绿色,有霉斑或霉点。

(2)气味鉴别

良质冻猪肉(解冻后)——无臭味,无异味。

次质冻猪肉(解冻后)——稍有氨味或酸味。

变质冻猪肉(解冻后)——具有严重的氨味、酸味或臭味。

(3)组织状态鉴别

良质冻猪肉(解冻后)——肉质紧密,有坚实感。

次质冻猪肉(解冻后)——肉质软化或松弛。

变质冻猪肉(解冻后)——肉质松弛。

(4)黏度鉴别

良质冻猪肉(解冻后)——外表及切面微湿润,不黏手。

次质冻猪肉(解冻后)——外表湿润,微黏手,切面有渗出液,但不黏手。

变质冻猪肉(解冻后)——外表湿润,黏手,切面有渗出液亦黏手。

3. 几种有毒或劣质猪肉的感官鉴别方法

(1)注水猪肉

注水猪肉是人为的向内注入水猪体以增加质量的胴体肉,指往活猪经口腔向肠胃内连续灌水再行屠宰,或是猪屠宰后不久用大注射器向皮下或肌肉中注入水的猪肉。注水肉是近年来农贸市场常见的一种劣质品肉。

鉴别方法:

1)正常猪肉颜色泽鲜红或深红,肉切面黏手且富有弹性,放置一段时间后表面有一层干膜,指压后的凹陷处很快能恢复原状,且无汁液渗出;而注水肉呈淡红色,严重者泛白色,肉质弹性降低. 手指触摸肉表面时不黏手,按压后切面有汁渗出,且难恢复原状。

2)正常肉新切面光滑,无或很少汁液渗出;注水肉切面有明显不规则淡红色汁液渗出,切面呈水淋状。

3)用餐巾纸或吸水性较强的纸,附在肉的切面上,若是正常肉,吸水纸与肉粘连揭下后可点燃,并完全燃烧;若是注水肉则吸水纸很容易浸湿,揭下的吸水纸不易点燃,或不能完全燃烧。

4)注水猪肉通常水分非常大,肉内的水会不断渗出,如果看见肉周围不时有水渗出,那这肉就是注水肉。

5)按照国家规定的水分限量标准,用水分测定仪检测时,猪肉水含量 $>77\%$ 者既可判为注水肉,或水含量超标。

(2)"瘦肉精"猪肉

屠宰后猪肉肉品在颜色、形态、脂肪层厚度等方面有一定的差异。"瘦肉精"猪肉其皮下脂肪层明显变薄,通常不足1cm;"瘦肉精"猪肉的颜色,一般肉色较深,特别是瘦肉部分特别鲜红、光亮;"瘦肉精"猪肉肉脂结合程度较松,肥肉与瘦肉间有明显分离,而且瘦肉与脂肪间往往有黄色液体流出;"瘦肉精"猪肉的后臀特别大,背部有凹槽,纤维往往较疏松。还可以将猪肉切成二、三指宽,然后看能否立于案上来鉴别,如果肉质比较软,不能立于案上,很可能含有"瘦肉精"。

(3)母猪肉

母猪肉皮肤厚硬、粗糙,多有皱纹,毛孔粗大而深,皮肉层次分离,结合处疏松;母猪肉皮下脂肪脆硬,呈青白色,触摸时黏附的脂肪少;有的母猪肉在皮与皮下脂肪之间有一层脂肪,呈粉红色。母猪肉颜色深红,呈牛肉样;肌纤维粗糙,纹路粗乱,断面颗粒大,含水分较少。

(4)米猪肉

含大量囊虫的猪肉俗称"米猪肉",又称"豆猪肉"。米猪肉最显著的特征是肉质一般不鲜亮,瘦肉及心脏器官上有呈椭圆形、乳白色、半透明水泡,大小不等的米粒状白色虫体。用刀切割瘦肉,在切面上仔细观察,如发现附有米粒或黄豆粒大小的白色囊胞,用手指碾压时,不易碾破,用力碾破时,有无色液体流出,即是囊包虫,这种猪肉就是米猪肉。

(5)病死猪肉

病死猪有血腥味、尿臊味、腐败味及异香味。病死猪胴体放血不良,肉呈暗红色或黑红色,血管内充满血液,挤压渗出血珠、脂肪红染呈淡红色。全身肌肉呈松弛状态,指压无弹性,指压后凹处不能复原,留有明显痕迹。

(二)牛肉的感官检验方法

1. 新鲜牛肉

(1)色泽鉴别

良质鲜牛肉——肌肉有光泽,红色均匀,脂肪洁白或淡黄色。

次质鲜牛肉——肌肉色稍暗,用刀切开截面尚有光泽,脂肪缺乏光泽。

(2)气味鉴别

良质鲜牛肉——具有牛肉的正常气味。

次质鲜牛肉——牛肉稍有氨味或酸味。

(3)黏度鉴别

良质鲜牛肉——外表微干或有风干的膜,不黏手。

次质鲜牛肉——外表干燥或黏手,用刀切开的截面上有湿润现象。

(4)弹性鉴别

良质鲜牛肉——用手指按压后的凹陷能完全恢复。

次质鲜牛肉——用手指按压后的凹陷恢复慢,且不能完全恢复到原状。

(5)煮沸后的肉汤鉴别

良质鲜牛肉——牛肉汤,透明澄清,脂肪团聚于肉汤表面,具有牛肉特有的香味和鲜味。

次质鲜牛肉——肉汤,稍有混浊,脂肪呈小滴状浮于肉汤表面,香味差或无鲜味。

2. 冻牛肉

(1)色泽鉴别

良质冻牛肉(解冻后)——肌肉色红均匀,有光泽,脂肪白色或微黄色。

次质冻牛肉(解冻后)——肌肉色稍暗,肉与脂肪缺乏光泽,但切面尚有光泽。

(2)气味鉴别

良质冻牛肉(解冻后)——具有牛肉的正常气味

次质冻牛肉(解冻后)——稍有氨味或酸味。

(3)黏度鉴别

良质冻牛肉(解冻后)——肌肉外表微干,或有风干的膜,或外表湿润,但不黏手。

次质冻牛肉(解冻后)——外表干燥或有轻微黏手,切面湿润黏手。

(4)组织状态鉴别

良质冻牛肉(解冻后)——肌肉结构紧密,手触有坚实感,肌纤维的韧性强。

次质冻牛肉(解冻后)——肌肉组织松弛,肌纤维有韧性。

(5)煮沸后的肉汤鉴别

良质冻牛肉(解冻后)——肉汤澄清透明,脂肪团聚于表面,具有鲜牛肉汤固有的香味和鲜味。

次质冻牛肉(解冻后)——肉汤稍有混浊,脂肪呈小滴浮于表面,香味和鲜味较差。

3. 病死牛肉的感官鉴别方法

(1)色泽及放血情况

病死牛肉尸肌肉呈暗红色或黑红色,肌肉切面多汁有血液浸润,个别有小血珠,胸膜、腹膜上微血管充盈、脂肪不洁呈淡红色、刀切小口放入滤纸浸润超出插入部2~5cm。

(2)卧侧沉积性充血状态

牛病濒临死前,全身肌肉发生强直性收缩,由于重力下现等物理现象,故血液多流向尸体最低体位,从而形成沉积性充血,因而死后冷宰肉尸卧侧皮下暗红,肺、肾等实质器官也暗红,胸膜、腹膜血管充盈显露。

(3)肉尸淋巴结变化

淋巴结是各种病毒、细菌的靶器官,患病后淋巴结首当其冲被侵害,可依据水肿、出血、充血、干酪样病变等不同性质的特有变化来判别。

4. 注水牛肉的感官鉴别方法

(1)观察:注水后的肌肉很湿润,肌肉表面有水淋淋的亮光,大血管和小血管周围出现半透明状的红色胶样浸湿。冻结后的牛肉,切面上能见到大小不等的结晶冰粒,这些冰粒是注入的水被冻结的。

(2)手触:手触没有黏性,用手指按下的凹陷,也很难恢复原状。

(3)刀切:注水后的牛肉,用刀切开时,肌纤维间的水会顺刀口流出。如果是冻肉,刀切时可听到沙沙声。

(4)化冻:注水冻结后的牛肉,在化冻时,盆中化冻后水是暗红色,其因是肌纤维被冻结冰胀裂,致使大量浆液外流的缘故。

注水后的因为牛肉营养成分流失,所以不宜选购。

(三)羊肉的感官检验方法

1. 新鲜羊肉

(1)色泽鉴别

良质鲜羊肉——肌肉有光泽,红色均匀,脂肪洁白或淡黄色,质坚硬而脆。

次质鲜羊肉——肌肉色稍暗淡,用刀切开的截面尚有光泽,脂肪缺乏光泽。

(2)气味鉴别

良质鲜羊肉——有明显的羊肉膻味。

次质鲜羊肉——羊肉稍有氨味或酸味。

(3)弹性鉴别

良质鲜羊肉——用手指按压后的凹陷,能立即恢复原状。

次质鲜羊肉——用手指按压后凹陷恢复慢,且不能完全恢复到原状。

(4)黏度鉴别

良质鲜羊肉——外表微干或有风干的膜,不黏手。

次质鲜羊肉——外表干燥或黏手,用刀切开的截面上有湿润现象。

(5)煮沸的肉汤鉴别

良质鲜羊肉——肉汤透明澄清,脂肪团聚于肉汤表面,具有羊肉特有的香味和鲜味。

次质鲜羊肉——肉汤稍有浑浊,脂肪呈小滴状浮于肉汤表面,香味差或无鲜味。

2. 冻羊肉

(1)色泽鉴别

良质冻羊肉(解冻后)——肌肉颜色鲜艳,有光泽,脂肪呈白色。

次质冻羊肉(解冻后)——肉色稍暗,肉与脂肪缺乏光泽,但切面尚有光泽,脂肪稍微发黄。

变质冻羊肉(解冻后)——肉色发暗,肉与脂肪均无光泽,切面亦无光泽,脂肪微黄或淡染黄色。

(2)黏度鉴别

良质冻羊肉(解冻后)——外表微干或有风干膜或湿润但不黏手。

变质冻羊肉(解冻后)——外表极度干燥或黏手,切面湿润发黏。

(3)组织状态鉴别

良质冻羊肉(解冻后)——肌肉结构紧密,有坚实感,肌纤维韧强

次质冻羊肉(解冻后)——肌肉组织松弛,但肌纤维尚有韧性。

变质冻羊肉(解冻后)——肌肉组织软化、松弛,肌纤维无韧性。

(4)气味鉴别

良质冻羊肉(解冻后)——具有羊肉正常的气味(如膻味等),无异味。

次质冻羊肉(解冻后)——稍有氨味或酸味。

变质冻羊肉(解冻后)——有氨味、酸味或腐臭味。

(5)肉汤鉴别

良质冻羊肉(解冻后)——澄清透明,脂肪团聚于表面,具有鲜羊肉汤固有的香味或鲜味。

次质冻羊肉(解冻后)——稍有混浊,脂肪呈小滴浮于表面,香味、鲜味均差。

变质冻羊肉(解冻后)——混浊,脂肪很少浮于表面,有污灰色絮状物悬浮,有异味甚至臭味。

3. 绵羊肉与山羊肉的感官鉴别方法

(1)肉品的色泽及肌纤维性状

绵羊肉呈红褐色,肌纤维较细短,切面看不出肌丝。山羊肉的色泽呈淡红色或微棕红色,肌纤维较粗长,肌丝能分辨出,并且肌肉发懈,不黏手。

(2)肉的味道

绵羊肉有膻味,但味道不重,山羊肉的膻气味较浓。

(3)脖子和尾巴

相同膘情的山羊脖子比绵羊粗,山羊尾没绵羊尾大,

(4)肉汤

绵羊肉及肉汤有特殊香味,山羊肉味淡。

(5)脂肪试验

从待检羊肉取少量脂肪,用火柴对脂肪加热,将烧溶的脂肪滴到30℃水中,如凝成脂滴且随水漂浮,即是山羊肉;脂肪凝滴散开则为绵羊肉。

(四)兔肉的感官检验方法

1. 鲜兔肉

(1)色泽鉴别

良质鲜兔肉——肌肉有光泽,红色均匀,脂肪洁白或黄色。

次质鲜兔肉——肌肉稍暗色,用刀切开的截面尚有光泽,脂肪缺乏光泽。

(2)气味鉴别

良质鲜兔肉——具有正常的气味。

次质鲜兔肉——稍有氨味或酸味。

(3)弹性鉴别

良质鲜兔肉——用手指按下后的凹陷,能立即恢复原状。

次质鲜兔肉——用手指按压后的凹陷恢复慢,且不能完全恢复。

(4)黏度鉴别

良质鲜兔肉——外表微干或有风干的膜,不黏手。

次质鲜兔肉——外表干燥或黏手,用刀切开的截面上有湿润现象。

(5)煮沸的肉汤鉴别

良质鲜兔肉——透明澄清,脂肪团聚在肉汤表面,具有兔肉特有的香味和鲜味。

次质鲜兔肉——稍有浑浊,脂肪呈小滴状浮于表面,香味差或无鲜味。

2. 冻兔肉

(1)色泽鉴别

良质冻兔肉(解冻后)——肌肉呈均匀红色、有光泽,脂肪白色或淡黄色。

次质冻兔肉(解冻后)——肌肉稍暗,肉与脂肪均缺乏光泽,但切面尚有光泽。

变质冻兔肉(解冻后)——肌肉色暗,无光泽,脂肪黄绿色。

(2)黏度鉴别

良质冻兔肉(解冻后)——外表微干或有风干的膜或湿润,但不黏手。

次质冻兔肉(解冻后)——外表干燥或轻度黏手,切面湿润且黏手。

变质冻兔肉(解冻后)——外表极度干燥或黏手,新切面发黏。

(3)组织状态鉴别

良质冻兔肉(解冻后)——肌肉结构紧密,有坚实感,肌纤维韧性强。

次质冻兔肉(解冻后)——肌肉组织松弛,但肌纤维有韧性。

冻兔肉变质(解冻后)——肌肉组织松弛,肌纤维失去韧性。

(4)气味鉴别

良质冻兔肉(解冻后)——具有兔肉的正常气味。

次质冻兔肉(解冻后)——稍有氨味或酸味。

变质冻兔肉(解冻后)——有腐臭味。

(5)肉汤鉴别

良质冻兔肉(解冻后)——澄清透明,脂肪团聚于表面,具有鲜兔肉固有的香味和鲜味。

次质冻兔肉(解冻后)——稍显混浊。脂肪呈小滴浮于表面,香味和鲜味较差。

变质冻兔肉(解冻后)——混浊,有白色或黄色絮状物悬浮,脂肪极少浮于表面,有臭味。

(五)鸡肉的感官检验方法

1. 鲜光鸡

(1)眼球鉴别

新鲜鸡肉——眼球饱满。

次鲜鸡肉——眼球皱缩凹陷,晶体稍显混浊。

变质鸡肉——眼球干缩凹陷,晶体混浊。

(2)色泽鉴别

新鲜鸡肉——皮肤有光泽,因品种不同可呈淡黄、淡红和灰白等颜色,肌肉切面具有光泽。

次鲜鸡肉——皮肤色泽转暗,但肌肉切面有光泽。

变质鸡肉——体表无光泽,头颈部常带有暗褐色。

(3)气味鉴别

新鲜鸡肉——具有鲜鸡肉的正常气味。

次鲜鸡肉——仅在腹腔内可嗅到轻度不快味,无其他异味。

变质鸡肉——体表和腹腔均有不快味甚至臭味。

(4)黏度鉴别

新鲜鸡肉——外表微干或微湿润,不黏手。

次鲜鸡肉——外表干燥或黏手,新切面湿润。

变质鸡肉——外表干燥或黏手腻滑,新切面发黏。

(5)弹性鉴别

新鲜鸡肉——指压后的凹陷能立即恢复。

次鲜鸡肉——指压后的凹陷恢复较慢,且不完全恢复。

变质鸡肉——指压后的凹陷不能恢复,且留有明显的痕迹。

(6)肉汤鉴别

新鲜鸡肉——肉汤澄清透明,脂肪团聚于表面,具有香味。

次鲜鸡肉——肉汤稍有浑浊,脂肪呈小滴浮于表面,香味差或无褐色。

变质鸡肉——肉汤浑浊,有白色或黄色絮状物,脂肪浮于表面者很少,甚至能嗅到腥臭味。

2. 冻光鸡

(1)眼球鉴别

良质冻鸡肉(解冻后)——眼球饱满或平坦。

次质冻鸡肉(解冻后)——眼球皱缩凹陷,晶状体稍有浑浊。

变质冻鸡肉(解冻后)——眼球干缩凹陷,晶状体浑浊。

(2)色泽鉴别

良质冻鸡肉(解冻后)——皮肤有光泽,因品种不同而呈黄、浅黄、淡红、灰白等色,肌肉切面有光泽。

次质冻鸡肉(解冻后)——皮肤色泽转暗,但肌肉切面有光泽。

变质冻鸡肉(解冻后)——体表无光泽,颜色暗淡,头颈部有暗褐色。

(3)黏度鉴别

良质冻鸡肉(解冻后)—外表微湿润,不黏手。

次质冻鸡肉(解冻后)—外表干燥或黏手,切面湿润。

变质冻鸡肉(解冻后)—外表干燥或黏腻,新切面湿润、黏手。

(4)弹性鉴别

良质冻鸡肉(解冻后)——指压后的凹陷能完全恢复。

次质冻鸡肉(解冻后)——指压后的凹陷恢复慢,且不能完全肌肉发软,指压后的凹陷几乎不能恢复。

变质冻鸡肉(解冻后)——肌肉软、散,指压后凹陷不但不能恢复,而且容易将鸡肉用指头戳破。

(5)气味鉴别

良质冻鸡肉(解冻后)——具有鸡的正常气味。

次质冻鸡肉(解冻后)——唯有腹腔内能嗅到轻度不快味,无其他异味。

变质冻鸡肉(解冻后)——体表及腹腔内均有不快气味。

(6)肉汤鉴别

良质冻鸡肉(解冻后)——煮沸后的肉汤透明,澄清,脂肪团聚于表面,具备特有的香味。

次质冻鸡肉(解冻后)——煮沸后的肉汤稍有浑浊,油珠呈小滴浮于表面。香味差或无鲜味

变质冻鸡肉(解冻后)——肉汤浑浊,有白色到黄色的絮状物悬浮,表面几乎无油滴悬浮,气味不佳。

(六)广式腊味(腊肠、腊肉)的感官检验方法

腊肉是用鲜猪肉切成条状腌制以后,再经烘烤或晾晒而成的肉制品。腊肉亦是我国的传统产品。

1. 色泽鉴别

良质腊味——色泽鲜明,有光泽,肌肉呈鲜红色或暗红色,脂肪透明或呈乳白色。

次质腊味——色泽稍淡,肌肉呈暗红色或咖啡色脂肪呈淡黄色,表面可有霉斑,抹拭后无痕迹。切面有光泽。

劣质腊味——肌肉灰暗无光,脂肪呈黄色表面有霉点,抹拭后仍有痕迹。

2. 组织状态鉴别

良质腊味——肉质干爽,结实致密,坚韧而有弹性,指压后无明显凹痕。

次质腊味——肉质轻度变软,但尚有弹性,指压后凹痕尚易恢复。

劣质腊味——肉质松软,无弹性,指压后凹痕不易恢复。肉表面附有黏液。

3. 气味鉴别

良质腊味——具有广式腊味固有的正常风味。

次质腊味——风格略减,伴有轻度脂肪酸败味。

劣质腊味——有明显脂肪酸败味或其他异味。

(七)火腿的分级及感官检验方法

1. 火腿等级标准

特级火腿:腿皮整齐,腿爪细,腿心肌肉丰满,腿上油头小,腿形整洁美观。

一级火腿:全腿整洁美观,油头较小,无虫蛀和鼠咬伤痕。

二级火腿:腿爪粗,皮稍厚,味稍咸,腿形整齐。

三级火腿:腿爪粗,加工粗糙,腿形不整齐,稍有破伤、虫蛀伤痕,并有异味。

四级火腿:脚粗皮厚,骨头外露,腿形不整齐,稍有伤痕、虫蛀和异味。

2. 火腿的感官鉴别

(1)色泽鉴别

良质火腿——肌肉切面为深玫瑰色、桃红色或暗红色,脂肪呈白色、淡黄色或淡红色,具有光泽。

次质火腿——肌肉切面呈暗红色或深玫瑰红色,脂肪切面呈白色或淡黄色,光泽较差。

劣质火腿——肌肉切面呈酱色,上有各斑点。脂肪切面呈黄色或黄褐色,无光泽。

(2)组织状态鉴别

良质火腿——结实而致密,具有弹性,指压凹陷能立即恢复,基本上不留痕迹。切面平整、光洁。

次质火腿——肉质较致密,略软,尚有弹性,指压凹陷恢复较慢,切面平整,光泽较差。

劣质火腿——组织状态疏松稀软,甚至呈黏糊状,尤以骨髓及骨周围组织更加明显。

(3)气味鉴别

良质火腿——具有正常火腿所特有的香气。

次质火腿——稍有酱味、花椒味、火豆豉味,无明显的哈喇味,可有微弱酸味。

劣质火腿——具有腐败臭味或严重的酸败味及哈喇味。

3. 中式火腿与西式火腿的鉴别要点

(1)中式火腿

用鲜猪肉的带骨后腿经过于腌加工成的一种生制品。这是我国历史悠久的民间传统产品,如金华火腿等。

(2)西式火腿

用剔去骨头的猪腿肉,经过腌制后,装入特制的铝质模型中压制或装入马口铁罐头中,再经加热煮熟成为熟制品。这是西餐中的主要菜肴。其品质特点是,肉质细嫩,膘少味鲜,咸味适中,鲜香可口。

(八)灌肠(肚)的感官检验方法

1. 外观鉴别

良质灌肠(灌肚)——肠衣(或肚皮)干燥而完整,并紧贴肉馅,表面有光泽。

次质灌肠(灌肚)——肠衣(或肚皮)稍有湿润或发黏,易与肉馅分离,表面色泽稍暗,有少量霉点,但抹拭后不留痕迹。劣质灌肠(灌肚)——肠衣(或肚皮)湿润,发黏,极易与肉馅分离并易撕裂,表面霉点严重,抹拭后仍有痕迹。

2. 色泽鉴别

良质灌肠(灌肚)——切面有光泽,肉馅呈红色或玫瑰色,脂肪呈白色或微带红色。

次质灌肠(灌肚)——部分肉馅有光泽,深层呈咖啡色,脂肪呈淡黄色。

劣质灌肠(灌肚)——肉馅无光泽,肌肉碎块的颜色灰暗,脂肪呈黄色或黄绿色。

3. 组织状态鉴别

良质灌肠(灌肚)——切面平整坚实,肉质紧密而富有弹性。

次质灌肠(灌肚)——组织松软,切面平齐但有裂隙,外围部分有软化现象。

劣质灌肠(灌肚)——组织松软,切面不齐,裂隙明显,中心部分有软化现象。

4. 气味鉴别

良质灌肠(灌肚)——具有灌肠(灌肚)特有的风味。

次质灌肠(灌肚)——风味略减,脂肪有轻度酸败味或肉馅带有酸味。

劣质灌肠(灌肚)——有明显的脂肪酸败气味或其他异味。

(九)咸肉的感官检验方法

咸肉是以鲜肉为原料,用食盐腌制成的产品。

1. 外观鉴别

良质咸肉——外表干燥、清洁。

次质咸肉——外表稍湿润、发黏,有时带有霉点。

劣质咸肉——外表湿润、发黏,有霉点或其他变色现象。

2. 组织状态及色泽鉴别

良质咸肉——肉质致密而结实,切面平整、有光泽,肌肉呈红色或暗红色,脂肪切面呈白色或微红色。

次质咸肉——质地稍软,切面尚平整,光泽较差,肌肉呈咖啡色或暗红色,脂肪微带黄色。

劣质咸肉——质地松软,肌肉切面发黏,色泽不均,多呈酱色,无光泽。脂肪呈黄色或灰绿色,骨骼周围常带有灰褐色。

3. 气味鉴别

良质咸肉——具有咸肉固有的风味。

次质咸肉——脂肪有轻度酸败味,骨周围组织稍有酸味。

劣质咸肉——脂肪有明显哈喇味及酸败味,肌肉有腐败臭味。

(十)板鸭的感官检验

1. 外观鉴别

良质板鸭——体表光洁,呈白或乳白色。腹腔内壁干燥、有盐霜,肉切面呈玫瑰红色。

次质板鸭——体表呈淡红或淡黄色,有少量的油脂渗出。腹腔潮湿有霉点,肌肉切面呈暗红色。

劣质板鸭——体表发红或深黄色,有大量油脂渗出。腹腔潮湿发黏,有霉斑,肉切面带灰白、淡红或淡绿色。

2. 组织状态鉴别

良质板鸭——切面致密结实,有光泽。

次质板鸭——切面疏松,无光泽。

劣质板鸭——切面松散,发黏。

3. 气味鉴别

良质板鸭——具有板鸭特有的风味。

次质板鸭——皮下和腹部脂肪带有哈喇味,腹腔有霉味或腥气。

劣质板鸭——有严重的哈喇味和腐败的酸气,骨髓周围更为明显。

4. 肉汤鉴别

良质板鸭——汤面有大片的团聚脂肪,汤极鲜美芳香。

次质板鸭——鲜味较差,有轻度的哈喇味。

劣质板鸭——有腐败的臭味和严重的哈喇味、涩味。

(十一)烧烤肉的感官检验

烧烤肉是指经过配料、腌制,最后利用烤炉的高温将肉烤熟的食品。

1. 烧烤制品

色泽鉴别——表面光滑,富有光泽,肌肉切面发光,呈微红色,脂肪呈浅乳白色(鸭、鹅呈淡黄色)。

组织状态鉴别——肌肉切面紧密,压之无血水,脂肪滑而脆。

气味鉴别——具有独到的烧烤风味,无异臭味。

2. 叉烧制品

色泽鉴别——肉切面有光泽,微呈赤红色,脂肪白而透明,也有光泽。

组织状态鉴别——肌肉切面呈紧密状态。脂肪结实而脆。

气味鉴别——具有正常本品固有的风味,无异臭味。

(十二)烧鸡的感官检验

(1)闻:如果有异臭味,说明烧鸡存放已久,或是病死鸡加工制成的。

(2)看:看烧鸡的眼睛,如果眼睛是半睁半闭,说明是好鸡加工制成的:如果双跟紧闭,说明是病鸡或病死鸡加工制成的。

(3)动:用筷子或小刀挑开肉皮,肉呈血红色的,说明是病死鸡加工制成的,因病死鸡没有放血或放不出血。

此外,买烧鸡时,不要只看其色泽的新鲜光滑,因为有的烧鸡,其色泽是用红糖或蜂蜜和油涂抹在表面形成的。

二、鱼及水产品的感官检验

水产品原料种类繁多,主要包括鱼、虾、蟹、贝等水生经济动物与水生植物。这些食物除含有丰富的蛋白质以及人体所必须的氨基酸外,还富含不饱和脂肪酸及其他各种营养素,是人们饮食中珍贵的动物蛋白源。然而,水产品不同于畜、禽类产品,它们易腐败、产区集中、产量大、机体组成易变质,如果处理不及时就会遭受巨大的损失,更甚者会使加工的产品失去其应有的品质。为此,水产品的鉴定意义重大。

(一)水产品及水产制品的感官检验要点

感官检验水产品及其制品的质量优劣时,主要是通过体表形态、鲜活程度、色泽、气味、肉质的弹性和洁净程度等感官指标来进行综合评价的。

对于水产品来讲,首先是观察其鲜活程度如何,是否具备一定的生命活力;其次是看外观形体的完整性,注意有无伤痕、鳞爪脱落,骨肉分离等现象;再次是观察其体表卫生洁净程度,即有无污秽物和杂质等。然后才是看其色泽,嗅其气味,有必要的话还要品尝其滋味。综上所述再进行感官评价。

对于水产制品而言,感官检验也主要是外观,色泽,气味和滋味几项内容。其中是否具有该类制品的特有的正常气味与风味,对于作出正确判断有着重要意义。

(二)鲜鱼的检验

在进行鱼的感官检验时,先观察其眼睛和鳃,然后检查其全身和鳞片,并同时用一块洁净的吸水纸漫吸鳞片上的黏液来观察和嗅闻,鉴别黏液的质量。必要时用竹签刺入鱼肉中,拔出后立即嗅其气味,或者切割小块鱼肉置于水中,煮沸后测定鱼汤的气味与滋味。

对鲜鱼质量优劣的感官检验,多从其眼球、鱼鳃、体表、肌肉等方面进行。

1. 眼球鉴别

新鲜鱼:眼球饱满突出、富有弹性,角膜透明清亮。

次鲜鱼:眼球不突出,眼角膜起皱,稍变混浊,有时限内溢血发红。

腐败鱼:眼球塌陷或干瘪,角膜皱缩或有破裂。

2. 鱼鳃鉴别

新鲜鱼:鳃丝清晰呈鲜红色、无黏液,具有海水鱼的咸腥味或淡水鱼的土腥味,无异臭味。

次鲜鱼:鳃色变暗呈灰红或灰紫色,黏液轻度腥臭,气味不佳。

腐败鱼:鳃呈褐色或灰白色,有污秽的黏液,带有不愉快的腐臭气味。

3. 体表鉴别

新鲜鱼:有透明的黏液,鳞片有光泽且与鱼体贴附紧密,不易脱落(鲳、大黄鱼、小黄鱼除外)。

次鲜鱼:黏液多不透明,鳞片光泽度差且较易脱落,黏液黏腻而混浊。

腐败鱼:体表暗淡无光,表面附有污秽黏液,鳞片与鱼皮脱离贻尽,具有腐臭味。

4. 肌肉鉴别

新鲜鱼:肌肉坚实有弹性,指压后凹陷立即消失,无异味,肌肉切面有光泽。

次鲜鱼:肌肉稍呈松散,指压后凹陷消失得较慢,稍有腥臭味,肌肉切面有光泽。

腐败鱼:肌肉松散,易与鱼骨分离,指压时形成的凹陷不能恢复或手指可将鱼肉刺穿。

5. 腹部外观鉴别

新鲜鱼:腹部正常、不膨胀,肛孔白色,凹陷。

次鲜鱼:腹部膨胀不明显,肛门稍突出。

腐败鱼:腹部膨胀、变软或破裂,表面发暗灰色或有淡绿色斑点,肛门突出或破裂。

(三)鉴别冻鱼的质量

对冻鱼可采用鲜鱼相似的感官鉴定方法,如对整条冻鱼的评定,可观察其眼睛的形态,鳃的颜色、气味、表皮的光泽、腹部及内脏的状况等。

1. 体表评定

质量好的冻鱼，色泽光亮如鲜鱼般鲜艳，体表清洁，肛门紧缩；质量差的冻鱼，体表暗无光泽，肛门凸出。

2. 鱼眼评定

质量好的冻鱼，眼球饱满凸出，角膜透明，洁净无污物；随着鲜度的降低，眼球表面略显干燥，光泽消失，浮现血丝，逐渐呈现红到暗红色，且眼球表面发黏；鲜度再降低，则眼球向眼窝内下陷，玻璃体变得白浊并不透明。

3. 鱼鳃评定

质量好的冻鱼鳃丝清晰、呈淡红或鲜红色，无异臭味、仅具有海水鱼的咸腥味或淡水鱼的土腥味；随着鱼体质量的降低，其鳃丝逐渐变为灰褐色，直至变为暗黑色或绿色，至此开始急剧增加腐败臭，冻鱼失去食用价值。此外，附在鳃黏膜上的黏液的透明度及黏度亦可作为评判鱼鲜度的标准，若黏液透明感强，量也多且黏性强，不易从鳃上取出，该鱼为新鲜冻鱼；随着鲜度的降低，则黏液不透明，且易从鳃上取出。

4. 腹部评定

质量好的冻鱼腹部呈饱满状态，其有光泽的表面是滑爽的；鱼肛圈收紧。随着质量的降低，其腹表面略有褪色，指压时变软；内脏逐渐由肛圈外溢，进而排出黑色液汁。

5. 组织评定

质量好的冻鱼，体型完整无缺，用刀切开检查，肉质结实不寓刺，且肉质略有透明感，脊骨处无红线，胆囊完整不破裂。随着质量的降低，冻鱼体型变得不完整，用刀切开后，肉质松散，有寓刺现象，胆囊破裂，肌肉失去透明感，呈模糊状态。

6. 气味评定

质量好的冻鱼常具有不太明显的固有“香气”，在其质量降低时，则会逐渐有来自氨、三甲胺、二甲胺、硫化氢、吲哚等成分的腐败臭。

(四)鱼糜制品感官检验

鱼糜，即将鲜活原料鱼预处理后，经采肉、漂洗、精滤、脱水、分装、冻结等加工后制成的一种具有一定保藏期的中间素材产品。

不同的鱼糜制品，其感官性状不尽相同。总体而言，鱼糜制品应具有组织完整、表面色泽度好、切面鲜嫩等特点，若制品发生凝胶劣化或淀粉类吸水性辅料添加多等情况时，制品中水的存在状况会发生变化，进而使制品失去光泽。

对鱼糜制品的感官检验，主要从其色泽、组织状态、气味、滋味等方面进行。

1. 色泽评定

对鱼糜制品进行色泽检验时，应观察其表面和内部色泽，观察内部色泽时将鱼丸、鱼糕等采用中间分割法切分，观察其断面颜色。

良质鱼糜制品：呈白色，断面颜色均一，无杂色。

次质鱼糜制品：颜色稍红或稍黄，断面颜色不均匀，品质较差。

劣质鱼糜制品：色泽呈灰黄色或暗灰色。

2. 组织状态评定

将鱼丸、鱼糕等采用中间分割法切分，观察其断面组织状态。

良质鱼糜制品：断面密实，气孔小且分布均匀，用中指稍压，明显凹陷而不裂，放手复原。

次质鱼糜制品：断面密实或基本密实，有少量小气孔，中指用力压，凹陷而不裂，放手复原或略不复原。

劣质鱼糜制品：断面较松软或呈浆状，有少量不均匀小气孔或松软无密实感，中指轻压即破裂。

3. 气味评定

良质鱼糜制品：无任何异味，鱼香浓郁或有鱼香味。

次质鱼糜制品：鱼香味平淡，稍有鱼腥味，无酸臭味等异味。

劣质鱼糜制品：无鱼香味、腥味较浓，有霉味、酸臭味。

(五)咸鱼的检验

1. 色泽鉴别

良质咸鱼：色泽新鲜，具有光泽。

次质咸鱼：色泽不鲜明或暗谈。

劣质咸鱼：体表发黄或变红。

2. 体表鉴别

良质咸鱼：体表完整，无破肚及骨肉分离现象，体形平展，无残鳞、无污物。

次质咸鱼：鱼体基本完整，但可有少部分变成红色或轻度变质，有少量残鳞或污物。

劣质咸鱼：体表不完整，骨肉分离，残鳞及污物较多，有霉变现象。

3. 肌肉鉴别

良质咸鱼：肉质致密结实，有弹性。

次质咸鱼：肉质稍软，弹性差。

劣质咸鱼：肉质疏松易散。

4. 气味鉴别

良质咸鱼：具有咸鱼所特有的风味，咸度适中。

次质咸鱼：可有轻度腥臭味。

劣质咸鱼：具有明显的腐败臭味。

(六)干鱼的检验

1. 色泽鉴别

良质干鱼：外表洁净有光泽，表面无盐霜，鱼体呈白色或淡。

次质于鱼：外表光泽度差，色泽稍暗。

劣质干鱼：体表暗淡色污，无光泽，发红或呈灰白，黄褐，浑黄色。

2. 气味鉴别

良质干鱼：具有干鱼的正常风味。

次质干鱼：可有轻微的异味。

劣质干鱼：有酸味、脂肪酸败或腐败臭味。

3. 组织状态鉴别

良质干鱼:鱼体完整、干度足,肉质韧性好,切割刀口处平滑无裂纹、破碎和残缺现象。

次质干鱼:鱼体外观基本完善,但肉质韧性较差。

劣质干鱼:肉质疏松,有裂纹、破碎或残缺,水含量高。

(七)鲜虾的检验

虾不仅美味,营养丰富,且肉质松软、易消化,是老幼咸宜,备受青睐的海鲜之一。然而不新鲜的虾不但味道差,还可能带来食品安全隐患,因此买虾时要辨别新鲜程度。鉴别鲜虾质量主要从颜色、体形、肉壳、体表、异味等方面进行检验。

1. 颜色鲜亮

虾的种类不同,其颜色也略有差别。新鲜的明虾、罗氏虾、草虾发青,海捕对虾呈粉红色,竹节虾、基围虾有黑白色花纹略带粉红色。如果虾头发黑就是不新鲜的虾,整只虾颜色比较黑、不亮,也说明已经变质。

2. 体形弯曲

新鲜的虾头尾完整,头尾与身体紧密相连,虾身较挺,有一定的弹性和弯曲度。而不新鲜的虾,头与体、壳与肉相连松懈,头尾易脱落或分离,不能保持其原有的弯曲度。

3. 肉壳紧连

新鲜的虾壳与虾肉之间黏得很紧密,用手剥取虾肉时,虾肉黏手,需要稍用一些力气才能剥掉虾壳。新鲜虾的虾肠组织与虾肉也黏得较紧,假如出现松离现象,则表明虾不新鲜。

4. 体表干燥

鲜活的虾体外表洁净,用手摸有干燥感。但当虾体将近变质时,甲壳下一层分泌黏液的颗粒细胞崩解,大量黏液渗到体表,摸着就有滑腻感。如果虾壳黏手,说明虾已经变质。

5. 没有异味

新鲜的虾有正常的腥味,如果有异味臭,则说明虾已变质。

此外,吃虾时要注意安全卫生。虾可能带有耐低温的细菌、寄生虫,即使蘸醋、芥末也不能完全杀死,因此建议熟透后食用。吃不完的虾应放进冰箱冷藏,再次食用前需加热。

(八)冻虾的检验

冻虾产品的质量优劣,可从其外观、虾体色泽、形态、气味、肌肉组织等方面进行检验。

1. 冻品外观评定

良质冻虾:单冻虾冰衣透明光亮、个体间无黏连现象;块状冻虾平整、冰被清洁透明且均匀覆盖虾体,无风干或软化现象。

次质冻虾:冻虾冰衣透明度较差,且个体间存在明显黏连现象,则该冻虾质量略差;形状、质量差的块冻虾冻块无规则、冰被透明度较差、难以覆盖整个虾体,可见虾体裸露,有时出现风干或发软虾体。

通过虾体的色泽、形态、气味和肌肉组织等对冻虾进行品质评定时,常将冻虾解冻后再进行。

解冻时多用低于30℃的流动水进行,一般达到冻虾的冰衣融化,虾体间能分离即可;块冻虾在解冻过程中要经常翻转,使冰块各部分均匀解冻,再将解冻虾中水沥干。

2. 色泽评定

良质冻虾：冻虾虾体清洁且完整，色泽鲜艳、无红变、黑变、黑箍（虾体甲壳黑变部分，黑变部分长度达甲壳弧长 1/2 的为黑箍，不足 1/2 者为黑斑）；

次质冻虾：冻虾虾体呈暗灰或青灰色，缺乏光泽，甚至出现红变、黑变和黑箍现象。

3. 体表评定

良质冻虾：虾体完整，甲壳与尾肢连接紧密、无脱落现象，头胸部和腹部连接膜不破裂；虾尾未变色。

次质冻虾：虾体出现断裂，可见头胸部和腹部的连接膜有破裂；虾尾出现变色情况。

4. 肌肉评定

良质冻虾：虾体肌肉组织坚实紧密，手触弹性好。

次质冻虾：肌肉组织变软，手触时弹性变差。

5. 气味评定

良质冻虾：气味正常，具有鲜虾固有的味道，无异味。

次质冻虾：出现酸味或腥臭味，更甚者有氨臭味。

（九）虾皮的检验

虾皮，又称米皮。虾皮是海产毛虾加盐煮熟后，晒干而成的熟干品。虾皮不仅是优良的调味品，而且营养价值很高。主要产于辽宁、河北、江苏、浙江等沿海地区。目前市场上的虾皮主要问题是含盐量过高，杂质较多。致使虾皮质量增加，不易保存。消费者应注意选购买无盐霜、杂质少、干度大的虾皮。

虾皮的质量要求是大而均匀，虾身硬实而饱满、头尾齐全、包呈白或微黄色、有光泽、盐度轻、无虾糠、无杂质、手感干而不黏。

良质虾皮：外观整洁，呈淡黄色而有光泽，肉质紧密坚硬、色泽鲜艳而又发亮的，说明是在晴天晒制的，大多数是淡味的；色暗而不光洁的，是在阴雨天晾制的，一般是咸的。虾身弯曲者为好，说明是用活虾加工的；直挺挺的，不大弯曲者较差，这大多是死虾加工的。品尝时，咀嚼一下，鲜中带甜者为上品。

变质虾皮：往往表面潮润，虾米体形不完整，暗淡无光泽，为灰白至灰褐色，肉质酥松或如石灰状，手握一把后，黏结不易散开，有霉味，不宜选购。

（十）虾油的检验

良质虾油：纯虾油不串卤，色泽滑而不混，油质浓稠、气味鲜浓而清香，咸味轻，洁净卫生。

次质虾油：色泽清而不混，但油质较稀，气味鲜但天浓郁的清香感觉；咸味轻重不一，清洁卫生。

劣质虾油：色泽暗淡混浊，油质稀薄如水；鲜味不浓，更无清香，口感苦咸而涩。

（十一）虾酱的检验

良质虾酱：色泽粉红，有光泽，味清香；酱体呈黏调糊状，无杂质，卫生清洁。

劣质虾酱：呈土红色，无光泽，味腥臭；酱体稀薄而不黏稠，混有杂质，不卫生。

(十二)头足类的检验

1. 色泽鉴别

新鲜头足类:具有本种类固有的新鲜色泽,色素斑清晰,体表有光泽,黏液多而清亮。

变质头足类:色素斑点模糊并连成片呈现出红色,体表黏液混浊。

2. 肌肉鉴别

新鲜头足类:体内柔软而光滑,富有弹性。

变质头足类:体肉僵硬发涩或过度松软,天弹性。

3. 眼球和气味鉴别

新鲜头足类:眼球饱满而突出,有光泽,体肉无异常气味。

变质头足类:眼球塌陷而无光泽,有腥臭味。

(十三)海蟹的检验

海蟹,俗称梭子蟹、白蟹,为中国沿海的重要经济蟹类。生长迅速,养殖利润丰厚,已成为中国沿海地区重要的养殖品种。

海蟹的质量优劣,可从蟹的体表、蟹鳃、肢与体的连接程度、蟹活动程度及蟹黄流动度等方面检验。

1. 体表鉴别

新鲜海蟹:体表色泽鲜艳,背壳纹理清晰而有光泽;腹部甲壳和中央沟部位的色泽洁白且有光泽,脐上部无胃印。

次鲜海蟹:体表色泽微暗、光泽度差;腹脐部可出现轻微的"印迹",腹面中央沟色泽变暗。

腐败海蟹:体表及腹部甲壳色暗,无光泽;腹部中央出现灰褐色斑纹或斑块,或能见到黄色颗粒状滚动物质。

2. 蟹鳃鉴别

新鲜海蟹:鳃丝清晰,白色或稍带微褐色。

次鲜海蟹:鳃丝尚清晰,色变暗,无异味。

腐败海蟹:鳃丝污秽模糊,呈暗褐色或暗灰色。

3. 肢体和鲜活度鉴别

新鲜海蟹:指刚捕获不久纳活蟹,肢体连接紫密,提起蟹体时,不松弛也不下垂;活蟹反应机敏,动作快速有力。

次鲜海蟹:指生命力明显衰减的活蟹,反应迟钝,动作缓慢而软弱无力;肢体连接程度较差,提起蟹体时,蟹足轻度下垂或挠动。

腐败海蟹:指全无生命的死蟹,已不能活动。肢体连接程度很差,在提起蟹体时蟹足与蟹背呈垂直状态;足残缺不全。

4. 蟹黄流动度评定

新鲜海蟹:蟹黄呈凝固状。

次鲜海蟹:蟹黄呈半流动状。

腐败海蟹:蟹黄变得稀薄,手持蟹体翻转时,可感到壳体内的流动状。

(十四)河蟹的检验

河虾又名青虾、沼虾。属于淡水虾,端午节前后为生产期,其特点为头部有须,胸前有爪,两眼突出,尾呈叉形,体表青色,肉质脆嫩,滋味鲜美。

河虾的质量优劣,可从虾的体表颜色,头体连接程度和肌肉状况评定。

新鲜河蟹:是指活动能力相强的活蟹。蟹壳呈青绿色、有光泽;腹为白色,色泽光亮,脐上部无印迹,肢体连接牢固呈弯曲形状;动作灵敏、能爬行;剥开河蟹的脐盖,蟹黄凝聚成形;放在手掌上掂量感觉到厚实沉重。

次鲜河蟹:是指撑腿蟹。体表色泽微暗,光泽度差;腹脐部可出现轻微的"印迹",腹面中央色泽变暗,肢体连接程度较差;仰放时不能翻身,但蟹足能稍微活动;剥开河蟹的脐盖,壳内蟹黄呈半流动状;掂重时可感觉份量尚可。

劣质河蟹:指完全不能动的死蟹体。体表及腹部甲壳色暗,无光泽;腹部中沟出现灰褐色,肢体连接很差;蟹足全部伸展下垂;剥开河蟹的脐盖,壳内蟹黄变得更薄、呈半流动状;掂量时给人以空虚轻飘的感觉。

(十五)甲鱼的检验

挑选甲鱼必须牢记如下几点:

1. 看

主要看甲鱼的各个部位。凡外形完整,无伤无病,肌肉肥厚,腹甲有光泽,背胛肋骨模糊,裙厚尔上翘,四腿粗尔有劲,动作敏捷的为优等甲鱼;反之,为劣等甲鱼。

2. 抓

抓住甲鱼的反腿掖窝处,如活动迅速、四脚乱蹬、凶猛有力的为优等甲鱼;如活动不灵活、四脚微动甚至不动的为劣等甲鱼。

3. 查

主要检查甲鱼颈部有无钩、针。有钩、针的甲鱼,不能久养和长途运输。

检查的方法:可用一硬竹筷刺激甲鱼头部,让它咬住,再一手拉筷子,以拉长它的颈部,另一手在颈部细摸。

4. 试

把甲鱼仰翻过来平放在地,如能很快翻转过来,且逃跑迅速、行动灵活的为优等甲鱼;如翻转缓慢、行动迟钝的为劣等甲鱼。

(十六)干贝的检验

干贝主要是用贝类中的扇贝、明贝和江珧贝,经煮熟后剥下闭壳肌,然后洗净晒干制成。上品干贝呈浅黄色,有光泽,表面有白霜,粒度整齐,体硬而干,不碎、无杂质,肉坚实饱满,肉丝清晰粗实,有特殊香味,味鲜盐轻。反之,颜色发黑,粒度参差不齐,有杂质,肉松软,无香味,咸而不鲜者,为次品。应提防市场上有人工制造的假货,这些产品通常颜色暗淡,肉丝不清晰或无肉丝,不可购买。

其他鱼干优质鱼干制品脂肪含量较少,原料新鲜,加工技术符合规定,制品表面无白色粉末或其他缺陷。其质量主要从以下各项进行鉴别。

1. 色泽

应具有该鱼干的特有色泽(如蛏干,其体表应呈正常的淡黄色透褐红色,沙丁鱼干应呈白色),同时体表洁净而干燥,此为鱼干中的上品。肉色发灰或发红,暗淡有血污,水分不干者为次品。

2. 气味

各种鱼干都具有各自特点的香味。如果有酸味、腐败味或脂肪酸败味者,均属次品。

3. 外观形体

应完整,无破碎、无缺陷、无裂纹,并符合一定的规格,否则为次品。

4. 干燥程度

生鱼干最高水含量不得高于25%;盐制鱼干最高水含量不得高于40%。目测时以干硬者为最佳。

5. 盐含量

最高不得超过15%,表面应少见盐粒。

6. 杂质含量

表面应无污物,如表皮脏污可见,则为次品,表明所使用的盐质差或加工时卫生条件不合要求。

(十七)海参的检验

海参海参有多种品种,以形体完整(体表无残迹和下缺陷点)、光泽洁净、肥壮饱满、肉刺挺拔鼓壮、颜色纯正(或柿红色、或淡白色),且有香味者为上品。体形基本完整,局部有黑点,背部有暗红色者为次品。

有的劣质海参是用水泡发,掺入大量食盐和草木灰加工后出售的,在选购海参时应特别注意鉴别,以防误购。

1. 看外表

劣质海参呈灰黑色,形体饱满,微透盐晶,刺秃。用手摩擦其表皮,手上会染上黑色。

2. 看内部

劣质海参用手掰开后,可见内部充满黑灰色杂质。

3. 看重量

劣质海参的分量普遍不足,500g 的袋装海参质量一般会少 20g 左右。如果将其内部杂质除去,每袋质量仅为 150g 上下。

4. 看包装

劣质海参多用不透明塑料袋包装,包装封口不良,没有标明厂名、厂址和商标,有的只含糊地印有产地地名。

(十八)海蜇的检验

海蜇含有丰富的蛋白质、无机盐和多种维生素,营养非常丰富,食之具有脆嫩爽口的独特风味。海蜇包括蜇皮和蜇头两部分。伞形部分是蜇皮,珊瑚状部分是蜇头。另外,市场上还出售一种脱膜的海蜇皮。海蜇的质量鉴别与选购主要采取以下方法。

1. 看色泽

优质蜇皮色面晶莹透白或呈淡黄色，富有光泽，无红衣、红斑、泥沙。市场上出售的海蜇是经盐矾加工，活腌而制，越大、越厚、越白的越好。上等蜇头呈红黄色，有光泽。如系捕捞后放置时间过长而加工腌制者，新鲜度较差，色面发红。蜇皮加工中若使用盐矾比例不当，会出现颜色泛红，蜇皮发硬，质量亦次。蜇皮颜色呈紫红色的质量更差。

2. 闻气味

优质海蜇无腥味；次等海蜇有点腥味；劣质海蜇腥臭味浓重。

3. 查肉质

用手拉时，优质品肉质较坚韧，有弹性，不易脆裂，蜇体坚实完整。若手拉海蜇感觉硬性过度，则此为老海蜇，质量较次。手搓易破碎，发软，弹性差者，为劣质品。若肉质发软，无弹性，呈紫黑色，有腥臭味，并有脓状液体，则已变质，不可食用。

4. 试口感

口尝无腥味，一咬发出"咯噔"响声，又脆又嫩，不塞牙，是优质品。嘴嚼韧绵或发硬，是次品。若口尝腥味浓重发软，是变质品，不可购买。

(十九)海带的检验

市场上销售的海带有淡干品和咸干品。淡干海带含水分少，盐含量低，是将鲜海带在日光下晒制而成。咸干海带，水含量略高，盐含量也高。它是通过一层海带一层盐地腌制后晒干而成的。

对海带质量评定时，因产品不同，其特点略有差异，总体而言，在感官评定上可从其色泽、形状及杂质等方面进行。

1. 色泽评定

良质海带：在海水中打捞上的鲜海带通常为褐绿色和深褐绿色，经盐制或晒干后，其颜色呈现自然灰绿色，故良质海带产品应为灰绿色，无枯黄叶、无黄叶，无霉变，用水清洗时，水不变色。

次质海带：产品颜色枯黄或颜色鲜亮、呈翠绿色，用水清洗时，水颜色变绿或呈现其他色泽，该产品品质差、不能食用。

2. 形状评定

良质海带：海带叶体清洁平展、叶长且宽阔，肉厚、不带根，两棵间无粘贴，无霉变、无花斑。

次质海带：海带叶体清洁平展，叶略短、肉略薄且不带根，两棵间无粘贴，无霉变，有少于叶体平面的5%的花斑。

劣质海带：海带的叶片紧缩，叶片短狭而肉薄，两棵间有粘贴，且花斑面积之和超过叶体平面的8%，有霉变。

3. 杂质评定

良质海带：海带含沙量少、含杂质少，在其表面略有微呈白色粉状的甘露醇。

次质海带：产品中含沙、含杂质增加，且表面微呈白色粉状的甘露醇略少。

劣质海带：海带含沙量较高，无微呈白色粉状的甘露醇。

(二十)紫菜的检验

紫菜质量好坏可以用如下几中方法进行判断：

一闻:如果紫菜有海藻的芳香味,说明紫菜质量比较好,没有污染和变质;如果有腥臭味、霉味等异味,则说明紫菜已经变得不新鲜了。

二看:紫菜里面含有藻红素,紫菜颜色应该是深褐色或者紫褐色,有天然的光泽。如果紫菜薄而均匀,有光泽,呈紫褐色或紫红色,则说明紫菜质量良好;如果紫菜厚薄不均,光泽度差,呈红色并夹杂有绿色,则说明紫菜质量较差。

三摸:以干燥、无沙砾为良质紫菜。如果有潮湿感,说明紫菜已经返潮;如果摸到沙砾,说明紫菜杂质太多。这两种情况都说明紫菜质量较差。

四泡:优质紫菜泡发后几乎见不到杂质,叶子比较整齐;劣质紫菜则不但杂质多,而且叶子也不整齐。而看上去为黑紫色的干紫菜,如果经泡发后变为绿色,则说明质量很差,甚至是其他海藻人工上色假冒的。而变色的紫菜不宜食用。但如果所购买的紫菜包装注明是烤制紫菜,其色泽会是绿色的,因为紫菜烤制时藻红素会丢失。

五烤:取一小片紫菜用火烤,烤完后质量好的紫菜应该是绿色的,就像海苔那样的颜色。如果烤完后变为黄色,则是劣质紫菜。

六口感辨别:有些假冒紫菜竟然是用塑料薄膜做的。泡水的颜色没有问题,但放在嘴里嚼怎么也嚼不烂,用手撕一下还很有弹性。

(二十一)淡菜的检验

市场上出售的淡菜,按大小分为四个等级。

1. 小淡菜

又名紫淡菜。体形最小,如蚕豆般大。

2. 中淡菜

其体形如同小枣般大小。

3. 大淡菜

其体形如同大枣般大小。

4. 特大淡菜

体形最大,每3个干制品约有50g。

干制品淡菜的品质特征是,形体扁圆,中间有条缝,外皮生小毛,色泽黑黄。选购时,以体大肉肥,色泽棕红,富有光泽,大小均匀,质地干燥,口味鲜淡,没有破碎和杂质的为上品。

(二十二)鱿鱼干的检验

1. 外观鉴别

良质鱿鱼干:形体完整、均匀,呈扁平薄块状,内腕无残缺,肉体洁净、无损伤;陶质结实、肥厚。

次质鱿鱼干:体形基本完整、均匀,呈扁平薄块状,肉腕允许有残缺,肉体洁净但有损伤,肉质稍松驮、较薄。

劣质鱿鱼干:形体不完整、有断头,肉腕残缺,肉体损伤甚至掉头断腕,肉体松软而瘦薄,表面干枯。

2. 色泽鉴别

良质鱿鱼干:呈黄白色或粉红色,半透明,体表略有出霜。

次质鱿鱼干:呈肉红色或粉红色,半透明,白霜略厚。

劣质鱿鱼干:色深暗,白霜过厚,不透明,背部呈黑红色或暗灰色。

(二十三)水产品及其制品的处理

经感官检验后确定了品级的水产品及其制品,应按以下原则进行处理:

新鲜水产品或良质水产制品:不受限制,可自由出售以供食用。但上市的黄鳝、甲鱼、乌龟、河蟹及各种贝壳类均应鲜活出售,凡已死亡的均不得出售和加工食用。

次鲜水产品或次质水产制品:应立即出售以供食用。但应严格限定销售时间,不得贮藏,期间如发现进一步变质,即应按腐败食品处理。

变质水产品及其制品:禁止食用,也禁止作为食品加工原料。应根据其腐败变质程度,分别加工成饲料、肥料,或在严格的监督下予以毁弃。

思考题

1. 米类制品主要有哪些?请说明其质量感官检验方法。
2. 消费者购买大米时,如何快速、简便地判断大米的质量?
3. 小麦面粉质量感官检验方法是怎样的?
4. 挂面如何进行感官检验?
5. 面包质量感官检验方法是怎样的?
6. 食用植物油脂的感官检验包括哪些内容?简要叙述之。
7. 进行植物油质量感官检验时,应从哪几方面展开?
8. 良质、劣质虾皮的质量如何进行鉴别?
9. 在进行鱼的感官检验时,怎样观察其眼睛和鳃?如何通过检查鳞片上的黏液来观察和嗅闻?

子模块三　蛋及蛋制品、乳及乳制品、蜂蜜的感官检验

一、蛋及蛋制品的食品感官检验

(一)蛋及蛋制品的食品感官检验要点

鲜蛋的食品感官检验分为蛋壳鉴别和打开鉴别。蛋壳鉴别包括眼看、手摸、耳听、鼻嗅等方法,也可借助于灯光透视进行鉴别。打开鉴别是将鲜蛋打开,观察其内容物的颜色、稠度、性状、有无血液、胚胎是否发育、有无异味和臭味等。

蛋制品的食品感官检验指标主要是色泽、外观形态、气味和滋味等。同时应注意杂质、异味、霉变、生虫和包装等情况,以及是否具有蛋品本身固有的气味或滋味。

（二）鉴别鲜蛋的质量

1. 蛋壳的食品感官检验

（1）眼看：即用眼睛观察蛋的外观形状、色泽、清洁程度等。

良质鲜蛋——蛋壳清洁、完整、无光泽，壳上有一层白霜，色泽鲜明。

次质鲜蛋——一类次质鲜蛋：蛋壳有裂纹，格窝现象，蛋壳破损、蛋清外溢或壳外有轻度霉斑等。二类次质鲜蛋：蛋壳发暗，壳表破碎且破口较大，蛋清大部分流出。

劣质鲜蛋——蛋壳表面的粉霜脱落，壳色油亮，呈乌灰色或暗黑色，有油样漫出，有较多或较大的霉斑。

（2）手摸：即用手摸蛋的表面是否粗糙，掂量蛋的轻重，把蛋放在手掌心上翻转等。

良质鲜蛋——蛋壳粗糙，质量适当。

次质鲜蛋——一类次质鲜蛋：蛋壳有裂纹、格窝或破损，手摸有光滑感。二类次质鲜蛋：蛋壳破碎，蛋白流出。手掂质量轻，蛋拿在手掌上自转时总是一面向下（贴壳蛋）。

劣质鲜蛋——手摸有光滑感，掂量时过轻或过重。

（3）耳听：就是把蛋拿在手上，轻轻抖动使蛋与蛋相互碰击，细听其声，或是手握蛋摇动，听其声音。

良质鲜蛋——蛋与蛋相互碰击声音清脆，手握蛋摇动无声。

次质鲜蛋——蛋与蛋碰击发出哑声（裂纹蛋），手播动时内容物有流动感。

劣质鲜蛋——蛋与蛋相互碰击发出嘎嘎声（孵化蛋）、空空声（水花蛋）。手握蛋摇动时内容物有晃动声。

（4）鼻嗅：用嘴向蛋壳上轻轻哈一口热气，然后用鼻子嗅其气味。

良质鲜蛋——有轻微的生石灰味。

次质鲜蛋——有轻微的生石灰味或轻度霉味。

劣质鲜蛋——有霉味、酸味、臭味等不良气体。

2. 鲜蛋的灯光透视鉴别

灯光透视是指在暗室中用手握住蛋体紧贴在照蛋器的光线洞口上，前后上下左右来回轻轻转动，靠光线的帮助看蛋壳有无裂纹、气室大小、蛋黄移动的影子、内容物的澄明度、蛋内异物，以及蛋壳内表面的霉斑，胚的发育等情况。在市场上无暗室和照蛋设备时，可用手电筒围上暗色纸筒（照蛋端直径稍小于蛋）进行鉴别。如有阳光也可以用纸筒对着阳光直接观察。

良质鲜蛋——气室直径小于11mm，整个蛋呈微红色，蛋黄略见阴影或无阴影，且位于中央，不移动，蛋壳无裂纹。

次质鲜蛋——类次质鲜蛋：蛋壳有裂纹，蛋黄部呈现鲜红色小血圈。二类次质鲜蛋：透视时可见蛋黄上呈现血环，环中及边缘呈现少许血丝，蛋黄透光度增强而蛋黄周围有阴影，气室大于11mm，蛋壳某一部位呈绿色或黑色：蛋黄部完整，散如云状，蛋壳膜内壁有霉点，蛋内有活动的阴影。

劣质鲜蛋——透视时黄，白混杂不清，呈均匀灰黄色，蛋全部或大部不透光，呈灰黑色，蛋壳及内部均有黑色或粉红色毫点，蛋壳某一部分呈黑色且占蛋黄面积的二分之一以上，有圆形黑影（胚胎）。

3. 鲜蛋打开鉴别

将鲜蛋打开,将其内容物置于玻璃平皿或瓷碟上,观察蛋黄与蛋清的颜色、稠度、性状,有无血液,胚胎是否发育,有无异味等。

(1)颜色鉴别

良质鲜蛋——蛋黄、蛋清色泽分明,无异常颜色。

次质鲜蛋——一类次质鲜蛋,颜色正常,蛋黄有圆形或网状血红色,蛋清颜色发绿,其他部分正常。二类次质鲜蛋:蛋黄颜色变浅,色泽分布不均匀,有较大的环状或网状血红色,蛋壳内壁有黄中带黑的黏痕或霉点,蛋清与蛋黄混杂。

劣质鲜蛋——蛋内液态流体呈灰黄色、灰绿色或暗黄色,内杂有黑色霉斑。

(2)性状鉴别

良质鲜蛋——蛋黄呈圆形凸起而完整,并带有韧性,蛋清浓厚、稀稠分明,系带粗白而有韧性,并紧贴蛋黄的两端。

次质鲜蛋——一类次质鲜蛋:性状正常或蛋黄呈红色的小血圈或网状直丝。二类次质鲜蛋:蛋黄扩大,扁平,蛋黄膜增厚发白,蛋黄中呈现大血环,环中或周围可见少许血丝,蛋清变得稀薄,蛋壳内壁有蛋黄的黏连痕迹,蛋清与蛋黄相混杂(蛋无异味),蛋内有小的虫体。

劣质鲜蛋——蛋清和蛋黄全部变得稀薄浑浊,蛋膜和蛋液中都有霉斑或蛋清呈胶冻样霉变,胚胎形成长大。

(3)气味鉴别

良质鲜蛋——具有鲜蛋的正常气味,无异味。

次质鲜蛋——具有鲜蛋的正常气味,无异味。

劣质鲜蛋——有臭味、霉变味或其他不良气味。

(三)鲜蛋的等级

鲜蛋按照下列规定分为三等三级。等级规定如下:

(1)一等蛋:每个蛋重在60g以上,

(2)二等蛋:每个蛋重在50g以上,

(3)三等蛋:每个蛋重在38g以上。

级别规定如下:

一级蛋:蛋壳清洁、坚硬、完整,气室深度0.5cm以上者,不得超过10%,蛋白清明,质浓厚,胚胎无发育。

二级蛋:蛋壳尚清洁、坚硬、完整,气室深度0.6cm以上者,不得超过10%,蛋白略显明而质尚浓厚,蛋黄略显清明,但仍固定,胚胎无发育。

三级蛋:蛋壳污壳者不得超过10%,气室深度0.8cm的不得超过25%,蛋白清明,质稍稀薄,蛋黄显明而移动,胚胎微有发育。

(四)鉴别皮蛋(松花蛋)的质量

1. 外观鉴别

皮蛋的外观鉴别主要是观察其外观是否完整,有无破损、霉斑等。也可用手掂动,感觉其弹性,或握蛋摇晃听其声音。

良质皮蛋——外表泥状包料完整、无霉斑，包料剥掉后蛋壳亦完整无损，去掉包料后用手抛起约30cm高自然落于手中有弹性感，摇晃时无动荡声。

次质皮蛋——外观无明显变化或裂纹，抛动试验弹动感差。

劣质皮蛋——包料破损不全或发霉，剥去包料后，蛋壳有斑点或破、漏现象，有的内容物已被污染，摇晃后有水荡声或感觉轻飘。

2. 灯光透照鉴别

皮蛋的灯光透照鉴别是将皮蛋去掉包料后按照鲜蛋的灯光透照法进行鉴别，观察蛋内颜色，凝固状态、气室大小等。

良质皮蛋——呈玳瑁色，蛋内容物凝固不动。

次质皮蛋——蛋内容物凝固不动，或有部分蛋清呈水样，或气室较大。

劣质皮蛋——蛋内容物不凝固，呈水样，气室很大。

3. 打开鉴别

皮蛋的打开鉴别是将皮蛋剥去包料和蛋壳，观察内容物性状及品尝其滋味。

（1）组织状态鉴别

良质皮蛋——整个蛋凝固、不黏壳、清洁而有弹性，呈半透明的棕黄色，有松花样纹理：将蛋纵剖可见蛋黄呈浅褐色或浅黄色，中心较稀。

次质皮蛋——内容物或凝固不完全，或少量液化贴壳，或僵硬收缩，蛋清色泽暗淡，蛋黄呈墨绿色。

劣质皮蛋——蛋清黏滑，蛋黄呈灰色糊状，严重者大部或全部液化呈黑色。

（2）气味与滋味鉴别

良质皮蛋——芳香，无辛辣气。

次质皮蛋——有辛辣气味或橡皮样味道。

劣质皮蛋——有刺鼻恶臭或有霉味。

（五）鉴别咸蛋的质量

1. 外观鉴别

良质咸蛋——包料完整无损，剥掉包料后或直接用盐水腌制的可见蛋壳亦完整无损，无裂纹或霉斑，摇动时有轻度水荡漾感觉。

次质咸蛋——外观无显著变化或有轻微裂纹。

劣质咸蛋——隐约可见内容物呈黑色水样，蛋壳破损或有霉斑。

2. 灯光透视鉴别

咸蛋灯光透视鉴别方法同皮蛋。主要观察内容物的颜色，组织状态等。

良质咸蛋——蛋黄凝结、呈橙黄色且靠近蛋壳，蛋清呈白色水样透明。

次质咸蛋——蛋清尚清晰透明，蛋黄凝结呈现黑色。

劣质咸蛋——蛋清浑浊，蛋黄变黑，转动蛋时蛋黄黏滞，蛋质量更低劣者，蛋清蛋黄都发黑或全部溶解成水样。

3. 打开鉴别

良质咸蛋——生蛋打开可见蛋清稀薄透明，蛋黄呈红色或淡红色，浓缩黏度增强，但不硬固，煮熟后打开，可见蛋清白嫩，蛋黄口味有细沙感，富于油脂，品尝则有咸蛋固有的香味。

次质咸蛋——生蛋打开后蛋清清晰或为白色水样，蛋黄发黑黏固，略有异味，煮熟后打开蛋清略带灰色，蛋黄变黑，有轻度的异味。

劣质咸蛋——生蛋打开或蛋清浑浊，蛋黄已大部分融化，蛋清蛋黄全部呈黑色，有恶臭味，煮熟后打开，蛋清灰暗或黄色，蛋黄变黑或散成糊状，严重者全部呈黑色，有臭味。

(六)鉴别糟蛋的质量

糟蛋是将鸭蛋放入优良糯米酒糟中，经 2 个月浸渍而制成的食品。其食品感官检验主要是观察蛋壳脱落情况，蛋清、蛋黄颜色和凝固状态以及嗅、尝其气味和滋味。

良质糟蛋——蛋壳完全脱落或部分脱落，薄膜完整，蛋大而丰满，蛋清呈乳白色的胶冻状，蛋黄呈橘红色半凝固状，香味浓厚，稍带甜味。

次质糟蛋——蛋壳不能完全脱落，蛋内容物凝固不良，蛋清为液体状态，香味不浓或有轻微异味。

劣质糟蛋——薄膜有裂缝或破损，膜外表有霉斑，蛋清呈灰色，蛋黄颜色发暗，蛋内容物呈稀薄流体状态或糊状，有酸臭味或霉变气味。

(七)鉴别卤蛋的质量

卤蛋，又名卤水蛋。是以生鲜禽蛋为原料，经清洗、煮制、去壳、卤制、包装、杀菌、冷却等工艺加工而成的蛋制品。

用五香卤料加工的蛋，叫五香卤蛋；用桂花卤料加工的蛋，叫桂花卤蛋。用鸡肉汁加工的蛋，叫鸡肉卤蛋；用猪肉汁加工的蛋，叫猪肉卤蛋；用卤蛋再进行熏烤出的蛋，叫熏卤蛋。

卤蛋的食品感官检验主要是从颜色、香气、光泽、滋味、质地几个方面来评价。

1. 色泽鉴别

良质卤蛋——蛋白表面红褐色，内部褐色分布均匀，蛋黄黄色。

次质卤蛋——蛋白表面褐色，内部褐色但分布不均，蛋黄黄色。

劣质卤蛋——蛋白表面及内部颜色分布不均或不明显，蛋黄黄色。

2. 香气鉴别

良质卤蛋——有熟蛋香气，并有明显的酱卤香气。

次质卤蛋——有熟蛋香气，但酱卤香气不明显。

劣质卤蛋——有熟蛋香气，无酱香，或有其他异味。

3. 光泽鉴别

良质卤蛋——蛋白表面光泽度好。

次质卤蛋——蛋白表面亮度不明显。

劣质卤蛋——蛋白表面昏暗无光。

4. 滋味鉴别

良质卤蛋——味感厚重，持久，分布均匀。

次质卤蛋——味感单薄，分布较均匀。

劣质卤蛋——厚重，持久性差，分布不均。

5. 质地鉴别

良质卤蛋——表面平整，有弹性，较滑爽。

次质卤蛋——表面较平整，弹性稍差。

劣质卤蛋——表面不平整，有凹凸，弹性差。

（八）鉴别蛋粉的质量

1. 色泽鉴别

良质蛋粉——色泽均匀，呈黄色或淡黄色。

次质蛋粉——色泽无改变或稍有加深。

劣质蛋粉——色泽不均匀，呈淡黄色到黄棕色不等。

2. 组织状态鉴别

良质蛋粉——呈粉末状或极易散开的块状，无杂质

次质蛋粉——淡粉稍有焦粒，熟粒，或有少量结块。

劣质蛋粉——蛋粉板结成硬块，霉变或生虫。

3. 气味鉴别

良质蛋粉——具有蛋粉的正常气味，无异味。

次质蛋粉——稍有异味，无臭味和霉味。

劣质蛋粉——有异味、霉味等不良气味。

（九）鉴别蛋白干的质量

蛋白干是用鲜蛋洗净消毒后打蛋，所得蛋白液过滤，发酵，如氨水中和、烘干、漂白等工序制成的晶状食品。蛋白干的食品感官检验主要是观察其色泽、组织状态和嗅其气味。

1. 色泽鉴别

良质蛋白干——色泽均匀，呈淡黄色。

次质蛋白干——色泽暗淡。

劣质蛋白干——色泽不匀，显得灰暗。

2. 组织状态鉴别

良质蛋白干——呈透明的晶片状，稍有碎屑，无杂质。

次质蛋白干——碎屑比例超过20%。

劣质蛋白干——呈不透明的片状、块状或碎屑状，有霉斑或霉变现象。

3. 气味鉴别

良质蛋白干——具有纯正的鸡蛋清味，无异味。

次质蛋白干——稍有异味，但无臭味、霉味。

劣质蛋白干——有霉变味或腐臭味。

（十）鉴别冰蛋的质量

冰蛋系蛋液经过滤，灭菌、装盘、速冻等工序制成的冷冻块状食品（冰蛋有冰全蛋、冰蛋白、冰蛋黄等）。冰蛋的食品感官检验主要是观察其冻结度和色泽，并在加温溶化后嗅其气味。

1. 冻结度及外观鉴别

良质冰蛋——冰蛋块坚结、呈均匀的淡黄色，中心温度低于－15℃，无异物、杂质。

次质冰蛋——颜色正常，有少量杂质。

劣质冰蛋——有霉变或部分霉变,生虫或有严重污染。

2. 气味鉴别

良质冰蛋——具有鸡蛋的纯正气味,无异味。

次质冰蛋——有轻度的异味,但无臭味。

劣质冰蛋——有浓重的异味或臭味。

(十一)蛋及蛋制品的食品感官检验与食用原则

由于蛋类的营养价值高,适宜微生物的生长繁殖,尤其是常带有沙门氏菌等肠道致病菌,因此,对于蛋及蛋制品的质量要求较高。该类食品一经食品感官检验评定品级之后,即可按如下原则进行食用或处理;

(1)良质的蛋及蛋制品可以不受限制,直接销售,供人食用。

(2)一类次质鲜蛋准许销售,但应根据季节变化限期售完。二类次质鲜蛋以及次质蛋制品不得直接销售,可做食品加工原料或充分蒸煮后食用。

(3)劣质蛋及蛋制品均不得供食用,应予以废弃或作非食品工业原料、肥料等。

GB 2749—2015《食品安全国家标准　蛋与蛋制品》感官检验指标见表1-5-15(a)和表1-5-15(b)。

表1-5-15(a)　鲜蛋感官要求

项目	要求	检验方法
色泽	灯光透视时整个蛋呈微红色;去壳后蛋黄呈橘黄色至橙色,蛋白澄清、透明,无其他异常颜色	取带壳鲜蛋在灯光下透视观察。去壳后置于白色瓷盘中,在自然光下观察色泽和状态。闻其气味
气味	蛋液具有固有的蛋腥味,无异味	
状态	蛋壳清洁完整,无裂纹,无霉斑,灯光透视时蛋内无黑点及异物;去壳后蛋黄凸起完整并带有韧性,蛋白稀稠分明,无正常视力可见外来异物	

表1-5-15(b)　蛋制品感官要求

项目	要求	检验方法
色泽	具有产品正常的色泽	取适量试样置于白色瓷盘中,在自然光下观察色泽和状态。尝其滋味,闻其气味
滋味、气味	具有产品正常的滋味、气味,无异味	
状态	具有产品正常的形状、形态,无酸败、霉变、生虫及其他危害食品安全的异物	

二、乳及乳制品的感官检验

(一)生鲜乳的感官检验

1. 生乳的感官要求

生乳是指从符合国家有关要求的健康奶畜乳房中挤出的无任何成分改变的常乳。产犊后七天的初乳、应用抗生素期间和休药期间的乳汁、变质乳等不可用作生乳。GB 19301—2010《食品安全国家标准　生乳》对生乳的感官要求从色泽、气味、滋味和组织状态进行了明确的规定,见表1-5-16。

表1-5-16　感官要求

项目	要求
色泽	呈乳白色或微黄色
气味、滋味	具有乳固有的香味,无异味
组织状态	呈均匀一致液体,无凝块、无沉淀、无正常视力可见异物

2. 鲜牛乳的感官检验指标

(1)色泽

色泽是感官检验鲜乳品质的一个重要指标。主要从色调、明亮度、饱和度等三方面进行衡量和比较。决定鲜乳色泽的因素包括以下五个方面:牛乳的成分变化、乳牛的品种、牛乳中酪蛋白的胶体分散、乳脂肪的含量和乳化作用、牛乳的物理变性等,这些因素都会影响牛乳的胶体特性,并且在鲜乳的色泽上产生一些变化。

正常色泽:正常、新鲜的全脂牛乳呈现不透明、均匀一致的乳白色或微黄色的液体。牛乳的不透明和乳白色是由于牛乳中所含的多种成分导致的,如酪蛋白,乳清蛋白,钙、磷、钾、硫等矿物质,脂类,多种维生素等构成的酪蛋白胶粒和脂肪球微粒对光的吸收和不规则反射和折射引起的。牛乳呈现的微黄色是由于含有少量黄色的核黄素、叶黄素和胡萝卜素所形成,这些物质主要来源于饲料,如乳牛饲喂含有胡萝卜素含量高的饲草时,胡萝卜素经血液转移到乳中,引起牛乳的颜色偏黄。一般由于春、夏季节青草饲料较多,所产牛乳呈黄色较明显,冬季则淡一些。由于胡萝卜素和叶黄素主要存在于乳脂肪中,所以离心分离的乳脂肪呈现明显的黄色,而脱脂乳呈现乳白色是由于酪蛋白具有较好的反射短波长蓝色光的原因。分离出酪蛋白后的乳清则呈黄绿色,是由于乳清中含有的核黄素呈现荧光性黄绿色。

异常色泽:根据牛乳的色泽可以初步判断出牛乳的质量情况。如牛乳呈现出明显的红色时,可能是牛乳污染了某种产生红色素的细菌且细菌大量繁殖引起的,或者是掺入了乳房炎乳或牛乳头内出血引起的,颜色的深浅随出血程度而变化,有时还会夹杂有块状或絮状血凝块。牛乳呈现深黄色多数是因为掺入了较多的牛初乳的缘故。牛乳呈现明显的青色、黄绿色、黄色斑点或灰白发暗,则很有可能被细菌严重污染或掺入其他杂质。

(2)气味和滋味

气味和滋味是指鲜乳本身所固有的、独特的、正常的气味和味道。鲜乳的气味可以通过嗅觉来检验,滋味可以通过味觉来检查。

正常风味:正常的新鲜牛乳具有奶香味,香味平和、清香、自然、不强烈,是甜、酸、苦、咸四种基本味道的有机统一,并具有稍甜味道,有愉快的口感,无异味。牛乳的风味来源可以追踪到其成分,牛乳的微甜味是由于含有乳糖的缘故,微酸是由于含有少量的柠檬酸和磷酸的缘故,微咸是由于牛乳中含有氯化物,微苦是由于牛乳中的钙盐和镁盐。由于这些味道都非常微弱,而且这些味道相互制约和影响,所以不易被察觉。乳脂肪中存在许多香气成分物质是牛乳风味的主要来源。通常牛乳中含有二甲基硫醚、羰基化合物、内酯、脂类、硫化物、含氮化合物、芳香族烃以及低级脂肪酸等使牛乳在气味上具有一种特殊的奶香味。由于牛乳的香气成分物质主要存在于乳脂肪中,所以脱脂乳的风味与全脂乳相比奶香味明显偏淡。

异常风味:牛乳的口味温和,少量异常物质的存在就可导致异味的产生,少量风味异常的乳就可以明显影响到整罐乳的风味。原料乳的任何风味都可能带到乳制品中,从而对制品的质量造成很大的影响。鲜乳产生异味的原因主要有以下几个方面。

1)饲料味:饲料味是乳中最常见的异味,如果饲料没有进行适当的处理,大部分的绿色饲料和青贮饲料都会使乳带有饲料味。饲料味的类型和强度受季节和饲养模式的影响:夏季和秋季原料乳易带青草味是因为青草饲料充足,常以青草饲料饲喂乳牛;冬季和春季原料乳易带饲料味是因为主要以青贮饲料、饲草和精饲料喂养乳牛。有异味的饲料和腐烂的杂草等更会使原料乳带有异味。

2)不清洁味:不清洁味也称为牛舍味和牛体味,被看作是影响牛乳风味的严重缺陷。当饲养乳牛的牛舍卫生条件差时,所挤的牛乳易吸附周围环境中的灰尘、泥土和牛粪尿味,从而导致乳的不清洁味。因此,挤奶所使用的器具要彻底消毒、清洗,要用消毒剂溶液清洗牛乳房和乳头并在挤奶前擦干。

3)麦芽味:麦芽味主要由冷却不充分的乳中的麦芽乳链球菌变种且大量繁殖引起的,若将不同罐中的乳混合,这种情况可能会加重。原料乳加工后麦芽味也仍不会消失。

4)不洁酸味:酸味是由于乳中产酸性细菌对乳糖的发酵作用引起的,所产生的酸味物质不仅是乳酸,还有甲酸、丙酸、醋酸等有机酸。使原料乳保持良好的卫生状况是防止酸味产生的关键措施。

5)腐败味:牛乳贮藏温度高于4℃、贮藏时间过长或被细菌污染都会形成腐败味。腐败的牛乳会凝固、分层,存放一段时间后会散发出恶臭味。

6)日晒味:日晒味的产生与氧气有关,将牛乳暴露于日光中使乳中的非脂肪成分发生化学变化所产生的异味为日晒味。牛乳经搅拌充以氧气,受日光照射后会很快产生日晒味。不搅拌且饱充二氧化碳驱除氧气,则虽被日光照射也不产生日晒味。避免牛乳接触日光、隔绝氧气、减少牛乳的降解等可以有效地防止日晒味的产生。

7)酸败味:酸败味由乳中的脂肪酶在一定条件下水解乳脂肪产生挥发性的低级脂肪酸所造成。酸败受季节和饲料影响,在7~9月发生率较高,多用青饲料饲喂乳牛可以抑制酸败现象的发生。

8)氧化味:牛乳氧化味是脂肪在脂肪氧化酶的作用下发生反应引起的。这种风味缺陷常在鲜乳中出现,是牛乳最严重的缺陷。形成氧化味的基本物质是磷脂类及甘油酯等不饱和脂肪酸,它们被氧化所产生的醛、酮等是氧化味的主要来源。

9)咸味:泌乳后期和乳房炎乳牛所产的乳会有咸味。此外,乳中掺入一些如食盐、明矾、铵盐、硝酸盐、洗衣粉、石灰水等电解质类物质也会带有咸味。在大的贮奶罐中很少能检测到咸味,由于带有咸味的乳会降低鲜乳的质量,应将其剔除。

10)外来味:主要是由化学消毒剂、治疗乳房炎的软膏、油漆、灭蝇剂、兽药等引来的。这些气味更持久,更具有潜在的破坏性影响。

(3)组织状态

正常组织状态:正常新鲜牛乳的组织状态是均匀且相对稳定的流体,无凝块、无分层且不黏稠、无沉淀和脂肪上浮、无机械杂质。

异常组织状态:鲜乳出现了明显的凝块和蛋白质沉淀现象,有可能是由于微生物大量繁殖增加了乳的酸度形成的凝块，或者是由于牛乳中的盐类平衡体系遭到了破坏，使乳蛋白质胶粒不稳定发生了沉淀。黏稠状大多是由于乳中不同细菌生长的结果，如需氧菌在乳中繁殖产生气体可影响乳的组织状态。另外，为了增加乳的密度而非法加入动物胶、米汤、淀粉等胶体类物质也可使乳的组织状态变得黏稠。

3. 鲜牛乳的感官评定方法和标准

（1）鲜牛乳的感官检验方法

色泽和组织状态：将少量乳倒于白瓷皿中观察其色泽。取适量试样于50mL烧杯中，在自然光下观察色泽和组织状态，并轻微摇晃烧杯，观察杯壁上下落的牛乳薄层是否均匀细腻。另外，将牛乳倒于小烧杯内静置1h后，再小心将其倒入另一小烧杯内，仔细观察第一个小烧杯内底部有无沉淀和絮状物。再取1滴牛乳于大拇指上，检查是否黏滑。

气味和滋味：取适量经加热并冷却至室温的试样于50mL烧杯中，先闻气味，然后用温开水漱口，再品尝样品的滋味。

（2）鲜牛乳的感官检验标准

鲜牛乳的感官检验标准见表1－5－17，可将鲜牛乳进行分级。

表1－5－17　鲜牛乳感官检验标准

项目	级别	特征
色泽	良质	为乳白色或稍带微黄色
	次质	色泽较良质鲜乳差，白色中稍带青色
	劣质	呈浅粉色或显著的黄绿色，或色泽灰暗
气味	良质	具有鲜乳特有的乳香味，无其他任何异味
	次质	乳中固有的香味稍差或有异味
	劣质	有明显的异味，如酸臭味、牛粪味、金属味、鱼腥味、汽油味等
滋味	良质	具有鲜乳特有的纯香味，滋味可口而稍甜，无其他任何异常滋味
	次质	有微酸味（说明乳已开始酸败），或有其他轻微的异味
	劣质	有酸味、咸味、苦味等
组织状态	良质	呈均匀的流体，无沉淀、凝块和机械杂质，无粘稠和浓厚现象
	次质	呈均匀的流体，无凝块，但可见少量微小的颗粒，脂肪黏聚表面呈液化状态
	劣质	呈稠而不均匀的溶液状，有凝乳结成的致密凝块或絮状物

（二）液态乳的感官检验

1. 液态乳感官要求

液态乳包括灭菌乳、巴氏杀菌乳和调制乳。灭菌乳是指以生牛（羊）乳为原料，添加或不添加复原乳，在连续流动的状态下，加热到至少132℃并保持很短时间的灭菌，再经无菌灌装等工序制成的液体产品。GB 25190—2010《食品安全国家标准　灭菌乳》对灭菌乳的感官要求从色泽、气味、滋味和组织状态进行了明确的规定，见表1－5－18。

表 1－5－18　灭菌乳感官要求

项目	要求
色泽	呈乳白色或微黄色
气味、滋味	具有乳固有的香味，无异味
组织状态	呈均匀一致液体，无凝块，无沉淀，无正常视力可见异物

巴氏杀菌乳是指仅以生牛(羊)乳为原料，经巴氏杀菌等工序制得的液体产品。表 1－5－19 为 GB 25190—2010 中规定的对巴氏杀菌乳的感官要求。

表 1－5－19　杀菌乳感官要求

项目	要求
色泽	呈乳白色或微黄色
气味、滋味	具有乳固有的香味，无异味
组织状态	呈均匀一致液体，无凝块、无沉淀、无正常视力可见异物

调制乳是指以不低于 80% 的生牛(羊)乳或复原乳为主要原料，添加其他原料或食品添加剂或营养强化剂，采用适当的杀菌或灭菌等工艺制成的液体产品。表 1－5－20 为 GB 25191—2010《食品安全国家标准　调制乳》中规定的对调制乳的感官要求。

表 1－5－20　调制乳感官要求

项目	要求
色泽	呈调制乳应有的色泽
气味、滋味	具有调制乳应有有的香味，无异味
组织状态	呈均匀一致液体，无凝块，可有与配方相符的辅料的沉淀物，无正常视力可见异物

2. 液态乳的感官检验方法和标准

(1) 液态乳的感官检验方法

色泽和组织状态：取适量样品徐徐倾入 50mL 烧杯中，在自然光下观察色泽和组织状态。

气味和滋气：先闻其气味，然后用温开水漱口，再品尝样品的滋味。

(2) 液态乳的感官检验标准

全脂灭菌乳感官检验标准见表 1－5－21，部分脱脂灭菌乳、脱脂灭菌乳感官检验标准见表 1－5－22。全脂巴氏杀菌乳感官检验标准见表 1－5－23，脱脂巴氏杀菌乳感官检验标准见表 1－5－24，全脂调制乳感官检验标准见表 1－5－25，部分脱脂、脱脂调制乳感官检验标准见表 1－5－26，表 1－5－27 为纯牛乳感官描述词语。

表 1-5-21　全脂灭菌乳感官检验标准

项目	特征	得分
色泽（20分）	呈均匀一致的乳白或微黄色	20
	颜色呈略带焦黄色	19~17
	颜色呈白色或青色	16~13
气味、滋味（50分）	具有灭菌纯牛乳特有的纯香味，无异味	50
	奶香味平淡，不突出，无异味	49~45
	有过度蒸煮味	44~40
	有非典型的奶香味，香气过浓	39~35
	有轻微陈旧味，奶味不纯，或有乳粉味	34~30
	有非牛乳应有的让人不愉快的异味	29~20
组织状态（30分）	呈均匀的液体，无凝块，无黏稠现象	30
	呈均匀的液体，无凝块，无黏稠现象，有少量沉淀	29~25
	有少量上浮脂肪絮片，无凝块，无可见外来杂质	24~20
	有较多沉淀	19~11
	有凝块现象	10~5
	有外来杂质	10~5

表 1-5-22　部分脱脂灭菌乳、脱脂灭菌乳感官检验标准

项目	特征	得分
色泽（20分）	呈均匀一致的乳白色	20
	颜色呈略带焦黄色	19~17
	颜色呈白色或青色	16~13
气味、滋味（50分）	具有脱脂后灭菌牛乳的香味，乳味轻淡，无异味	50
	有过度蒸煮味	49~40
	有非典型的奶香味，有外来香味	39~30
	有轻微陈旧味，奶味不纯，或有乳粉味	29~25
	有非牛乳应有的让人不愉快的异味	24~20
组织状态（30分）	呈均匀的液体，无凝块，无黏稠现象	30
	呈均匀的液体，无凝块，无黏稠现象，有少量沉淀	29~25
	有少量上浮脂肪絮片，无凝块，无可见外来杂质	24~20
	有较多沉淀	19~11
	有凝块现象	10~5
	有外来杂质	10~5

表 1-5-23　全脂巴氏杀菌乳感官检验标准

项目	特征	得分
色泽 （10 分）	呈均匀一致的乳白或稍带微黄色	10
	均匀一色，但显黄褐色	9～5
	色泽不正常	4～0
气味、滋味 （60 分）	具有全脂巴氏杀菌乳的纯香味，无其他异味	60
	具有全脂巴氏杀菌乳的纯香味，稍淡，无其他异味	59～56
	具有全脂巴氏杀菌乳的纯香味，且此香味延展至口腔的其他部位，或舌部能感觉到牛乳的醇香，或具有蒸煮味	55～54
	有轻微饲料味	53～52
	气味、滋味平淡，无奶香味	51～50
	有不清洁或不新鲜滋味和气味	49～48
	有其他异味	47～45
组织状态 （30 分）	呈均匀的流体，无沉淀、无凝块、无机械杂质、无黏稠和浓厚现象、无脂肪上浮现象	30
	有少量脂肪上浮现象，基本呈均匀的流体，无沉淀、无凝块、无机械杂质、无黏稠和浓厚现象	29～27
	有少量沉淀或严重脂肪分离	26～20
	有黏稠和浓厚现象	19～10
	有凝块或分层现象	9～0

表 1-5-24　脱脂巴氏杀菌乳感官检验标准

项目	特征	得分
色泽 （10 分）	呈均匀一致的乳白或稍带微黄色	10
	均匀一色，但显黄褐色	9～5
	色泽不正常	4～0
气味、滋味 （60 分）	具有脱脂巴氏杀菌乳的纯香味，香味停留于舌部，无油脂香味，无其他异味	60
	具有脱脂巴氏杀菌乳的纯香味，稍淡，无油脂香味，无其他异味	59～50
	有轻微饲料味	49～40
	有不清洁或不新鲜滋味和气味	39～30
	有其他异味	29～20
组织状态 （30 分）	呈均匀的流体，无沉淀、无凝块、无机械杂质、无黏稠和浓厚现象	30
	有少量沉淀	29～20
	有黏稠和浓厚现象	19～10
	有凝块或分层现象	9～0

表 1-5-25　全脂调制乳感官检验标准

项目	特征	得分
色泽（20分）	具有均匀一致的乳白或调味乳应有的色泽	20
	不是应有的颜色或颜色不典型	19～15
	呈现令人不愉快的颜色	14～13
气味、滋味（50分）	具有灭菌调味乳应有的香味，无异味	50
	调香气味不舒适，过浓或感觉不到	49～40
	有轻微陈旧味	39～30
	有令人不愉快的异味	29～20
组织状态（30分）	呈均匀的液体，无凝块，无黏稠现象	30
	呈均匀的液体，无凝块，无黏稠现象，有少量沉淀	29～25
	有少量上浮脂肪絮片，无凝块，无可见外来杂质	24～20
	有较多沉淀	19～11
	有凝块现象	10～5
	有水析现象	10～5
	有外来杂质	10～5

表 1-5-26　部分脱脂调制乳、脱脂调制乳感官检验标准

项目	特征	得分
色泽（20分）	具有均匀一致的乳白或调味乳应有的色泽	20
	不是应有的颜色或颜色不典型	19～15
	呈现令人不愉快的颜色	14～13
气味、滋味（50分）	具有脱脂后灭菌调味乳应有的香味，乳味轻淡，无异味	50
	调香气味不舒适，过浓或感觉不到	49～40
	有轻微陈旧味	39～30
	有令人不愉快的异味	29～20
组织状态（30分）	呈均匀的液体，无凝块，无黏稠现象，有少量沉淀	30
	有少量上浮脂肪絮片，无凝块，无可见外来杂质	29～20
	有较多沉淀	19～11
	有凝块现象	10～5
	有外来杂质	10～5

表 1－5－27　纯牛乳感官描述词语

感官指标	描述词汇
色泽	乳黄色、乳白色、深黄色、暗红色
气味、滋味	奶香味(新鲜、纯正、柔和、浓郁、平淡、刺激、不自然)、奶油味(较强、轻微)、甜度(较强、轻微)、咸味(较强、轻微)、焦香味、麦香味、坚果味、椰香味、水果香、干粉味、留香(持久、短)、余味(好、差) 其他异味:塑料膜味、香精味、蒸煮味、焦糊味、陈旧味、苦味、膻味、油脂氧化味、饲料味、青草味、奶臭味、辣味、锅垢味、牛舍味、枣味、咖啡味、霉味、腥味、金属味
组织状态	均匀流体、挂壁(轻微、严重)
口感	爽滑、稀薄、糊口、稠厚、油腻的、涩的、收敛

(三)乳粉的感官检验

1. 乳粉感官要求

乳粉是指以生牛(羊)乳为原料,经加工制成的粉状产品。乳粉包括全脂乳粉、脱脂乳粉、部分脱脂乳粉、调制乳粉。GB 19644—2010《食品安全国家标准　乳粉》对乳粉的感官要求从色泽、气味、滋味和组织状态进行了明确的规定,见表 1－5－28。

表 1－5－28　乳粉感官要求

项目	要求	
	乳粉	调制乳粉
色泽	呈均匀一致的乳黄色	具有应有的色泽
气味、滋味	具有纯正的乳香味	具有应有的气味,滋味
组织状态	干燥均匀的粉末	

2. 乳粉的感官检验方法和标准

(1)乳粉的感官检验方法

色泽和组织状态:取适量试样置于 50mL 烧杯中,在日光灯或自然光线下观察其组织状态。

气味和滋味:首先在红灯下评定气味和滋味,然后用清水漱口,取定量冲调号的样品用鼻子闻气味,最后喝一口(5mL)仔细品尝再咽下。

乳粉冲调性试验:乳粉的冲调性可通过下沉时间、热稳定性、挂壁及团块来判定。

1)下沉时间:首先量取 60～65℃的蒸馏水 100mL 放入 200mL 烧杯中,称取 13.6g 待检乳粉迅速倒入烧杯中,同时启动秒表开始计时。待水面上的乳粉全部下沉后结束计时,记录乳粉下沉时间。下沉时间直接反应的是乳粉的可湿性,质量较好的乳粉的下沉时间在 30s 以内,即可湿性好。如果乳粉接触水后再表面形成了大的团块,下沉时间超过 30s,则认为乳粉的可湿性较差。

2)热稳定性、挂壁和团块检验:检验完“下沉时间”后,立即用大号塑料勺沿容器壁按每秒钟转两周的速度进行匀速搅拌,搅拌时间为 40～50s,然后观察复原乳的挂壁情况;将 2mL 复原乳倾倒到黑色塑料盘中观察小白点情况;最后观察容器底部是否有不溶团块。优质乳粉无挂

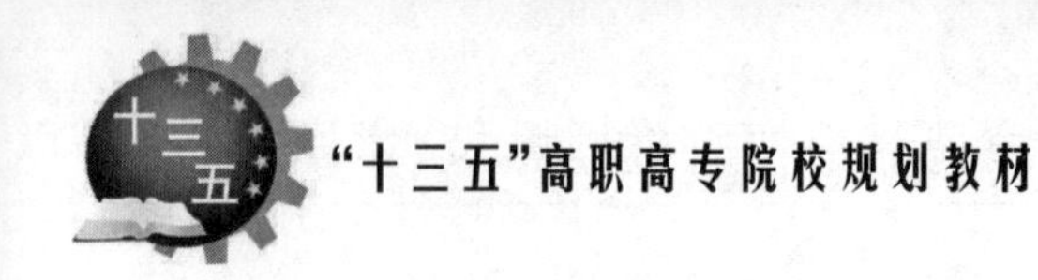

壁现象，没有或有极少量（不多于10个）小白点，无团块。根据出现挂壁的严重程度、小白点的数量和出现的团块的多少可以判定乳粉冲调性能的优劣。

（2）乳粉的感官检验标准

全脂乳粉感官检验标准见表1－5－29。脱脂和部分脱脂乳粉感官检验标准见表1－5－30，婴儿配方乳粉感官检验标准见表1－5－31，表1－5－32为配方乳粉感官描述词语。

表1－5－29　全脂乳粉感官检验标准

<table>
<tr><th>项目</th><th colspan="2">特征</th><th>得分</th></tr>
<tr><td rowspan="4">色泽
（10分）</td><td colspan="2">色泽均一，呈乳黄色或浅黄色，有光泽</td><td>10</td></tr>
<tr><td colspan="2">色泽均一，呈乳黄色或浅黄色，略有光泽</td><td>9～8</td></tr>
<tr><td colspan="2">黄色特殊或带有浅白色，基本无光泽</td><td>7～6</td></tr>
<tr><td colspan="2">色泽不正常</td><td>5～4</td></tr>
<tr><td rowspan="4">气味、滋味
（40分）</td><td colspan="2">浓郁的奶香味</td><td>40</td></tr>
<tr><td colspan="2">奶香味不浓，无不良气味</td><td>39～32</td></tr>
<tr><td colspan="2">夹杂其他异味</td><td>31～24</td></tr>
<tr><td colspan="2">奶香味不浓，同时明显夹杂其他异味</td><td>23～16</td></tr>
<tr><td rowspan="12">冲调性
（30分）</td><td rowspan="4">下沉时间
（10分）</td><td>≤10s</td><td>10</td></tr>
<tr><td>11～20s</td><td>9～8</td></tr>
<tr><td>21～30s</td><td>7～6</td></tr>
<tr><td>≥30s</td><td>5～4</td></tr>
<tr><td rowspan="4">挂壁和小白点</td><td>小白点≤10个，颗粒细小；杯壁无小白点和絮片</td><td>10</td></tr>
<tr><td>有少量小白点，颗粒细小；杯壁上的小白点和絮片≤10个</td><td>9～8</td></tr>
<tr><td>有少量小白点，周边较多，颗粒细小；杯壁有少量小白点和絮片</td><td>7～6</td></tr>
<tr><td>有大量小白点和絮片，中间和四周无明显区别；杯壁有大量小白点和絮片而不下落</td><td>5～4</td></tr>
<tr><td rowspan="4">团块
（10分）</td><td>0</td><td>10</td></tr>
<tr><td>1≤团块≤5</td><td>9～8</td></tr>
<tr><td>5 < 团块≤10</td><td>7～6</td></tr>
<tr><td>团块 >10</td><td>5～4</td></tr>
<tr><td rowspan="4">组织状态
（20分）</td><td colspan="2">颗粒均匀、适中、松散、流动性好</td><td>20</td></tr>
<tr><td colspan="2">颗粒较大或稍大、不松散、有结块或少量结块，流动性较差</td><td>19～16</td></tr>
<tr><td colspan="2">颗粒细小或稍小、有较多结块，流动性较差；有少量肉眼可见的焦粉粒</td><td>15～12</td></tr>
<tr><td colspan="2">粉质黏连，流动性非常差；有较多肉眼可见的焦粉粒</td><td>11～8</td></tr>
</table>

表 1-5-30　脱脂和部分脱脂乳粉感官检验标准

项目	特征		得分
色泽（10 分）	色泽均一，呈浅白色，有光泽		10
	色泽均一，呈浅白色，略有光泽		9~8
	色泽有轻度变化		7~6
	色泽有明显变化		5~4
气味、滋味（40 分）	脱脂乳粉特有的香味，气味自然		40
	产品特有的香味不浓		39~32
	夹杂其他异味		31~24
	脱脂乳粉特有的香味不浓，同时明显夹杂其他异味		23~16
冲调性(30 分)	下沉时间（10 分）	≤10s	10
		11~20s	9~8
		21~30s	7~6
		≥30s	5~4
	挂壁和小白点（10 分）	小白点≤10 个，颗粒细小；杯壁无小白点和絮片	10
		有少量小白点，颗粒细小；杯壁上的小白点和絮片≤10 个	9~8
		有少量小白点，周边较多，颗粒细小；杯壁有少量小白点和絮片	7~6
		有大量小白点和絮片，中间和四周无明显区别；杯壁有大量小白点和絮片而不下落	5~4
	团块（10 分）	0	10
		1≤团块≤5	9~8
		5<团块≤10	7~6
		团块>10	5~4
组织状态（20 分）	颗粒均匀、适中、松散、流动性好		20
	颗粒较大或稍大、不松散、有结块或少量结块，流动性较差		19~16
	颗粒细小或稍小、有较多结块，流动性较差；有少量肉眼可见的焦粉粒		15~12
	粉质黏连，流动性非常差；有较多肉眼可见的焦粉粒		11~8

表 1-5-31 婴儿配方乳粉感官检验标准

<table>
<tr><th>项目</th><th colspan="2">特征</th><th>得分</th></tr>
<tr><td rowspan="4">色泽
(10 分)</td><td colspan="2">色泽均一,呈乳黄色、浅黄色、浅乳黄色、深黄色等,有光泽</td><td>10</td></tr>
<tr><td colspan="2">色泽均一,呈乳黄色、浅黄色、浅乳黄色、深黄色等,略有光泽</td><td>9~8</td></tr>
<tr><td colspan="2">色泽基本均一,呈乳黄色、浅黄色、浅乳黄色、深黄色等,基本无光泽</td><td>7~6</td></tr>
<tr><td colspan="2">色泽明显不均一,发暗,无光泽</td><td>5~4</td></tr>
<tr><td rowspan="4">气味、滋味
(40 分)</td><td colspan="2">婴儿配方乳粉特有的奶香味,气味自然</td><td>40</td></tr>
<tr><td colspan="2">产品特有的香味不浓,稍有植物油脂气味</td><td>39~32</td></tr>
<tr><td colspan="2">夹杂其他异味</td><td>31~24</td></tr>
<tr><td colspan="2">奶香味不浓,同时明显夹杂其他异味</td><td>23~16</td></tr>
<tr><td rowspan="12">冲调性(30 分)</td><td rowspan="4">下沉时间
(10 分)</td><td>≤10s</td><td>10</td></tr>
<tr><td>11~20s</td><td>9~8</td></tr>
<tr><td>21~30s</td><td>7~6</td></tr>
<tr><td>≥30s</td><td>5~4</td></tr>
<tr><td rowspan="4">挂壁和小白点
(10 分)</td><td>小白点≤10 个,颗粒细小;杯壁无小白点和絮片</td><td>10</td></tr>
<tr><td>有少量小白点,颗粒细小;杯壁上的小白点和絮片≤10 个</td><td>9~8</td></tr>
<tr><td>有少量小白点,周边较多,颗粒细小;杯壁有少量小白点和絮片</td><td>7~6</td></tr>
<tr><td>有大量小白点和絮片,中间和四周无明显区别;杯壁有大量小白点和絮片而不下落</td><td>5~4</td></tr>
<tr><td rowspan="4">团块
(10 分)</td><td>无团块</td><td>10</td></tr>
<tr><td>1≤团块≤5</td><td>9~8</td></tr>
<tr><td>5<团块≤10</td><td>7~6</td></tr>
<tr><td>团块>10</td><td>5~4</td></tr>
<tr><td rowspan="4">组织状态
(20 分)</td><td colspan="2">颗粒均匀、适中、松散、流动性好</td><td>20</td></tr>
<tr><td colspan="2">颗粒较大或稍大、不松散,有结块或少量结块,流动性较差</td><td>19~16</td></tr>
<tr><td colspan="2">颗粒细小或稍小、有较多结块,流动性较差;有少量肉眼可见的焦粉粒</td><td>15~12</td></tr>
<tr><td colspan="2">粉质黏连,流动性非常差;有较多肉眼可见的焦粉粒</td><td>11~8</td></tr>
</table>

表1-5-32 配方乳粉感官描述词语

感官指标	描述词汇
色泽	均一性、乳黄色、深黄色、光泽度(好、差)、发暗
气味、滋味	奶香味(新鲜、纯正、柔和、浓郁、平淡、刺激、不自然)、奶油味(较强、轻微)、甜度(较强、适当、较弱)、咸味(较强、适当、较弱)、焦香味、植物油味、干粉味、鱼(豆)腥味(较强、轻微)、留香(持久、短)、余味(好、差)、油脂氧化味、焦糊味、乳清粉味、其他异味(香精味、蒸煮味、粉尘味、陈旧味、苦味、膻味、饲料味、青草味、奶臭味、辣味、锅垢味、牛舍味、霉味、金属味)
组织状态	均匀一致、弹性、坚硬、柔软
口感	爽滑、细腻、胶质感、颗粒粗糙、油脂感、涩的

(四)发酵乳的感官检验

1. 发酵乳的感官要求

发酵乳是指以生牛(羊)乳或乳粉为原料,经杀菌、发酵后制成的pH降低的产品。发酵乳包括发酵乳、风味发酵乳。GB 19302—2010《食品安全国家标准　发酵乳》对发酵乳的感官要求从色泽、气味、滋味和组织状态进行了明确的规定,见表1-5-33。

表1-5-33 发酵乳的感官要求

项目	要求	
	发酵乳	风味发酵乳
色泽	色泽均匀一致,呈乳白色或微黄色	具有与添加成分相符的色泽
气味、滋味	具有发酵乳特有的气味,滋味	具有与添加成分相符的气味和滋味
组织状态	组织细腻、均匀、允许有少量乳清析出;风味发酵乳具有添加成分特有的组织状态	

2. 发酵乳的感官检验方法和标准

(1)发酵乳的感官检验方法

色泽和组织状态:取适量样品于50mL烧杯中,在自然光下观察色泽和组织状态。

气味和滋味:先闻气味,然后用温开水漱口,再品尝样品的滋味。

(2)发酵乳的感官检验标准

凝固型酸牛乳感官检验标准见表1-5-34,搅拌型酸牛乳感官检验标准见表1-5-35。发酵乳饮料感官描述词语见表1-5-36。

表1-5-34 凝固型酸牛乳感官检验标准

项目	特征	得分
色泽 (10分)	呈均匀乳白色,微黄色或果料固有的颜色	10~8
	淡黄色	7~6
	浅灰色或灰白色	5~4
	绿色,黑色斑点或有霉菌生长,异常颜色	3~0

续表

项目	特征	得分
气味、滋味（40分）	具有酸牛乳固有的滋味和气味或相应的果料味，酸味和甜味比例适当	40～35
	过酸或过甜	34～20
	有涩味	19～10
	有苦味	9～5
	有异常滋味或气味	4～0
组织状态（50分）	组织细腻、均匀，表面光滑，无裂纹，无气泡，无乳清析出	50～40
	组织细腻、均匀，表面光滑，无气泡，有少量乳清析出	39～30
	组织粗糙，有裂纹，无气泡，有少量乳清析出	29～20
	组织粗糙，有裂纹，有气泡，乳清析出	19～10
	组织粗糙，有裂纹，有大量气泡，乳清析出严重，有颗粒	9～0

表1-5-35　搅拌型酸牛乳感官检验标准

项目	特征	得分
色泽（10分）	呈均匀乳白色、微黄色或果料固有的颜色	10～8
	淡黄色	7～6
	浅灰色或灰白色	5～4
	绿色，黑色斑点或有霉菌生长，异常颜色	3～0
气味、滋味（40分）	具有酸牛乳固有的滋味和气味或相应的果料味，酸味和甜味比例适当	40～35
	过酸或过甜	34～20
	有涩味	19～10
	有苦味	9～5
	有异常滋味或气味	4～0
组织状态（50分）	组织细腻，凝块细小均匀滑爽，无气泡，无乳清析出	50～40
	组织细腻、凝块大小不均匀，无气泡，有少量乳清析出	39～30
	组织粗糙，不均匀，无气泡，有少量乳清析出	29～20
	组织粗糙，不均匀，有气泡，乳清析出	19～10
	组织粗糙，不均匀，有大量气泡，乳清析出严重，有颗粒	9～0

表1-5-36　发酵酸牛乳和酸性调味乳感官描述词语

感官指标	描述词汇
色泽	乳黄色、乳白色、调配颜色（自然、不自然）
气滋味	奶香味（新鲜、纯正、柔和、浓郁、平淡、刺激、不自然）、发醇香（好、差）、奶油味（较强、轻微）、甜度（较强、适当、较弱）、酸度（较强、适当、较弱）、留香（持久、短），余味（好、差）、调配风味（协调、不协调） 其他异味：香精味、蒸煮味、苦味、膻味、饲料味、青草味、奶臭味、酸臭味、锅垢味、牛舍味、金属味

(五)干酪的感官检验

1. 干酪的感官要求

GB 5420—2010《食品安全国家标准　干酪》对干酪的感官要求从色泽、气味、滋味和组织状态进行了明确的规定,见表1-5-37。

表1-5-37　干酪感官要求

项目	要求
色泽	具有该类产品正常的色泽
气味、滋味	具有该类产品特有的气味和滋味
组织状态	组织细腻,质地均匀,具有该类产品应有的硬度

GB 25192—2010《食品安全国家标准　再制干酪》对再制干酪的感官要求从色泽、气味、滋味和组织状态进行了明确的规定,见表1-5-38。

表1-5-38　再制奶酪感官要求

项目	要求	检验方法
色泽	色泽均匀	取适量试样置于50mL烧杯中,在自然光下观察色泽和组织状态。闻其气味,用温开水漱口,品尝滋味
气味、滋味	易溶于口,有奶油润滑感,并有产品特有的气味、滋味	
组织状态	外表光滑;结构细腻、均匀、润滑,应有与产品口味相关原料的可见颗粒,无正常视力可见的外来杂质	

2. 干酪的感官检验方法和标准

(1)干酪的感官检验方法

色泽和组织状态:打开试样外包装,用小刀切取部分样品,置于白色瓷盘中,在自然光下观察色泽和组织状态。

气味和滋味:取适量试样,先闻气味,然后用温开水漱口,品尝样品的滋味。

(2)干酪的感官检验标准

硬质干酪感官检验标准见表1-5-39。再制干酪的感官检验标准以及描述词汇见表1-5-40、表1-5-41。

表1-5-39　硬质干酪感官检验标准

项目	特征	得分
色泽(10分)	白色至淡黄色	10
	色泽略有变化	9~6
	色泽有明显变化	5~0
气味、滋味(45分)	具有品种特有的纯香味,微酸,无任何外来气味	45
	气、滋味良好但香味较淡	44~40
	一般,但无异味	39~35
	有饲料味、苦味、腐败味等异常味	34~30

续表

项目	特征	得分
组织状态（35分）	切面质地均匀、致密，无裂缝和脆硬等现象，有圆形和椭圆形小孔	35
	质地粗糙，过硬或松软	34~30
	易脆，带状或针状	29~25
	孔眼不正常，成网状或多裂缝	24~20
外形（10分）	正常（表皮均匀、细薄、无损伤）	10
	异常	9~5

表1-5-40　再制干酪感官检验标准

项目	特征	得分
色泽（10分）	淡黄色至橘黄色，有光泽	10
	色泽略有变化	9~6
	色泽有明显变化	5~0
气味、滋味（50分）	具有该种干酪特有的滋味和气味，香味温和，无强烈气味	50
	具有该种干酪特有的滋味和气味，香味较温和，无强烈气味	49~48
	滋、气味良好但香味较淡	47~45
	滋、气味合格，但香味淡	44~43
	滋、气味平淡，无奶香味	42~38
	有不洁气味	41~38
	有霉味	41~38
	有苦味	41~35
	后甜味	41~32
	有明显的异味	31~25
组织状态（25分）	质地均一、表面光滑，呈半柔软并富于弹性	25
	质地均一、表面光滑，呈半柔软，弹性较好	24
	质地基本均匀、稍软或稍硬，有弹性	23
	质地粗糙，无光泽	22~16
	组织状态呈油灰状，无弹性	20~17
	组织状态呈粉粒状	19~15
	组织状态呈橡胶状	14~0
外形（10分）	外形良好，具有产品正常的形状，片与片之间撕开无黏连	10
	外形较好，片与包装之间有微小黏连	9~8
	外形一般，有黏连，表面有细小裂痕或断面	7~0
包装（5分）	包装良好，密封无漏气，边缘整齐、整洁	5
	包装合格，无裂口，外表面不整洁	4
	包装较差，密闭性差	3~0

表 1-5-41　干酪感官描述词语

感官指标	描述词汇
色泽	均一性、白色、淡黄色、深黄色、光泽度(好、差)、调配颜色(自然、不自然)
气滋味	奶香味(新鲜、纯正、柔和、浓郁、平淡)、奶油味(较强、轻微)、黄油味(较强、轻微)、发醇香(好、差)、苦味(较强、轻微)、甜度(较强、适当、较弱)、咸味(较强、适当、较弱)、酸味(较强、轻微)、调味品味(较强、轻微)),汗味(较强、轻微)、化学试剂味(较强、轻微)、留香(持久、短)、余味(好、差) 其他异味:香精味、陈旧味、饲料味、青草味、锅垢味、牛舍味、霉味、金属味
组织状态	均匀一致、弹性、坚硬、柔软
口感	爽滑、细腻、胶质感、颗粒粗糙、油脂感、涩的

(六)其他

GB 13102—2010《食品安全国家标准　炼乳》对炼乳的感官要求从色泽、气味、滋味和组织状态进行了明确的规定,见表 1-5-42。甜炼乳和淡炼乳的感官评定标准见表 1-5-43、表 1-5-44。

表 1-5-42　炼乳的感官要求

项目	要求			检验方法
	淡炼乳	加糖炼乳	调制炼乳	
色泽	呈均匀一致的乳白色或乳黄色,有光泽		具有辅料应有的色泽	取适量试样置于 50mL 烧杯中,在自然光下观察色泽和组织状态。闻其气味,用温开水漱口,品尝滋味
气味、滋味	具有乳的气味和滋味	具有乳的香味,甜味纯正	具有乳和辅料应有的气味和滋味	
组织状态	组织细腻,质地均匀,黏度适中			

表 1-5-43　甜炼乳的感官检验标准

项目	特征	得分
色泽 (5 分)	呈乳白(黄色),颜色均匀,有光泽	5
	色泽有较轻度变化	4~3
	色泽有明显变化(肉桂色或淡褐色)	2~0
气滋味 (60 分)	甜味纯正,有明显消毒牛乳的气味和滋味,无任何杂味	60
	滋味稍差,但无杂味	59~56
	滋味平淡,无乳香味	55~53
	有不纯的气味和滋味	52~45
	有较重的杂味	44~35

续表

项目	特征	得分
组织状态 (35分)	组织细腻,质地均匀,无脂肪上浮,无乳糖沉淀,但冲调后允许有微量钙盐沉淀	35
	黏性较大,冲调后有少量钙盐沉淀	34~33
	脂肪轻度上浮,黏盖轻(≤1mm)	32~30
	舌尖微感粉状	29~25
	舌感砂状,脂肪上浮较明显,黏盖较重(2.5mm),冲调后钙盐沉淀较多	24~15
	冲调后脂肪游离较明显	14~10

表1-5-44　淡炼乳的感官检验标准

项目	特征	得分
色泽 (5分)	呈乳白(黄色),颜色均匀,有光泽	5
	色泽有较轻度变化	4~3
	色泽有明显变化(肉桂色或淡褐色)	2~0
气滋味 (60分)	有明显高温灭菌乳的气味和滋味,无任何杂味	60
	滋味平淡,但无杂味	59~55
	有不纯的气味和滋味	54~50
	有饲料余味,金属味,烧焦味,畜舍味	49~42
组织状态 (35分)	组织细腻,质地均匀,黏度适中,无脂肪游离,无沉淀,无凝块及外来机械杂质	35
	黏度稍大或过稀	34~30
	有少量砂状及黏状沉淀物	30~25
	有少量脂肪上浮	24~20
	有凝块和机械杂质	19~15

GB 19646—2010《食品安全国家标准　稀奶油、奶油和无水奶油》对奶油的感官要求从色泽、气味、滋味和组织状态进行了明确的规定,见表1-5-45。奶油的感官检验标准见表1-5-46。

表1-5-45　奶油感官要求

项目	要求	检验方法
色泽	呈均匀一致的乳白色、乳黄色或相应辅料应有的色泽	取适量试样置于50mL烧杯中,在自然光下观察色泽和组织状态。闻其气味,用温开水漱口,品尝滋味
气味、滋味	具有稀奶油、奶油、无水奶油或相应辅料应有的气味、滋味、无异味	
组织状态	均匀一致,允许有相应辅料的沉淀物,无正常视力可见异物	

表1-5-46 奶油的感官检验标准

项目	特征	得分
色泽（10分）	乳白色或呈乳黄色有光泽	10
	乳白色或呈乳黄色，光泽略差	9~6
	色泽不够均匀，无光泽	5~0
气滋味（65分）	具有奶油的纯香味，无其他异味	65
	味纯正，但香味较弱	64~60
	平淡无味	59~52
	有较弱的饲料味	51~44
	有明显其他不愉快味	44~40
组织状态（25分）	组织状态正常	25
	较柔软发腻，黏刀或脆弱，疏松	24~20
	有大小空隙或水珠	19~15
	外表面浸水	14~10

GB/T 31114—2014《冷冻饮品 冰淇淋》对冰淇淋的感官要求从色泽、气味滋味、形态、组织和杂质进行了明确的规定，见表1-5-47。其感官检验标准见表1-5-48。

表1-5-47 冰淇淋感官要求

项目	要求						检验方法
	全乳脂		半乳脂		植脂		
	清型	组合型	清型	组合型	清型	组合型	
色泽	主体色泽均匀，具有品种应有的色泽						在冻结状态下，取单只包装样品，置于清洁、干燥的白瓷盘中，先检查包装质量，然后剥开包装物，用目测检查色泽、形态、组织状态和杂质；用口尝、鼻嗅检查气滋味
形态	形态完整，大小一致，不变形，不软塌，不收缩						
组织	细腻润滑，无气孔，具有该品种应有的组织特征						
滋味气味	柔和乳脂香味，无异味		柔和淡乳香味，无异味		柔和植脂香味，无异味		
杂质	无正常视力可见外来杂质						

表1-5-48 冰淇淋感官检验标准

项目	要求	扣分内容	扣分	得分
色泽（10分）	完全符合品种要求并均匀一致	色泽太深或太浅	6	4
		色泽不一致(指单色冰淇淋)	2	8
		三色冰淇淋切开后层次不明	2	8
		双色冰淇淋切开后层次不明	3	7
		三色或双色冰淇淋中某一种色泽不符合品种要求	4	6
		三色或双色冰淇淋中某一种色泽太深或太浅	1	9
		三色或双色冰淇淋中两种色泽太深或太浅	4	6
		外涂巧克力外衣双色冰淇淋中一种色泽太深或太浅	1	9
		冰淇淋色泽不符合要求	4	6

续表

项目	要求	扣分内容	扣分	得分
香味 (20分)	香味宜人,浓淡适宜	香味太浓,浓得触鼻刺眼	5	15
		香味较浓	2	18
		香味太淡,淡得缺乏香味	5	15
		香味较淡	2	18
		香味不纯有异味	10	10
		香味不纯净	6	14
		香味与品种要求不符合	10	10
滋味 (40分)	滋味甜度适中并完全符合该品种的质量要求	甜度太高,口味过于浓甜	5	35
		甜度太低,吃在嘴里缺乏甜味	10	30
		甜味不足或甜味过浓	8	32
		有咸味且咸味过浓	5	35
		巧克力外衣有异味	10	30
		夹心冰淇淋或蛋卷中的果酱有异味	10	30
		蛋卷有焦味	5	35
		用于八珍或八宝冰淇淋的某一种辅料有异味	10	30
		有不属于冰淇淋的外来怪味	30	10
形体 (15分)	体积与容积完全符合该品种的质量要求	有软塌现象	3	12
		有收缩现象	4	11
		有变形现象	5	10
		呈软塌或收缩或变形状态	8	7
		凡经涂层的冰淇淋表面有破损现象	4	11
		应涂层的地方未涂好	4	11
组织 (15分)	组织细腻体态滑润无凝粒及明显的冰结晶	有较大的油粒出现,有较大的冰结晶出现	6	9
		组织状态不松软	3	12
		组织状态过于坚实	5	10
		有肉眼可见的杂质	12	3
		质地过黏,吃在嘴里难以溶化	6	9

三、蜂蜜的食品感官检验

(一)蜂蜜

蜂蜜是指蜜蜂采集植物蜜腺分泌物,加入自身消化道的分泌液后,在蜂巢内酿制并贮存起来供日后食用的一种食品。

在自然界中,蜜蜂不仅是最佳的授粉能手,而且蜜蜂凭着像"抽水机"的长吻把花蜜吸入它体内的蜜囊中,飞回蜂箱,将蜜囊中的花蜜吐在巢房中,再由蜂箱里的内勤蜂进行细微反复的酿造,才能变为成熟的蜂蜜。当蜜成熟贮满巢房时,蜜蜂再用蜂蜡将巢房封上盖,这就完成了从花蜜到成熟蜜的整个过程。

由花蜜变成蜂蜜其酿蜜的原理是通过物理作用即蒸发掉花蜜中过多的水分，使水含量从60%左右降低到20%左右，形成高浓度蜜糖，以抑制各种微生物的生长，再就是生化作用，通过蜜蜂分泌消化酶，将原有的蜜糖和淀粉转化为葡萄糖和果糖，使其达到65%～80%，而蔗糖含量降至5%以下，这样前后需要5～7d才能酿造成封盖的成熟蜂蜜。

(二)蜂蜜的食品感官检验方法

1. 视觉检查法

本法可用于判断蜂蜜色泽和透明度，以及是否有发酵、结晶、混有夹杂物等现象。如为发酵蜜，其表层产生大量气泡；结晶蜜，则有较多的结晶粒析出；搀有淀粉的蜜，则显得浑浊不清，透明度极差；搀有蔗糖的蜜，其色泽较浅或有些青绿，甚至在桶壁和桶底存有未溶化的糖粒或糖块。

2. 嗅觉检查法

本法用于判断蜂蜜的气息，包括香、臭、酸及其他一些异常的气息，以确定蜂蜜的品种与品质。多数蜂蜜都具有香气，但其香型不尽相同。如刺槐蜜，具有槐花的清香气；枇杷蜜，具有杏仁香气；椴树蜜，具有薄荷香气；枣花蜜，略带中药材香气。散发特殊难闻气味的蜂蜜为数寥寥，其代表蜜种如荞麦蜜、百里香蜜、臭椿蜜等。

正常蜂蜜通常感觉不到酸气，若闻出浓烈的酸气，则说明有发酵变质的可能，或者是属于搀有如柠檬酸之类的人造假蜜。蜂蜜的气息是由其散发出来的挥发性物质形成的，它受温度的影响较大，一般温度低挥发得慢，气息轻淡。因此，在判断蜂蜜气息时，宜将样品稍稍加热，或者滴些蜜液于洁净而无异味的手掌中搓擦，然后立即嗅闻。

3. 味觉检查法

本法与嗅觉检查法相互配合，用于判断甜、咸、香、臭、酸、苦、涩等各种滋味，进而通过滋味确定蜂蜜自然品质的优劣，或者是否有搀假现象。优质蜂蜜在品尝时，给人以芳香甜润的感觉，或者带有极其轻微的酸味(如芝麻蜜)。

惟有质量差的蜂蜜或搀假蜜，才会出现除香甜味外的其他异味。如搀糖蜜，则蔗糖味较浓；搀盐蜜，则咸味明显；搀进明矾的蜜，有涩口的感觉；搀有淀粉的蜜，甜度下降且香味减弱；搀尿素的蜜，则出现氨味等。

以味觉方法检查蜂蜜时，应考虑到味觉器官的灵敏度，这与检样温度有着密切的关系，最佳检样温度是20～45℃。此外，验蜜人员工作时，不得吸烟，样品送入口中，尽量以敏感度较高的舌尖品味；当检查完前一个样品，一定要用温水漱口后再检查另一个样品。

4. 触觉检查法

本法主要用于判断液态蜜的稠度与结晶蜜的真伪。检查稠度有两种方法：一是将采样管或圆木棒插入蜜桶中，按顺时针方向搅动，以感受其抗力大小；另一种是将采样管或圆木棒插入蜜液后迅速提起，用肉眼观察检样在采样管或木棒上的附着程度、向下流动的速度及滴下的蜜液是否有向上回收的现象。

蜂蜜的稠度因温度的高低而升降。此外，经激烈震荡或搅拌后，尚未完全恢复静置状态的蜂蜜，其稠度会出现暂时性降低。因此，在检查蜂蜜稠度时，应将这些客观因素考虑进去，以免造成错觉。

(三)蜂蜜的感官检验

1. 用食品感官检验蜂蜜

在对蜂蜜进行食品感官检验时,主要是凭借以下几方面的依据,首先是观察其颜色深浅,是否有光泽以及其组织状态是否呈胶体状,黏稠程度如何,同时注意有无沉淀、杂质、气泡等,然后是嗅其气味是否清香宜人,有没有发酵酸味、酒味等异味。最后是品尝其滋味,感知味道是否清甜纯正,有无苦涩、酸和金属味等不良滋味以及麻舌感等。

2. 鉴别蜂蜜的色泽

进行蜂蜜色泽的食品感官检验时,可取样品于比色管内在白色背景下借散射光线进行观察。

良质蜂蜜——一般呈白色,淡黄色到琥珀色。不同的蜜源性植物有不同的颜色。油菜花蜜色淡黄,紫云英蜜白色带淡黄,柑橘蜜浅黄色,荔枝蜜浅黄色,龙眼蜜琥珀色,枇杷蜜浅白色,棉花蜜浅琥珀色。蜜质亮而有光泽。

次质蜂蜜——色泽变深、变暗。

劣质蜂蜜——色泽暗黑、无光泽。

3. 鉴别蜂蜜的组织状态

进行蜂蜜组织状态的食品感官检验时,可取样品置于白色背景下借散射光线进行观察,并注意有无沉淀物及杂质。也可将蜂蜜加5倍蒸馏水稀释,溶解后静置12~24h成离心后观察,看有无沉淀及沉淀物的性质。另外,可用木筷挑起蜂蜜观察其黏稠度。

良质蜂蜜——在常温下是黏稠、透明或半透明的胶状流体,温度较低时可发生结晶现象,无沉淀和杂质,用木筷挑起蜜后可拉起柔韧的长丝,断后断头回缩并形成下粗上细的叠塔状,并慢慢消失。

次质蜂蜜——在常温下较稀薄,有沉淀物及杂质(死蜂、残肢、幼虫、蜡屑等),不透明,用木筷将蜜挑起后呈糊状并自然下沉,不会形成塔状物。

劣质蜂蜜——表面出现泡沫,蜜液混浊不透明。

4. 鉴别蜂蜜的气味

进行蜂蜜气味的食品感官检验时,可在室温下打开包装嗅其气味。必要时可取样品于水浴中加热5min,然后再嗅其气味。

良质蜂蜜——具有纯正的清香味和各种本类蜜源植物花香味。无任何其他异味。

次质蜂蜜——香气淡薄。

劣质蜂蜜——香气很薄或无香气,有发醇味,酒味及其他不良气味。

5. 鉴别蜂蜜的滋味

在进行蜂蜜滋味的食品感官检验时,可取少许样品放在舌头上,用舌头与上腭反复摩擦,细品其味道。

良质蜂蜜——具有纯正的香甜味。

次质蜂蜜——味甜并有涩味。

劣质蜂蜜——除甜味外还有苦味、涩味、酸味,金属味等不良滋味及其他外来滋味,有麻舌感。

(四)常见的蜂蜜品种的食品感官检验

按蜜源可分为单花蜜和杂花蜜,以某一种植物为主的蜂蜜称为单花蜜,来源于多种蜜源植物的混合蜜称之为杂花蜜,如:

(1)紫云英蜜:色泽淡白微现青色,有清香气,滋味鲜洁,甜而不腻,不易结晶,结晶后呈粒状。

(2)苕子蜜:色味均为紫云英相似,但不如紫云英蜜味畅口,甜味也略差。

(3)油菜蜜:色泽浅白黄,有油菜花般的清香味,味甜润,稍有混浊,容易结晶,其晶粒特别细腻,呈油状结晶。

(4)棉花蜜:色泽淡黄,味甜而稍涩(随成熟程度增加而逐渐消失),结晶颗粒较粗。

(5)乌柏蜜:呈浅黄色,具轻微酵酸甜味,回味较重,润喉较差,易结晶,呈粗粒状。

(6)芝麻蜜:呈淡黄色,味甜,一般清香。

(7)枣花蜜:呈中等琥珀色,深于乌柏蜜,蜜汁透明,味甜,具有特殊浓烈气味,结晶粒粗。

(8)荞麦蜜:呈金黄色,味甜而不腻,有强烈荞麦气味,颇有刺激性,结晶呈粒状。

(9)柑橘蜜:品种繁多,色泽不一,一般呈浅黄色,具柑橘香甜味,食之微有酸味,结晶粒细,呈油脂状结晶。

(10)枇杷蜜:色淡白,香气浓郁,带有杏仁味,味甜畅口,结晶后成细粒状。

(11)槐花蜜:色泽淡白,有淡香气,滋味鲜洁,甜而不腻,不易结晶,结晶后成细粒,油脂状凝结。

(12)荔枝蜜:微黄或淡黄色,具有荔枝香气,有刺喉粗浊之感。

(13)龙眼蜜:淡黄色,具有龙眼花香气味,纯甜,没有刺喉之感。

(14)椴树蜜:浅黄或金黄色,有令人畅口的特殊香味,蜂巢椴树蜜带有薄荷般的清香味。

(15)葵花蜜:色泽呈浅琥珀色,气味芳香,滋味甜润,容易结晶。

(16)荆条蜜:白色,气味芳香,甜润,结晶后细腻色白。

(17)草木蜜:浅琥珀或乳白色,透明,气味芳香,味甜润。

(18)山花椒蜜:深琥珀色或深棕色,半透明,黏稠,味甜,有刺喉异味。

(19)桉树蜜:深琥珀色或深棕色,味甜,有桉树异臭,有刺激味。

(20)白刺花蜜又称狼牙刺蜜:浅琥珀色,味甘甜芳香,结晶粒细腻、质硬,近似白色。

(21)紫苜蓿蜜:色泽因产地不同,自白色至琥珀色,气息芳香,味甜润适口,不易结晶,结晶后呈细粒或油脂状,呈白色。

(22)野坝子蜜:浅琥珀色,具清香味,极易结晶,有两种结晶状态:一种结晶粒较粗,似砂糖,称为"砂蜜";另一种结晶细腻,似油脂状,称为"油蜜"。结晶后呈乳白色,因质地坚硬,故有"云南硬蜜"之称。

(23)老瓜头蜜:浅琥珀色,蜜液浓稠,气息芳香,味甘甜,略有糖味饼稍感涩口,结晶后呈乳白色。

(24)胡枝子蜜:又称苕条蜜,浅琥珀色,味清淡爽口,结晶粒细腻,洁白如脂。

(25)柃蜜又称山桂花蜜或野桂花蜜:透明,气息清香,味道鲜洁甜润,非常爽口,不易结晶,结晶细腻,乳白色。

(26)鹅掌柴蜜又称鸭脚木蜜:浅琥珀色,甜味较浓,贮久逐渐减轻,结晶粒细,呈乳白色。

(27)百花蜜:颜色深,为多种花蜜的混合蜂蜜,味甜,花香浓郁,具有蜜的香气,花蜜组成复杂,一般有3种以上,食疗作用最好。

(28)结晶蜂蜜,此种蜂蜜多称为春蜜或冬蜜。透明度差,放置日久多有结晶沉淀,结晶多呈膏状,花粉组成复杂,风味不一,滋味甜。

(29)甘露蜜:色泽暗褐或暗绿,没有芳香气味,滋味甜。

(五)真假蜂蜜的鉴别方法

1. 闻味

单花蜜有本植物特有的花香味,混合蜜有天然的花香味气息,假蜂蜜有的是蔗糖味、有的是香料味。

2. 眼观

(1)看蜜的浓度,取一根筷子插入蜜中,垂直提起。浓度高的蜂蜜往下淌的慢,黏性大可拉丝,断后可收缩成蜜球。假蜂蜜或浓度低的蜂蜜则反之,即便能拉长丝,断丝也没弹性,不会收缩成蜜珠。

(2)可取一滴蜂蜜滴在报纸上,浓度高的纯蜂蜜是半球状、不易浸透报纸,浓度低的或假的蜂蜜容易浸透报纸。

(3)取一杯水,加入少许蜂蜜。真正的蜂蜜会很快沉入杯底,不易融化,用筷子慢慢搅动时,会有丝丝连连的现象。如果是假蜜,则很快就会溶到水里。

(4)看结晶,蜂蜜的结晶与其植物的种类和温度有关,一般纯天然的蜂蜜在13~14℃时容易结晶。能够全部结晶的蜂蜜一般含水分低、浓度高,不容易变质,所以是优质蜜。结晶的纯的蜂蜜用手搓捻,手感细腻,无沙粒感。假的蜂蜜,不易结晶,或者沉淀一部分,沉淀物是硬的,不易搓碎。

3. 口感

纯正天然的蜂蜜,味道甜润,略带微酸,口感绵软细腻,爽口柔和,喉感略带辣味,余味清香悠久。掺假的蜂蜜味虽甜,但夹杂着糖味或香料味道,喉感弱,而且余味淡薄短促。

4. 化学检验

掺有淀粉的蜂蜜加入碘液颜色会变蓝,掺有饴糖的蜂蜜加入高浓度乙醇后出现白色絮状物,掺有其他杂质的蜂蜜,用烧红的铁丝插入蜜中,铁丝上附有黏物。

5. 冷藏结晶检验

蜂蜜在4~14℃的环境下保存一段时间后会变成固体,这是蜂蜜的一种物理现象。真蜂蜜的结晶体用筷子一扎一个眼,很柔软,假蜂蜜扎不动。真蜜用手捏,其结晶体很快溶化,假蜜有硌手的感觉,溶化慢或不溶化。真蜜结晶体用牙咬声音小,而假蜜结晶体则清脆响亮。倒出蜂蜜等它稍为凝固后,如果是真的蜂蜜会形成如蜂巢状的六边形结构,假的没有。

(六)鉴别有毒的蜂蜜

蜂蜜中含有毒素,是由于蜜蜂采集的某些植物的蜜腺和花粉含有对人体有害的生物碱所致。有毒蜂蜜的鉴别内容有以下几点。

1. 气味

正常蜂蜜,有植物花的香味,无其他异味;有毒蜂蜜,能闻到异臭味。

2. 色泽

正常蜂蜜,多呈淡色或浅琥珀色,或微黄色,有毒蜂蜜,往往是色泽较深,常呈茶褐色。

3. 滋味

正常的蜂蜜,用嘴尝之,有香甜可口的滋味;有毒蜂蜜,有苦味或麻喉管的感觉。

人们吃了有毒的蜂蜜,容易发生食物中毒,特别是对婴儿食之更易中毒。

(七)鉴别蜂王浆的真假

蜂王浆又名蜂乳,它是青年工蜂咽腺分泌的乳白色胶状物,含有丰富的维生素和20多种氨基酸,以及多种酶,对人体有增进食欲,促进代谢,促进毛发生长,增加体重,促使衰弱器官功能恢复正常,预防衰老,抑制癌细胞发育,扩张血管,降低血压等作用。蜂王浆的真假鉴别有以下方面:

1. 气味

真蜂王浆,微带花香味。无香味者是假货。如有发酵味并有气泡,说明蜂王浆已发酵变质,如蜂王浆有哈喇味,说明酸败。如加入奶粉、玉米粉、麦乳精等,则有奶味或无味。如加入淀粉,用碘试验会呈蓝色。

2. 色泽

真蜂王浆,呈乳白色或淡黄色,有光泽感,无幼虫,蜡屑、气泡等,如果色泽苍白或特别光亮,说明蜂王浆中掺有牛奶、蜂蜜等。如果色泽变深,有小气泡,主要是由于贮存不善,久置空气中,产生质量腐败变质现象。无光泽的蜂王浆,则为次品。

3. 稠度

真蜂王浆,稠度适中,呈稀奶油状。如果稠度稀,说明其中水分多,或掺有假;如果稠度浓,说明采浆时间太晚或贮藏不当。

为防止蜂王浆变质,一般在冷藏温度4℃左右,可保存1~2月,在2℃左右,可保存1年。

(八)鉴别蜂蜜中掺入了水的方法

取蜂蜜数滴,滴在滤纸上,优质的蜂蜜水含量低,所以滴落后不会很快浸渗入滤纸中,掺水的蜂蜜滴落后很快浸透、消散。

(九)鉴别蜂蜜中掺入蔗糖的方法

1. 感官检验

将样蜜少许置于玻璃板上,用强烈日光暴晒(或用电吹风吹),掺有蔗糖的蜜会因为糖浆结晶而成为坚硬的板结块,纯蜂蜜仍呈黏稠状。

2. 化学检验

取样蜜1份,加4份水,充分振荡搅拌,若有混浊或沉淀,滴加2滴1%的硝酸银溶液,有絮状物产生者,证明是掺入了蔗糖的蜜。

(十)鉴别蜂蜜中掺入淀粉的方法

1. 感官检验

向蜂蜜中掺淀粉时,一般是将淀粉熬成糊并加些蔗糖后,再掺入蜜中。因此,这种掺伪蜜混浊而不透明,蜜味淡薄,用水稀释后仍然混浊。

2. 化学检验

取样蜜 5mL 加 20mL 蒸馏水稀释,煮沸后放冷,加入碘试剂,如出现蓝色或蓝紫色则可认为掺入了淀粉类物质,如呈现红色,则可认为掺有糖精。若保持黄褐色不变,则说明蜂蜜纯净。

(十一)鉴别蜂蜜中掺入羧甲基纤维素钠的方法

1. 感官检验

掺有羧甲基纤维素钠的蜂蜜,一般都颜色深黄、黏稠度大,近似于饱和胶状溶液,蜜中有块状脆性物悬浮且底部有白色胶状颗粒。

2. 化学检验

取样蜜 10g,加 20mL 95% 乙醇,充分搅拌 10min,即析出白色絮状沉淀物,取白色沉淀 2g 置于 100mL 温热蒸馏水中,搅拌均匀,放冷备检。

(1)取上清液 30mL,加入 3mL 盐酸后产生白色沉淀。

(2)取上清液 50mL,加入 100mL 1% 硫酸铜溶液后产生绒毛状淡蓝色沉淀。

若上述两项试验皆呈现阳性结果,则说明有羧甲基纤维素钠掺入。

(十二)鉴别蜂蜜中掺入尿素的方法

1. 感官检验

掺有尿素的蜂蜜,蜜甜但涩口或伴有异味。

2. 化学检验

取样蜜 1 份,加水 4 份稀释,加热煮沸即可闻到氨味,用湿润的广泛 pH 试纸置溶液蒸汽上,若试纸变蓝则说明掺有尿素。

(十三)鉴别蜂蜜中掺入甘露蜜的方法

甘露蜜又叫蚜虫蜜,系蜜蜂采集到蚜虫在植物叶片上分泌的甜汁而酿成的蜜,主要含有糊精和松三糖。

1. 感官检验

甘露蜜比自然蜂蜜颜色深,呈暗褐色或暗绿色,没有花香气,甜味平淡不润口。

2. 化学检验

(1)取可疑甘露蜜 1 份,加水 1 份,混匀。取此混合液 2mL,加石灰水(过饱和石灰溶液的上清液)4mL,加热煮沸,如有棕黄色沉淀则证明有甘露蜜存在。

(2)取上法中混合液 1mL,加入 95% 乙醇 1mL 混匀,如出现混浊,即表明有甘露蜜存在。

(十四)鉴别蜂蜜中掺入食盐的方法

1. 感官检验

蜂蜜中掺入食盐水,虽浓度增加,但蜂蜜稀薄,浓度大、黏度小,有咸味出现。

2. 化学检验

(1)Cl^- 检验:取蜂蜜 1g,加蒸馏水 5mL,混匀,加入 5% 的硝酸银溶液数滴,出现白色混浊或沉淀后加入几滴氨水,振摇,沉淀可溶解,再加 20% 的 HNO_3,数滴,白色混浊或沉淀重新出现,则说明检测样品中有 Cl^- 存在,可能有食盐掺入。

(2)Na^+ 检验:先用白金耳沾稀硝酸于无色火焰上烧,反复至无色,然后沾检测液烧,若呈黄花火焰,即可判断该检测液中有 Na^+ 存在。

(十五)鉴别蜂蜜中掺入杂质的方法

取少量蜂蜜放入试管中,用蒸馏水稀释溶解,静置后观察,若产生沉淀,则说明混有杂质。

(十六)鉴别蜂蜜中掺入明矾的方法

可用氯化钡溶液检验,在试管中加入一份蜂蜜,用等量的蒸馏水稀释摇匀,再滴入 20% $BaCl_2$ 溶液数滴,如有白色沉淀产生,则说明有明矾掺入。

(十七)鉴别蜂蜜中掺入铵盐的方法

取蜂蜜 2g 加入试管中,用等量的蒸馏水稀释,再加入 10% 的氢氧化钠溶液 2mL,摇匀,立即将一片湿润的 pH 试纸放在试管中,如果试纸变蓝,表明掺有铵盐。

(十八)鉴别蜂蜜中掺入糊精或米汤的方法

掺有这种异物的蜂蜜,极易生霉发酵,闻之酸臭,味馊。

(十九)微生物污染对蜂蜜质量的影响

蜂蜜糖含量较高,渗透压也较高,因此不利于微生物的生长繁殖。但是未成熟的蜂蜜由于水含量高,易被微生物的生长繁殖所污染。例如,被酵母菌污染,可使蜂蜜发酵变质,表面出现泡沫。另外包装封口不严,蜂蜜吸收空气中的水分或露天存放时漏进雨水,会使蜂蜜表面浓度降低,渗透压也降低,抑菌作用减弱,从而使微生物在表层生长繁殖。因此,蜂蜜含水量要少,一般密度都在 $1.337g/cm^3$ 以上。此外,包装封口要严,室内存放时要防止吸水或漏进雨水。

(二十)有毒植物花粉对蜂蜜质量的影响

有许多植物如烟草、雷公藤、博落回、马醉木、黄杜鹃、毛地黄等的花蜜中含有毒的生物碱,如放蜜蜂时不注意地域选择,就会把这些有毒的花蜜混入蜂蜜中,人食用后可发生中毒,在食品感官检验时可发现这种蜜有苦味、麻味等。因此,在收购蜂蜜时或加工之前要检查蜂蜜中是否含有生物碱,如含有生物碱,则不能供人食用。

(二十一)罐装蜂蜜的容器对蜂蜜的影响

蜂蜜具有一定腐蚀性,如用未刷过涂料的铁桶盛装,则铁、锌等金属离子会溶于蜂蜜中。重金属离子含量过高的蜂蜜若被人食用,就会发生中毒(如锌中毒)。因此,盛装蜂蜜的铁桶必须事先用涂料涂刷。

(二十二)蜂蜜的食品感官检验与食用原则

由于蜂蜜营养成分丰富,易被微生物污染而发生变质,另外蜜源植物中也有一部分含有毒

性成分,会对人体产生一定危害。因此,在对蜂蜜质量进行过食品感官检验之后,可按如下原则食用或处理:

(1)良质蜂蜜可以深加工、销售或直接供人食用,不受任何限制。

(2)经食品感官检验确认为次质的蜂蜜,不能直接供人食用,可重新加工复制或作为食品工业原料。

(3)劣质蜂蜜不能供人食用,也不能作为食品工业原料,应予以销毁或改作非食品工业原料。

GB 14963—2011《食品安全国家标准　蜂蜜》要求见表 1－5－49。

表 1－5－49　感官要求

项目	要求	检验方法
色泽	依蜜源品种不同,从水白色(近无色)至深色(暗褐色)	按 SN/T 0852 的相应方法检验
滋味、气味	具有特有的滋味、气味,无异味	
状态	常温下呈黏稠流体状,或部分及全部结晶	在自然光下观察状态,检查其有无杂质
杂质	不得含有蜜蜂肢体、幼虫、蜡屑及正常视力可见杂质(含蜡屑巢蜜除外)	

子模块四　酒类的感官检验

一、酒类感官检验基础知识

(一)酒类的感官检验要点及饮用原则

1. 感官检验要点

在检验酒类的真伪与优劣时,应主要着重于检验酒的外观色泽、气味、滋味与总体评价。如果是瓶装酒,还应注意鉴别包装和酒标等。

检测酒类外观色泽时,应首先观察其清澈程度,如果酒未开封,可将酒瓶颠倒,检查酒液中有无杂质沉淀、有无悬浮物、挂杯时间长短等,然后再将酒倒入干净的烧杯或酒杯内在白色背景下观察其颜色。

感官检测啤酒时,应首先注意到啤酒的色泽有无改变,如果改变明显,往往意味着酒的质量发生劣变,必要时可用标准碘溶液进行对比,以观察其颜色深浅。将啤酒开瓶注入杯中时,要注意挂杯时间与泡沫的密集程度。

酒的气味与滋味是感官检验酒质量优劣的关键指标,通常在常温下进行,并应在将酒开瓶注入杯中后立即进行。

2. 饮用原则

饮前必须检查酒的品质,避免因饮用了不合格或变质的酒而出现有损身体健康的情况。

(1)良质酒应是外观色泽、香气、滋味均良好,不应有变色、沉淀、变味等现象。

(2)次质酒若发现有明显的变色、退色、变味或大量沉淀等现象时,应禁止饮用。有些次质酒虽然可以饮用,但应尽快饮用或在限期内销售完毕。

(3)劣质酒应绝对禁止饮用,但是劣质白酒可以用作加工酒精。

(二)酒的分类

1. 按生产特点分

(1)蒸馏酒:粮食、谷物、水果等原料经过发酵后,用蒸馏法制得的酒。这类酒中固形物的含量极少,酒精度较高、刺激性较强,常见的有白兰地,中国白酒等。

(2)发酵原酒(压榨酒):原料经过发酵后,直接提取后用压榨法而制取的酒。这类酒中固形物的含量较多,度数较低、刺激性小,如黄酒、啤酒、果酒等。

(3)配制酒:用白酒或食用酒精加入一定比例的糖料、香料、药材等配制而成的酒。这类酒因品种不同,所含的糖分、色素、固形物和酒精含量等也各有不同,如橘子酒、竹叶青、五茄皮及各种露酒和药酒等。

2. 按酒精含量分

(1)高度酒:含酒精成分在40°以上者为高度酒,如白酒、曲酒等。

(2)中度酒:含酒精成分在20°~40°者为中度酒,如多数的配制酒。

(3)低度酒:含酒精成分在20°以下者为低度酒,如黄酒、啤酒、果酒等。它们一般都是原汁酒,酒液中营养成分丰富。

3. 按生产原料分

(1)粮食酒:以高粱、玉米、大麦、小麦和米等粮食为原料而酿制的酒。

(2)非粮食酒:以含淀粉的野生植物或水果等为原料而制成的酒。

4. 按酒的风味特点分

我国习惯上根据各种酒的风味特点把酒分为白酒、黄酒、啤酒、果酒和配制酒五类。

(三)酒类品种命名

1. 以原料命名

如五粮液、高粱酒、薯干酒、苹果酒、橘子酒、青梅酒、葡萄酒等。

2. 以产地命名

如茅台酒、董酒、汾酒、洋河大曲、北京特曲、绍兴酒、即墨酒等。

3. 以用曲命名

如大曲酒、小曲酒、陈曲酒、六曲酒等。

4. 以特殊工艺命名

如老窖酒、加饭酒、沉缸酒、封缸酒等。

5. 以颜色命名

如红葡萄酒、白葡萄酒、江阴黑酒、竹叶青酒、黄酒、黑啤酒、白酒等。

6. 以甜度命名

如丹阳的甜黄酒,三冬蜜酒等。

7. 以复合名称命名

如泸洲老窖特曲酒、桂林三花酒、通州老窖等。

8. 以加入的药料或香料命名

如丁香葡萄酒等。

二、不同种类酒的感官检验

(一)白酒

1. 白酒定义

白酒是蒸馏酒,它是以富含淀粉或糖类成分的物质为原料,加入酒曲酵母和其他辅料,经过糖化发酵蒸馏而制成的一种无色透明的、酒精度较高的酒水饮料。

2. 白酒品评要点(参考 GB/T 33404—2016《白酒感官品评导则》)

品评白酒的正确顺序应是先观色,再闻香,后尝滋味,最后综合色、香、味的特点来判断酒的风格(即典型性)。

(1)色泽透明度鉴别

将白酒注入品酒杯中,在光源及白色背景下(如以白纸或白布作衬托),采用正视、俯视及仰视方式,观察酒的色泽等。然后轻轻摇动,观察酒液澄清度、有无悬浮物和沉淀物。正常情况下酒体不得有悬浮物、浑浊和沉淀,酒液应透明。杯壁上不得出现环状不溶物。冬季如果白酒中有沉淀,可尝试用水浴加热到 30~40℃,如沉淀消失则为正常。

(2)香气鉴别

最好使用大肚小口的玻璃杯,将白酒注入杯中,将酒杯置于鼻下 10~20mm 左右处微斜 30°,头略低,采用匀速舒缓的吸气方式嗅闻其静止香气,嗅闻时只能对酒吸气,不要呼气。然后稍加摇晃,增大香气挥发聚集,然后嗅闻。也可倒几滴酒在手掌心,稍搓几下再嗅,可鉴别香气的浓淡程度与香型是否正常。也可以将酒倒出适量,置于手背,辨别酒香的浓淡、真伪、留香长短和好坏。或用滤纸吸取适量酒液,放在鼻间细闻,后将滤纸放置一段时间,继续闻香,确定放香的时间长短和香气的浓淡,也可以辨别酒液中有无邪杂气味及气味大小。评完酒样,还可以将酒倒掉,留下空杯,放一段时间甚至过夜,可检验酒的空杯留香。

凡是香气协调,有愉悦感,主体香突出,无其他的邪杂气味,溢香性又好,一倒出就香气四溢、芳香扑鼻的,均能说明酒中香气物质较多。

白酒的香气可分为(定义来源 GB/T 33405—2016《白酒感官品评术语》):

溢香(放香)——白酒中风味物质溢散于杯口附近所感受的香气。

喷香(入口香)——白酒入口时,风味物质充满口腔而感受到的香气。喷香性好的酒,一入口,香气就充满整个口腔,大有喷冲之势的,说明酒中含有低沸点的香气物质较多。

空杯留香——盛过白酒的空杯放置一段时间后,仍能嗅闻到香气的现象。留香性好的酒,咽下后,口中余香明显,更甚者酒后打嗝时,还有令人舒适的特殊香气喷出,说明酒中的高沸点酯类物质较多。

中国传统名酒中的五粮液,是以喷香著称;而贵州茅台酒则是以留香而闻名。总之,白酒不应该出现异味,诸如焦糊味、腐臭味、泥土味、糖味等。

(3)滋味鉴别

品尝时,应先从香味较淡的酒样开始品评,把有异香或暴香的酒样放到最后品尝,防止品评员的味觉受刺激过大而失灵。品评时,应将酒液啜吸入口腔,然后吐出或咽下。要使酒液与舌头的各个部分充分接触,分析嘴里酒的各种味道变化情况:酒液是否爽净、柔和、醇厚、甜、辣、涩等,还要注意各种味道之间是否协调、刺激强还是弱、有无杂味、余味如何,要注意余味时间有多长,还有饮后是否愉快等。高度酒每次入口可略少,低度酒可适当增大入口量。在初次品尝以后可适当加大入口量,以鉴定酒的回味时间长短、余味是否干净,是回甜还是后苦,有无刺激喉咙等不愉快的感觉。酒液在口腔中停留的时间不宜过长,否则可造成味觉疲劳。每次品尝后可用清水漱口。应根据几次尝味后形成的综合印象来判断酒的优劣,写下综合评语。

白酒的滋味有浓厚、淡薄、绵软、辛辣、纯净和邪味之分,酒咽下之后又有回甜、苦辣之别。白酒的滋味评价以醇厚、无异味、无强烈刺激性为上品。

(4)酒的典型性

白酒的风格又称为酒体、典型性,主要指酒的色、香、味的综合表现。酒的典型性的形成是由原料、生产工艺过程、环境、勾兑等共同影响的。1979 年第三届全国评酒会将白酒划分为酱香型、浓香型、清香型、米香型和其他香型等。对多种酒进行品评时,常常将属于不同类别的酒分别编组品评,以便同类比较。判断某种酒是否具有应有的典型风格并能在品评后准确给分,要求品酒员必须了解该种酒的特点和工艺要求等,并能对所评酒的色、香、味有一个综合的认识,然后再通过品评、对比和判断,最终给该种酒定性。各种名优白酒风格都很独特,典型性突出。评酒员的经验对其是否能真正评判出某种酒的风格起决定性作用。

优质白酒总的特点应是酒液清澈透明,质地纯净,芳香浓郁,回味悠长,余香不尽。

3. 影响白酒品质的因素

(1)白酒的变色:用未经涂蜡的铁桶盛放呈酸性的白酒时,铁质桶壁容易被氧化还原而使酒的颜色变为黄褐色。使用含锌的铝桶,酒可能会变为乳白色。

(2)白酒的变味:除了原料和加工过程的影响外,有的白酒则因盛酒的容器有异味,如有的白酒在流动转运过程中用新制的酒箱盛装,会染上木材的苦涩味等。

不论是变色还是变味的白酒,都应先查明原因。有一些经过特殊处理后、可恢复原有品质的酒可以继续饮用,否则不适于饮用或只能改作它用。

4. GB/T 10345—2007《白酒分析方法》——感官部分

(1)原理

感官评定是指评酒者通过眼、鼻、口等感觉器官,对白酒样品的色泽、香气、口味及风格特征的分析评价。

(2)品酒环境

品酒室要求光线充足、柔和、适宜,温度为 20 ~ 25℃,湿度约为 60%。恒温恒湿,空气新鲜,无香气及邪杂气味。

(3)评酒要求

1)评酒员要求感觉器官灵敏,经过专门训练与考核,符合感官分析要求,熟悉白酒的感官品评用语,掌握相关香型白酒的特征。

2)评语要公正、科学、准确。

3)品酒杯外形及尺寸见图 1 – 5 – 1。

(4)品评

1)样品的准备

将样品放置于20℃ ±2℃环境下平衡24h(或于20℃ ±2℃水浴中保温1h)后,采取密码标记后进行感官品评。

2)色泽

将样品注入洁净、干燥的品酒杯中(注入量为品酒杯的1/2~2/3),在明亮处观察,记录其色泽、清亮程度、沉淀及悬浮物情况。

3)香气

将样品注入洁净、干燥的品酒杯中(注入量为品酒杯的1/2~2/3),先轻轻摇动酒杯,然后用鼻进行闻嗅,记录其香气特征。

4)口味

将样品注入洁净、干燥的品酒杯中(注入量为品酒杯的1/2~2/3),喝入少量样品(约2mL)于口中,以味觉器官仔细品尝,记下口味特征。

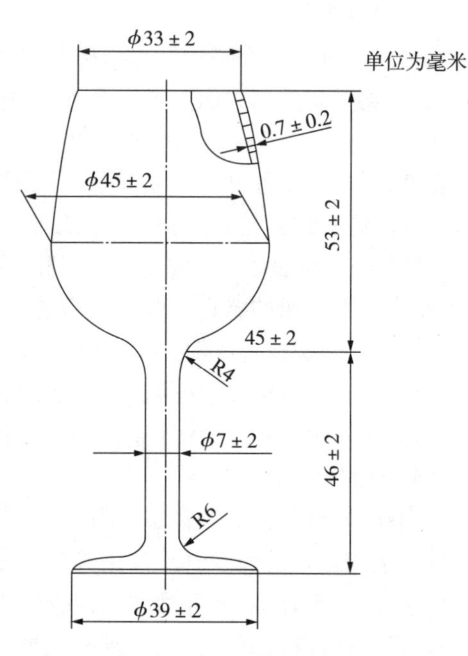

图1-5-1 白酒品酒杯

5)风格

通过品评样品的香气、口味并综合分析,判断是否具有该产品的风格特点,并记录其典型性程度。

5. 白酒感官检验参考标准

(1)GB/T 26760—2011《酱香型白酒》——感官部分

酱香型白酒是指以高粱、小麦、水等为原料,经传统固态法发酵、蒸馏、贮存、勾兑而成的,未添加食用酒精及非白酒发酵产生的呈香呈味呈色物质,具有酱香风格的白酒。

按酒精度可分为高度酒(酒精度45%vol~58%vol)和低度酒(酒精度32%vol~44%vol)。

酱香型白酒感官要求见表1-5-50和表1-5-51。

表1-5-50 酱香型高度酒感官要求

项目	优级	一级	二级
色泽和外观	无色或微黄,清亮透明	无悬浮物,无沉淀[a]	
香气	酱香突出,香气优雅,空杯留香持久	酱香较突出,香气舒适,空杯留香较长	酱香明显,有空杯香
口味	酒体醇厚,丰满,诸味协调,回味悠长	酒体醇和,协调,回味长	酒体较醇和协调,回味较长
风格	具有本品典型风格	具有本品明显风格	具有本品风格
[a]当酒的温度低于10℃时,允许出现白色絮状沉淀物质或失光;10℃以上时应逐渐恢复正常。			

表 1-5-51 酱香型低度酒感官要求

项目	优级	一级	二级
色泽和外观	无色或微黄,清亮透明	无悬浮物,无沉淀[a]	
香气	酱香较突出,香气较优雅,空杯留香久	酱香较纯正,空杯留香好	酱香较明显,有空杯香
口味	酒体醇厚,协调,味长	酒体柔和协调,味较长	酒体较柔和协调,回味尚长
风格	具有本品典型风格	具有本品明显风格	具有本品风格
[a]当酒的温度低于10℃时,允许出现白色絮状沉淀物质或失光;10℃以上时应逐渐恢复正常。			

(2)GB/T 10781.1—2006《浓香型白酒》——感官部分

浓香型白酒是指以粮谷为原料,经传统固态法发酵、蒸馏、陈酿、勾兑而成的,未添加食用酒精及非白酒发酵产生的呈香呈味物质,具有以乙酸乙酯为主体复合香的白酒。

按酒精度分为高度酒(酒精度41% vol~68% vol)和低度酒(酒精度25% vol~40% vol)。

浓香型白酒感官要求见表1-5-52和表1-5-53。

表 1-5-52 浓香型高度酒感官要求

项目	优级	一级
色泽和外观	无色或微黄,清亮透明,无悬浮物	无沉淀[a]
香气	具有浓郁的乙酸乙酯为主体的复合香气	具有较浓郁的乙酸乙酯为主体的复合香气
口味	酒体醇和谐调,绵甜爽净,余味悠长	酒体较醇和谐调,绵甜爽净,余味较长
风格	具有本品典型的风格	具有本品明显的风格
[a]当酒的温度低于10℃时,允许出现白色絮状沉淀物质或失光。10℃以上时应逐渐恢复正常。		

表 1-5-53 浓香型低度酒感官要求

项目	优级	一级
色泽和外观	无色或微黄,清亮透明,无悬浮物	无沉淀[a]
香气	具有较浓郁的乙酸乙酯为主体的复合香气	具有乙酸乙酯为主体的复合香气
口味	酒体醇和谐调,绵甜爽净,余味较长	酒体较醇和谐调,绵甜爽净
风格	具有本品典型的风格	具有本品明显的风格
[a]当酒的温度低于10℃时,允许出现白色絮状沉淀物质或失光。10℃以上时应逐渐恢复正常。		

(3)GB/T 23547—2009《浓酱兼香型白酒》——感官部分

浓酱兼香型白酒是指以粮谷为原料,经传统固态法发酵、蒸馏、陈酿、勾兑而成的,未添加食用酒精及非白酒发酵产生的呈香呈味物质,具有浓香兼酱香独特风格的白酒。

按酒精度分为高度酒(酒精度41% vol~68% vol)和低度酒(酒精度18% vol~40% vol)。

浓酱兼香型白酒感官要求见表1-5-54和表1-5-55。

表 1-5-54 浓酱兼香型高度酒感官要求

项目	优级	一级
色泽和外观	无色或微黄,清亮透明,无悬浮物	无沉淀[a]
香气	浓酱谐调,幽雅馥郁	浓酱较谐调,纯正舒适
口味	细腻丰满,回味爽净	醇厚柔和,回味较爽
风格	具有本品典型的风格	具有本品明显的风格
[a]当酒的温度低于10℃时,允许出现白色絮状沉淀物质或失光。10℃以上时应逐渐恢复正常。		

表 1-5-55 浓酱兼香型低度酒感官要求

项目	优级	一级
色泽和外观	无色或微黄,清亮透明,无悬浮物	无沉淀[a]
香气	浓酱谐调,幽雅舒适	浓酱较谐调,纯正舒适
口味	醇和丰满,回味爽净	醇甜柔和,回味较爽
风格	具有本品典型的风格	具有本品明显的风格
[a]当酒的温度低于10℃时,允许出现白色絮状沉淀物质或失光。10℃以上时应逐渐恢复正常。		

(4)GB/T 10781.2—2006《清香型白酒》——感官部分

清香型白酒是指以粮谷为原料,经传统固态法发酵、蒸馏、陈酿、勾兑而成的,未添加食用酒精及非白酒发酵产生的呈香呈味物质,具有以乙酸乙酯为主体复合香的白酒。

按酒精度分为高度酒(酒精度41%vol~68%vol)和低度酒(酒精度25%vol~40%vol)。

清香型白酒感官要求见表1-5-56。

表 1-5-56 清香型高度酒感官要求

项目	优级	一级
色泽和外观	无色或微黄,清亮透明,无悬浮物	无沉淀[a]
香气	清香纯正,具有乙酸乙酯为主体的优雅、谐调的复合香气	清香较纯正,具有乙酸乙酯为主体的复合香气
口味	酒体柔和谐调,绵甜爽净,余味悠长	酒体较柔和谐调,绵甜爽净,有余味
风格	具有本品典型的风格	具有本品明显的风格
[a]当酒的温度低于10℃时,允许出现白色絮状沉淀物质或失光。10℃以上时应逐渐恢复正常。		

表 1-5-57 清香型低度酒感官要求

项目	优级	一级
色泽和外观	无色或微黄,清亮透明,无悬浮物	无沉淀[a]
香气	清香纯正,具有乙酸乙酯为主体的清雅、谐调的复合香气	清香较纯正,具有乙酸乙酯为主体的香气
口味	酒体柔和谐调,绵甜爽净,余味较长	酒体较柔和谐调,绵甜爽净,有余味
风格	具有本品典型的风格	具有本品明显的风格
[a]当酒的温度低于10℃时,允许出现白色絮状沉淀物质或失光。10℃以上时应逐渐恢复正常。		

(5) GB/T 10781.3—2006《米香型白酒》——感官部分

米香型白酒是指以大米等为原料,经传统半固态法发酵、蒸馏、陈酿、勾兑而成的,未添加食用酒精及非白酒发酵产生的呈香呈味物质,具有以乳酸乙酯、β-苯乙醇为主体复合香的白酒。

按酒精度分为高度酒(酒精度41%vol~68%vol)和低度酒(25%vol~40%vol)。

米香型白酒感官要求见表1-5-58和表1-5-59。

表1-5-58 米香型高度酒感官要求

项目	优级	一级
色泽和外观	无色,清亮透明,无悬浮物	无沉淀[a]
香气	米香纯正,清雅	米香纯正
口味	酒体醇和,绵甜、爽冽,回味怡畅	酒体较醇和,绵甜、爽冽,回味较怡畅
风格	具有本品典型的风格	具有本品明显的风格

[a]当酒的温度低于10℃时,允许出现白色絮状沉淀物质或失光。10℃以上时应逐渐恢复正常。

表1-5-59 米香型低度酒感官要求

项目	优级	一级
色泽和外观	无色,清亮透明,无悬浮物	无沉淀[a]
香气	米香纯正,清雅	米香纯正
口味	酒体醇和,绵甜、爽冽,回味较怡畅	酒体较醇和,绵甜、爽冽,有回味
风格	具有本品典型的风格	具有本品明显的风格

[a]当酒的温度低于10℃时,允许出现白色絮状沉淀物质或失光。10℃以上时应逐渐恢复正常。

(6) GB/T 14867—2007《凤香型白酒》——感官部分

凤香型白酒是指以粮谷为原料,经传统固态法发酵、蒸馏、酒海陈酿、勾兑而成的,未添加食用酒精及非白酒发酵产生的呈香呈味物质,具有乙酸乙酯和己酸乙酯为主的复合香气的白酒。

按酒精度分为高度酒(酒精度41%vol~68%vol)和低度酒(18%vol~40%vol)。

凤香型白酒感官要求见表1-5-60和表1-5-61。

表1-5-60 凤香型高度酒感官要求

项目	优级	一级
色泽和外观	无色或微黄,清亮透明,无悬浮物	无沉淀[a]
香气	醇香秀雅,具有乙酸乙酯和己酸乙酯为主的复合香气	醇香纯正,具有乙酸乙酯和己酸乙酯为主的复合香气
口味	醇厚丰满,甘润挺爽,诸味谐调,尾净悠长	醇厚甘润,谐调爽净,余味较长
风格	具有本品典型的风格	具有本品明显的风格

[a]当酒的温度低于10℃时,允许出现白色絮状沉淀物质或失光。10℃以上时应逐渐恢复正常。

表 1-5-61　凤香型低度酒感官要求

项目	优级	一级
色泽和外观	无色或微黄，清亮透明，无悬浮物	无沉淀[a]
香气	醇香秀雅，具有乙酸乙酯和己酸乙酯为主的复合香气	醇香纯正，具有乙酸乙酯和己酸乙酯为主的复合香气
口味	酒体醇厚谐调，绵甜爽净，余味较长	醇和甘润，谐调，味爽净
风格	具有本品典型的风格	具有本品明显的风格
[a]当酒的温度低于10℃时，允许出现白色絮状沉淀物质或失光。10℃以上时应逐渐恢复正常。		

6. 白酒品评方式和专业术语（参考 GB/T 33404—2016《白酒感官品评导则》）

（1）品评方式

一般有明评、暗评两种方式。

明评又分为明酒明评和暗酒明评。明酒明评是对已知信息的白酒品评，讨论形成集体评价结果的评酒方式。通常会公开酒名，评酒员之间明评明议，最后统一意见，打分、写评语，并排出酒的名次顺序，个别意见只能保留。这种评酒方法可用于在企业内部确定产品质量，给酒分等定级等。在酒类评优过程中，如果酒样和评酒员都很多，为了使酒样之间的打分不至相差太悬殊，争取意见统一或相近，也可以部分采用明评明议的方法。暗酒明评是对未知信息的白酒品评，讨论形成集体评价结果的评酒方式。通常不公开各酒样的名称，酒样由制样人员倒入编好号的酒杯中，由评酒员集体评议，最后统一意见，打分、写评语，并排出酒的名次顺序。

暗评即盲评，是对未知信息的白酒品评，分别形成独立评价结果的评酒方式。通常将酒样用编码编号，从倒酒、送酒、评酒一直到统计分数、写综合评语、排出名次顺序的全过程分段保密，最后再揭晓评酒结果。评酒员作出的评酒结论具有权威性。一般产品的评优、质量检验均采用这种方式。

（2）专业术语（参考 GB/T 33405—2016《白酒感官品评术语》）

1）浓香型白酒品评术语

色泽：无色透明，清澈透明，清亮透明，晶亮透明，无沉淀，无悬浮物，微黄，浅黄，乳白，稍浑浊，有悬浮物，有沉淀等。

香气：浓郁，较浓郁，明显，不明显，有陈味，有焦糊味，有异味等。

口味：绵甜醇厚，醇和，甘润，甘冽，爽净，柔顺，平淡，淡薄，香味谐调，香味较谐调等。

风格：白酒符合具有浓郁的己酸乙酯为主体的复合香气；酒体醇和谐调，绵甜爽净，余味悠长的风味特点。

2）清香型白酒品评术语

色泽：与浓香型类似。

香气：清香纯正，馥郁，较纯正，不明显，带异香，不具清香等。

口味：绵甜爽净，绵甜醇和，香味谐调，酒体醇厚，入口冲，冲辣，落口爽净，尾净，回味长，回味短，后味杂，寡淡，有邪杂味，涩，稍涩等。

风格：白酒符合清香纯正，具有乙酸乙酯为主体的优雅、协调的复合香气；酒体柔和谐调，绵甜爽净，余味悠长的风味特点。

3)酱香型白酒品评术语

色泽:微黄透明,浅黄透明,较黄透明。其余参见浓香型白酒。

香气:酱香突出,较突出,明显,较小,带焦香,异香,不具酱香,幽雅细腻,空杯留香好,有空杯留香,无空杯留香等。

口味:绵柔醇厚,醇和,丰满,醇甜柔和,入口绵,入口平顺,有异味,邪杂味较大,回味悠长,长,较长,短,回味欠净,后味长,短,杂,稍涩,苦涩,有霉味等。

风格:白酒符合酱香突出,香气幽雅,空杯留香;酒体醇厚,丰满,诸味协调,回味悠长的风味特点。

4)米香型白酒品评术语

色泽:参考浓香型白酒。

香气:米香清雅,纯正,具有米香,带异香等。

口味:绵甜爽口,适口,醇甜爽净,入口绵,冲辣等。

风格:白酒符合米香纯正,清雅;酒体醇和,绵甜、爽洌,回味怡畅的风味特点。

5)凤香型白酒的品评术语

色泽:参考浓香型白酒。

香气:醇香秀雅,香气雅郁,有异香,醇香纯正,较正等。

口味:醇厚丰满,诸味谐调,尾净悠长,醇厚甘润,余味较长等。

风格:白酒符合醇香秀雅,具有乙酸乙酯和己酸乙酯为主的复合香气;醇厚丰满,甘润挺爽,诸味谐调,尾净悠长的风味特点。

6)其他香型白酒的品评术语

色泽:参考浓香型白酒。

香气:典雅,独特,焦香,异香,香气小等。

口味:醇厚绵甜,绵甜爽净,诸香谐调,绵柔,甘爽,冲辣,刺喉,涩,有异味,回味悠长,较长,短,有霉味等。

风格:典型,较典型,独特,较独特,明显,较明显,尚好,尚可,差等。

(二)啤酒

1. 啤酒定义

啤酒是以麦芽、水等为主要原料,加入啤酒花(包括酒花制品),经过酵母发酵酿制而成的、含有二氧化碳的、起泡的、低酒精度的发酵酒。

2. 啤酒的简单分类

按啤酒的颜色深浅可将啤酒分为淡色啤酒(色度 2EBC - 14EBC)、浓色啤酒(色度 15EBC - 40EBC)和黑色啤酒(色度大于等于 41EBC)。按啤酒的生产方法可将啤酒分为熟啤酒(经巴氏杀菌或瞬时高温灭菌)、生啤酒(不经巴氏杀菌或瞬时高温灭菌,而采用其他物理方法除菌,达到一定的生物稳定性)、鲜啤酒(不经巴氏杀菌或瞬时高温灭菌,成品中允许含有一定量的活酵母菌,达到一定的生物稳定性)。按啤酒所使用的包装容器可将啤酒分为瓶装啤酒、罐装啤酒和桶装啤酒。另外还有特种啤酒(由于原辅材料、工艺的改变,使之具有特殊风格)等。

3. 啤酒度数

日常所说的啤酒度数主要是指原麦汁的质量分数,而不是酒精含量。如 12°啤酒,酒精含量可能只有3.5%~4.0%。

4. 啤酒的典型性

即啤酒的特点。啤酒作为一种具有营养性、酒精度低的饮料酒,它所具有的典型性主要表现在以下各方面:

色泽——啤酒的色泽可分为淡色,浓色和黑色三种,优良的啤酒不管颜色深浅均应具有醒目的光泽,暗而无光的失光啤酒不是好啤酒。

透明度——啤酒在规定的保质期内,必须保持其洁净透明的特点,不应有任何浑浊或沉淀出现。

泡沫——泡沫是啤酒的重要特征,啤酒也是唯一一种以泡沫为主要质量指标的酒精类饮料。

风味和酒体——日常生活中常见的淡色啤酒应具有明显的酒花香味和细微的酒花苦味,入口略苦而不长,酒体舒爽而不淡,柔和适口。

二氧化碳的含量——好啤酒应具有饱和充足的二氧化碳,能赋予啤酒一定的杀口力,给人以舒适的刺激感。

饮用温度——在适宜的温度下饮用啤酒,酒液中很多有益成分的作用就能互补协调,给人一种舒适爽快的感觉。啤酒适合在较低的温度下饮用,以12℃左右为宜。

5. 啤酒品评要点

啤酒的感官指标主要有四个方面:外观色度、泡沫、香气和口味。外观上,要求啤酒清亮透明,无明显的悬浮物和沉淀物,浊度不超过1.0EBC单位(保质期内)。啤酒的色度可用EBC比色计进行测量,例如好的淡色啤酒应呈现淡黄色,而不应出现深棕色。色度可以体现啤酒储存过程中的风味物质变化。将啤酒倒进干净的杯子里,应立即有泡沫升起,这体现了啤酒的起泡性能。在颜色上啤酒的泡沫应洁白,在组织形态上泡沫应细腻,泡体应持久不消,优质啤酒泡沫持久时间应在4min以上,且有泡沫挂杯。优质啤酒还要有协调的香气,应有一定的麦芽香,口味纯正、爽口,无异香异味。

(1)色泽鉴别

良质啤酒——浅黄色带绿,不呈暗色,有醒目的光泽,清亮透明,无明显的悬浮物。

次质啤酒——色淡黄或稍深,透明或有光泽,有少许的悬浮物或沉淀。

劣质啤酒——色泽暗而无光或失光,有明显的悬浮物和沉淀物,严重的酒体混浊。

(2)泡沫鉴别

良质啤酒——倒入杯中时起泡能力强,泡沫可达1/2~2/3杯的高度,洁白细腻,挂杯持久(4min以上)

次质啤酒——倒入杯中有泡沫升起,色较洁白,挂杯时间可持续2min以上。

劣质啤酒——倒入杯中稍有泡沫但很快消散,有的则根本不起泡,即使起泡,泡沫显粗黄、不挂杯,似冷茶水状。

(3)香气鉴别

啤酒的香气应包括酒花香气、麦芽香气和发酵时含氮物质代谢生成的芳香物质等。

良质啤酒——有明显的酒花香气,无生酒花味,无老化味及其他异味。

次质啤酒——有酒花香气但不明显,也没有明显的异味和怪味。

劣质啤酒——无酒花香气,有怪异的气味。

(4)口味鉴别

啤酒的口味应包括由麦芽、大米、酒花、水、酵母等在酿制过程中产生的正常本质的味道,不应产生异味或其他杂味。啤酒在饮用时有柔和、爽口和杀口之分。柔和是指啤酒各方面的味道均很协调,对味觉不刺激。爽口是指啤酒饮用后有清爽感,令人心旷神怡。杀口是指饮用后舌头的收敛感强烈,对味觉有冲击、刺激感。杀口感主要是由啤酒内含有的二氧化碳引起的,啤酒的酸碱度也可以影响杀口感。

良质啤酒——口味纯正,酒香明显,无任何的异、杂滋味。酒质清冽,酒体协调柔和,杀口力强,苦味细腻微弱且略显愉快,无后苦,有再饮欲。

次质啤酒——口味较纯正,无明显异味,酒体较协调,具有一定的杀口力。

劣质啤酒——味不正,有明显异杂味、怪味,例如酸味或甜味过于浓重,有铁腥味,苦涩味或淡而无味等,严重者难以入口。

6. 影响啤酒质量的因素

(1)失光性:啤酒是一种透明的胶体溶液,易受微生物和理化作用的影响,使胶体被破坏而失去透明的特性,称之为"失光"。失光后可能会造成啤酒浑浊和出现沉淀。

(2)酵母浑浊现象:造成啤酒酵母浑浊现象的主要是野生酵母,也有可能是酵母再发酵引起的。酵母浑浊现象导致的后果主要是酒液浑浊、失光、有沉淀,启盖后气泡足,常会伴有啤酒喷涌、窜沫现象,倒酒入杯时酒瓶口处有"冒烟"现象。

(3)受寒浑浊现象:当啤酒在0℃左右贮存或运输一段时间后,由于温度低,酒液中常会出现一些较小的悬浮颗粒,使啤酒失光。如果在低温下贮运的时间再延长一些,酒液中就会出现较大的凝聚物而造成沉淀。假如在啤酒还处于失光阶段时,将贮运温度提升到10℃以上,酒液又会恢复到透明状态。这种因受寒冷而造成的浑浊,实际上是蛋白质的凝聚现象。

(4)淀粉浑浊现象:由于生产过程中的糖化不完全,啤酒中还残留有一定量的淀粉而造成浑浊,并逐渐出现白色沉淀的现象。

(5)氧化浑浊现象:啤酒在装瓶或装桶时,不可避免地要与空气中的氧气接触而引起浑浊,空气越多,浑浊就越快。因此,啤酒在贮存中应尽量减少摇晃、曝光,要求在适宜的温度下存放。

(6)风味缺陷:啤酒在生产、贮运过程中,可能会产生双乙酰味、硫味、日光臭、高级醇味、老化味、异常的酯香味、酵母味、麦皮味等异味。

7. GB/T 4928—2008《啤酒分析方法》——感官部分

(1)酒样的准备

根据需要将酒样密码编号并恒温至12~15℃,以同样高度(距杯口3cm)和注流速度,对号注入洁净、干燥的啤酒评酒杯中。

(2)外观

1)透明度　将注入杯的酒样(或瓶装酒样)置于明亮处观察,记录酒的清亮程度、悬浮物及沉淀物情况。

2)浊度　利用富尔马肼标准浊液溶液校正浊度计,直接测定啤酒样品的浊度,以浊度单位EBC表示。

(3)泡沫

1)形态　用眼观察泡沫的颜色、细腻程度及挂杯情况,做好记录。

2)泡持性　仪器法、秒表法。

(4) 香气和口味

1) 香气　先将注入酒样的评酒杯置于鼻孔下方，嗅闻其香气，摇动酒杯后，再嗅闻有无酒花香气及异杂气味，做好记录。

2) 口味　饮入适量酒样，根据所评定的酒样应具备的口感特征进行评定，做好记录。

(5) 判定

根据外观、泡沫、香气和口味特征，写出评语，依据 GB 4927 中的感官要求进行综合评定。

(6) 色度

比色计法、分光光度计法。

8. GB 4927—2008《啤酒》——感官部分

(1) 淡色啤酒（见表 1－5－62）

表 1－5－62　淡色啤酒感官要求

项目			优级	一级
外观[a]	透明度		清亮，允许有肉眼可见的微细悬浮物和沉淀物（非外来异物）	
泡沫	浊度/EBC　≤		0.9	1.2
	形态		泡沫洁白细腻，持久挂杯	泡沫较洁白细腻，较持久挂杯
	泡持性[b]/s ≥	瓶装	180	130
		听装	150	110
香气和口味			有明显的酒花香气，口味纯正，爽口，酒体协调，柔和，无异香、异味	有较明显的酒花香气，口味纯正，较爽口，协调，无异香、异味

[a]对非瓶装的"鲜啤酒"无要求。

[b]对桶装（鲜、生、熟）啤酒无要求。

(2) 浓色啤酒、黑色啤酒（见表 1－5－63）

表 1－5－63　浓色啤酒、黑色啤酒感官要求

项目			优级	一级
外观[a]			酒体有光泽，允许有肉眼可见的微细悬浮物和沉淀物（非外来异物）	
泡沫	形态		泡沫细腻挂杯	泡沫较细腻挂杯
	泡持性[b]/s ≥	瓶装	180	130
		听装	150	110
香气和口味			具有明显的麦芽香气，口味纯正，爽口，酒体醇厚，杀口，柔和，无异味	有较明显的麦芽香气，口味纯正，较爽口，杀口，无异味

[a]对非瓶装的"鲜啤酒"无要求。

[b]对桶装（鲜、生、熟）啤酒无要求。

（三）黄酒

1. 黄酒概述

黄酒是我国特有的传统饮用酒，因其色泽黄亮而得名。黄酒是以稻米、黄米（黍米）等为主要原料，通过加曲、酵母等糖化发酵剂酿制而成的发酵酒。黄酒酒性醇和，适于长期贮存，具有“越陈越香”的特点。黄酒的酒龄一般是指发酵后的成品原酒在酒坛、酒罐等容器中贮存的年限。黄酒含有多种的营养成分，具有一定的营养价值，是广大中国消费者十分喜好的饮料酒。

黄酒可以按其糖含量分为干黄酒、半干黄酒、半甜黄酒、甜黄酒。按照其产品风格，黄酒也可分为传统型黄酒、清爽型黄酒、特型黄酒。传统型黄酒是以稻米、黍米、玉米、小米、小麦等为主要原料，经蒸煮、加酒曲、糖化、发酵、压榨、过滤、煎酒（除菌）、贮存、勾兑而成的黄酒。清爽型黄酒是以稻米、黍米、玉米、小米、小麦等为原料，加入酒曲（或部分酶制剂和酵母）为糖化发酵剂，经蒸煮、糖化、发酵、压榨、过滤、煎酒（除菌）、贮存、勾兑而成的、口味清爽的黄酒。生产特型黄酒使用的原、辅料及加工工艺有所改变，制出的酒具有特殊风味，但不改变黄酒风格。在特型黄酒生产过程中，可以添加符合国家规定的、既可食用又可药用的物质。

2. 黄酒品评要点

（1）色泽鉴别：黄酒应是琥珀色或淡黄色的液体，清澈透明，光泽明亮，无沉淀物、悬浮物。

（2）香气鉴别：以香味馥郁者为佳，具有黄酒特有的酯香。

（3）滋味鉴别：应是醇厚而稍甜，酒味柔和无刺激，不得有辛辣酸涩等异味。

（4）酒度鉴别：酒精含量一般为14.5% ~20%。

3. 影响黄酒质量的因素

（1）黄酒由于贮存、运输或保管不善，可导致酒的温度升高或在黄酒受了强烈振动以后而引起的浑浊，这种浑浊若不伴有滋味改变，则仍可以饮用。

（2）黄酒由于其酒精含量较低，易污染细菌而发生酸败变白，使酒体浑浊而有沉淀物，酒表面会悬浮一层薄膜，口味过酸甚至发臭，这种酒为变质酒，不能饮用。

4. GB/T 13662—2008《黄酒》——感官部分

黄酒感官要求见表1-5-64和表1-5-65。

表1-5-64 传统型黄酒感官要求

项目	类型	优级	一级	二级
外观	干黄酒、半干黄酒、半甜黄酒、甜黄酒	橙黄色至深褐色，清亮透明，有光泽，允许瓶（坛）底有微量聚集物		橙黄色至深褐色，清亮透明，允许瓶（坛）底有少量聚集物
香气	干黄酒、半干黄酒、半甜黄酒、甜黄酒	具有黄酒特有的浓郁醇香，无异香	黄酒特有的醇香较浓郁，无异香	具有黄酒特有的醇香，无异香
口味	干黄酒	醇和，爽口，无异味	醇和，较爽口，无异味	尚醇和，爽口，无异味
	半干黄酒	醇厚，柔和鲜爽，无异味	醇厚，较柔和鲜爽，无异味	尚醇厚鲜爽，无异味
	半甜黄酒	醇厚，鲜甜爽口，无异味	醇厚，较鲜甜爽口，无异味	醇厚，尚鲜甜爽口，无异味
	甜黄酒	鲜甜，醇厚，无异味	鲜甜，较醇厚，无异味	鲜甜，尚醇厚，无异味
风格	干黄酒、半干黄酒、半甜黄酒、甜黄酒	酒体协调，具有黄酒品种的典型风格	酒体较协调，具有黄酒品种的典型风格	酒体尚协调，具有黄酒品种的典型风格

表 1-5-65　清爽型黄酒感官要求

<table>
<tr><th>项目</th><th>类型</th><th>一级</th><th>二级</th></tr>
<tr><td rowspan="3">外观</td><td>干黄酒</td><td rowspan="3" colspan="2">橙黄色至黄褐色，清亮透明，有光泽，允许瓶（坛）底有微量聚集物</td></tr>
<tr><td>半干黄酒</td></tr>
<tr><td>半甜黄酒</td></tr>
<tr><td rowspan="3">香气</td><td>干黄酒</td><td rowspan="3" colspan="2">具有本类黄酒特有的清雅醇香，无异香</td></tr>
<tr><td>半干黄酒</td></tr>
<tr><td>半甜黄酒</td></tr>
<tr><td rowspan="3">口味</td><td>干黄酒</td><td>柔净醇和、清爽、无异味</td><td>柔净醇和、较清爽、无异味</td></tr>
<tr><td>半干黄酒</td><td>柔和、鲜爽、无异味</td><td>柔和、较鲜爽、无异味</td></tr>
<tr><td>半甜黄酒</td><td>柔和、鲜甜、清爽、无异味</td><td>柔和、鲜甜、较清爽、无异味</td></tr>
<tr><td rowspan="3">风格</td><td>干黄酒</td><td rowspan="3">酒体协调，具有本类黄酒的典型风格</td><td rowspan="3">酒体较协调，具有本类黄酒的典型风格</td></tr>
<tr><td>半干黄酒</td></tr>
<tr><td>半甜黄酒</td></tr>
</table>

5. 黄酒的感官分析方法（参见 GB/T 13662—2008《黄酒》）

（1）酒样的准备

将酒样密码编号，置于水浴中，调温至 20～25℃。将洁净、干燥的评酒杯对应酒样编号，对号注入酒样约 25mL。

（2）外观评价

将注入酒样的评酒杯置于明亮处，举杯齐眉，用眼观察杯中酒的透明度、澄清度以及有无沉淀和聚集物等，做好详细记录。

（3）香气与口味评价

手握杯柱，慢慢将酒杯置于鼻孔下方，嗅闻其挥发香气，慢慢摇动酒杯，嗅闻香气。用手握酒杯腹部 2min，摇动后，再嗅闻香气。依据上述程序，判断是原料香或有其他异香，写出评语。

饮入少量酒样（约 2mL）于口中，尽量均匀分布于味觉区，仔细品评口感，有了明确感觉后咽下，再回味口感及后味，记录口感特征。

（4）风格评价

依据外观、香气、口味的特征，综合评价酒样的风格及典型性程度，写出评价结论。

（四）果酒

1. 果酒概述

果酒是将各种水果汁直接发酵（或经勾兑）后酿制而成的低度酒饮料。一般的果酒酒精含量为 12%～18%。果酒含有各种维生素及矿物质，并具有原来果实的芳香和酒的醇美，口味甜润。果酒基本上以原料鲜果命名，如苹果酒、荔枝酒、橘子酒和杨梅酒等。

果酒的酿造以葡萄酒为代表，其他果酒的酿造方法与葡萄酒基本相似。果酒酿造方法基本上可分为混合发酵法（即把原料水果的皮和肉混合在一起发酵，这种方法多用来酿造深色果酒或红葡萄酒）和分离发酵法（即把原料水果的皮与肉分开，单独用果汁进行发酵，这种方法多用来酿造浅色果酒或白葡萄酒)。葡萄或其他水果在酿造过程中,一部分糖分变为酒精,含氟物、单宁等成分均减少,芳香物质增加,形成果酒的特殊风味。

2. 果酒感官检验的基本方法

(1)外观鉴别

应具有原料果实的真实色泽,酒液清亮透明,具有光泽,无悬浮物,沉淀物和混浊现象。

(2)香气鉴别

果酒一般应具有原料果实特有的香气,陈酒还应具有浓郁的酒香,而且一般都是果香与酒香混为一体。酒香越丰富,酒的品质越好。

(3)滋味鉴别

一般都会酸甜适口,醇厚纯净而无异味,甜型酒应甜而不腻,干型酒要干而不涩,不得有突出的酒精气味。

(4)酒度鉴别

我国国产果酒的酒度多在12°~18°范围内。

3. 影响果酒质量的因素

果酒的变质主要是由微生物和化学变化引起的。

(1)由微生物引起

微生物侵入酒液中生长繁殖而引起质量的变化。该种变化在瓶装果酒中很少见,多见于桶装果酒。通常有:

1)在酒的表面出现白色的薄膜,酒液浑浊呈清水状并有令人厌恶的气味。当酒液接触空气或遇到较高的温度,就很容易发生这种现象。在密封的瓶或桶中,保持温度在10~12℃即可避免。如果已经出现了这种现象,可采取的措施主要是将酒与空气隔绝,把桶装满,将新浮在酒液上面的菌除去。

2)醋酸发酵:在高温情况下,醋酸菌进入酒液中发酵产生了醋酸,酒液表面带有一层薄膜,味酸而不能饮用。

(2)由化学变化引起

由化学变化引起果酒的变质原因通常有:

1)色泽败坏:果酒的酸度低,单宁物质遇铁发生氧化变成黑色,滋味也随之败坏。色素和单宁也会因发生氧化而变成褐色。

2)沉淀:果酒在长期存放过程中,由于所含的色素、蛋白质、单宁和矿物质等发生化学作用而引起沉淀,影响酒液外观,但对酒的风味影响不大。

4. 葡萄酒品评知识

(1)酿酒葡萄的品种

全世界大约有超过8000种可以酿酒的葡萄,但是真正可以酿制出优质葡萄酒的葡萄品种只有50种左右,一般可以分为白葡萄和红葡萄两种。白葡萄的颜色主要有青绿色、黄色等,多数用来酿制气泡酒及白酒。红葡萄的颜色有黑、蓝、紫红、深红色,主要用来酿制红酒。红葡萄中有果肉是深色的,也有果肉和白葡萄一样是无色的,所以有些白肉的红葡萄去皮榨汁之后也可酿造白酒。以下是一些常见的酿酒葡萄品种。

1)赤霞珠

别名解百纳、解百纳索维浓、解百纳苏味浓。赤霞珠是全世界最知名的红葡萄品种之一,喜欢温暖或炎热的气候。该品种原产于法国,是法国波尔多地区传统的酿制红葡萄酒的良种,在世界上生产葡萄酒的国家均有较大面积的栽培。我国于1892年首先由烟台张裕葡萄酒公司引入,是我国目前栽培面积最大的红葡萄品种。该品种容易种植且酿造、适应性较强、酒质优,可酿成浓郁厚重型的红酒,适合久藏。但通常将它与其他品种调配(如梅鹿辄)酿造,经橡木桶贮存后才能获得优质的葡萄酒。在我国,它与品丽珠、蛇龙珠并称"三珠"。赤霞珠的香气以黑色水果为主,如黑莓、黑醋栗等。赤霞珠在橡木桶中熟成,柔化单宁的同时还添加了烟熏、香草、橡木的香气,具有极佳的陈年能力,最顶级的酒甚至可以陈放百年。

2)品丽珠

别名卡门耐特、原种解百纳。原产地法国,是法国波尔多及罗亚河区古老的酿酒品种,与赤霞珠、蛇龙珠是姊妹品种。我国最早是在1892年由西欧引入山东烟台。该品种是世界著名的、古老的酿红酒的良种,富有果香,较清淡柔和,大多不太能久藏,它的酒质不如赤霞珠,适应性不如蛇龙珠。通常与赤霞珠及美乐搭配。

3)梅鹿

别名梅鹿汁、美乐。也是世界著名的红葡萄品种之一,具有李子和草莓的香气。在橡木桶中熟成后可获得更多的巧克力味、香草风味。新世界国家比较偏爱美乐酿制出的葡萄酒。该品种原产于法国,在法国波尔多地区与其他名种(如赤霞珠等)配合能生产出极佳的干红葡萄酒。我国最早是1892年由西欧引入山东烟台。该品种为法国古老的酿酒品种,主要作为调配以提高酒的果香和色泽。

4)佳丽酿

别名佳里酿、法国红、康百耐、佳酿。原产西班牙,是西欧各国的古老酿酒优良品种之一。我国最早是1892年由西欧引入山东烟台,该品种易栽培、丰产。佳丽酿所酿出的酒是宝石红色,味正,香气好,宜与其他品种调配,去皮也可酿成白或桃红葡萄酒,也可用作红酒调配与制白兰地。

5)黑品乐

别名黑品诺、黑比诺、黑皮诺等。是一种娇贵的红葡萄品种,需要给它提供独特的环境、特有的土壤。原产于法国,也是古老的酿酒名种。法国的勃良第产区,年轻的黑皮诺会带有覆盆子、樱桃等红色水果味道。成熟后会带有动物、泥土的复杂香气。我国最早也是由张裕公司从欧洲引进。该品种是法国著名的酿造香槟酒与桃红葡萄酒的主要品种,早熟、皮薄、色素低、产量少,适合较寒冷的地区,它对土壤与气候的要求比较严格,去皮发酵可酿制干白、白酒及非常好的气泡酒,是香槟最主要的葡萄品种之一。所酿的酒颜色不深,适合久藏。

6)蛇龙珠

原产法国,1892年引入中国。与赤霞珠、品丽珠是姊妹品种。

7)佳美

曾用名黑佳美,红加美。原产于法国,1978年引入。除了产于宝酒利特级产区的红酒可陈放外,一般都要趁新鲜饮用。它的特色是低单宁、有丰富的果香及美丽的浅紫红色泽,常带西洋梨及紫罗兰花香,尤其是宝酒利新酒,常带西洋梨、香蕉及泡泡糖的香味,是入门者的最佳选择之一,低涩度,高果香,冰凉之后容易入口。

8)歌海娜

曾用名格伦纳什。原产西班牙,1980年引入中国。

9)内比奥罗

英文名称内比欧罗。曾用名纳比奥罗。原产意大利,1981 年引入。属于高果酸、高色素、高单宁、晚熟型的品种。主要分布在意大利皮蒙省,其中巴若罗、巴瑞斯可为最著名的产区。所酿的酒品质可媲美一级波尔多红酒。酒色深,香味丰富,口感强,带有丁香、胡椒、甘草、梅、李子干、玫瑰花及苦味巧克力的香味,适合久存。

10)味而多

曾用名魏天子。原产法国,1892 年引入中国。

11)宝石

曾用名宝石百纳。原产美国,1980 年引入中国。

12)桑娇维塞

英文名称山吉欧维斯。原产意大利,1981 年引入中国。主要种植在意大利中部。色素少、酸度高、单宁高,酒的类型简单清爽,也有浓烈浑厚型,带有烟草及香料的味道。

13)西拉

在法国叫西拉,在澳洲叫西拉子。西拉带有浓郁的黑色水果、甜胡椒香气。这个品种非常适合用橡木桶熟成,在法国北隆河地区和澳洲出产的最为有名,也是澳大利亚最具代表性的品种。该品种适合温暖的气候,可酿出颜色深黑、香醇浓郁、口感结实带点辛辣的葡萄酒。酒液年轻时以花香(尤其是紫罗兰香味)及浆果香味为主,成熟后会有胡椒、皮革、丁香、动物香味出现。

14)增芳德

英文名称金芬黛。原产于意大利,但发现于美国,1980 年引入国内。它可以酿出很多不同类型的酒,从清淡、带清新果香及甜味的淡粉红酒,一直到高品质、耐存、强单宁、丰厚浓郁型的红酒,从有气泡到没有气泡的酒,甚至甜味红酒中也有它的存在。

15)霞多丽

又译为莎当妮。霞多丽是世界上种植最为广泛的葡萄品种。凉爽地区呈现出较多的苹果、梨的香气。温暖地区则表现为热带水果的香气,如香蕉、菠萝等。经过橡木桶储存的霞多丽则会带有香草、椰子和烘烤的香气。

16)长相思

即白苏维翁。长相思酿出的葡萄酒会显现出清爽的绿色水果和植物的香气,例如:芦笋、青草。为保持清爽的果香,大多数长相思是不经橡木桶的。它可以为甜酒增加酸度,例如,波尔多苏玳地区产的贵腐甜酒中就有长相思的调配。适合夏天搭配新鲜海鲜。

17)雷司令

又译为瑞丝琳。是一种尊贵的葡萄品种,适合栽种于凉爽地带,带有绿色水果、柠檬等香气。该种葡萄也适合酿造奢华的甜酒。高酸度的特征使其具有超强的陈年能力,熟成的雷司令会有蜂蜜和烤面包的香气,有些陈年的酒中可能会有汽油的味道。

(2)葡萄酒的种类和划分

葡萄酒是以新鲜葡萄或葡萄汁为原料,经全部或部分发酵酿制而成的,含有一定酒精度的发酵酒。

按酒的色泽,葡萄酒可以分为红葡萄酒、白葡萄酒、桃红葡萄酒三大类,但在市场上很少看到桃红葡萄酒。红葡萄酒:是用红色或紫色葡萄为原料,采用皮、汁混合发酵而成。果皮中的色素和单宁在发酵过程中溶于酒中,因此酒色呈暗红或红色,酒液澄清透明,糖含量较高,酸度适中，口味甘美，微酸带涩，香气芬芳。白葡萄酒：是用皮红肉白或皮肉皆白的葡萄为原料，将葡萄先榨出汁，再将葡萄汁单独发酵酿制。由于酿制时多把葡萄的皮与肉分离，色素又大部分存在于果皮中，故白葡萄酒的色泽偏淡黄，酒液澄清、透明，糖含量高于红葡萄酒，酸度稍高，口味纯正，甜酸爽口，香气芬芳。

根据葡萄酒的糖含量，可将其区分为干葡萄酒、半干葡萄酒、半甜葡萄酒和甜葡萄酒。干葡萄酒是糖含量（以葡萄糖计）小于或等于4.0g/L的葡萄酒，或者是当总糖与总酸（以酒石酸计）的差值小于或等于2.0g/L时，糖含量最高为9.0g/L的葡萄酒。半干葡萄酒的含糖量大于干葡萄酒，最高为12.0g/L。或者当总糖与总酸（以酒石酸计）的差值小于或等于2.0g/L时，糖含最高为18.0g/L的葡萄酒也叫半干葡萄酒。半甜葡萄酒的糖含量大于半干葡萄酒，最高为45.0g/L。甜葡萄酒的糖含量大于45.0g/L。

按酒中的二氧化碳含量来分类，葡萄酒可分为平静葡萄酒、起泡葡萄酒。平静葡萄酒是指在20℃时，二氧化碳压力小于0.05MPa的葡萄酒。起泡葡萄酒则是指在20℃时，二氧化碳压力等于或大于0.05MPa的葡萄酒。香槟酒是法国香槟省出产的一种起泡葡萄酒。国际上公认除了香槟地区出产的起泡酒可以叫香槟外，其余地区出产的起泡酒均不能称之为香槟。

法国葡萄酒酒质分为：普通日用餐酒、乡村酒或地区餐酒、优良品质餐酒、原产地法定区域管制餐酒。普通餐酒：可以用整个法国的葡萄混合酿造，对品种和产量没有限制，是法国大众餐桌上最常见的葡萄酒。地区餐酒：品质高于普通餐酒，葡萄来自范围较小的产区，这个级别的酒通常物美价廉。优良地区餐酒：等级在地区餐酒和法定产区葡萄酒之间。被作为法定产区葡萄酒AOC的候选级别。这个级别的酒较少见，在法国不到1%。法定产区葡萄酒（简称AOC）：最高等级的法国葡萄酒，其葡萄品种、最低糖含量、最高产量、栽培方式、修剪及酿造方法等都受到严格的监控。只有通过官方分析和化验的法定产区葡萄酒才可以获得AOC证书。一般来说，在法国产区越小的葡萄酒，品质越高。

勃根地酒分级为：区域酒（只标示产区，如村庄级酒在酒标上会标示村庄名），一级酒（酒标上会标示村庄及葡萄园名），特级酒（此类酒不会标示村庄名字，通常只会标示葡萄园的名字）。

德国葡萄酒划分为：日常饮用餐酒、优质酒、高级优质酒。

美国葡萄酒分为：附属类、专属品牌酒、葡萄品名餐酒。

意大利酒的等级划分为：一般日常酒、原产地区域管制酒、原产地区域保证酒。

(3)葡萄酒的命名

1)葡萄品种命名法

许多国家的葡萄酒均以葡萄品种来做酒名，如此较容易辨别。这种命名方式大多是新兴的酒产区如澳洲、美洲等地采用，例如：白富美、卡伯纳·苏维翁、皮诺·诺瓦、夏多内。欧洲产酒区也有用葡萄品种来命名的，例如：法国阿尔萨斯的葡萄酒就用葡萄品种来命名，如蕾斯琳等。

2)酒厂或酒商名称命名法

有的酒厂以自己的厂名为其葡萄酒命名。

3)商标（专属品牌）命名法

许多酒商以其商誉及历史自创品牌命名，例如：法国的碧加露等。

4)其他命名方式

附属类葡萄酒，如澳洲、西班牙等地在酒标上用欧洲著名的产酒区及颜色来命名，此类葡萄酒均为平价、量大的日常餐酒。

5)区域命名法

欧洲古老的产酒区多以此种方式命名。例如:法国波尔多区及其辖内著名的产区美道、圣爱米伦、玻玛络、索坦、格拉夫、勃根地区及其辖内的夏伯力、宝酒利、纽·圣乔治,另有意大利的巴罗洛、巴巴瑞斯可、阿斯提、香堤,德国的彼斯波特、圣约翰等。

(4)中国的葡萄产地及世界葡萄产区

1)中国的葡萄产地

由于葡萄生长需要特定的生态环境,同时地区经济发达程度也有差异,这些产地的规模较小,较分散,多数集中在中国东部。

①东北产地

包括北纬45°以南的长白山麓和东北平原。这里冬季严寒,土壤为黑钙土,较肥沃。在冬季寒冷的气候条件下,野生的山葡萄因抗寒力极强,已成为这里栽培的主要品种。

②渤海湾产地

包括华北北半部的昌黎、蓟县丘陵山地、天津滨海区、山东半岛北部丘陵和大泽山。这里受海洋的影响,热量丰富,雨量充沛,有砂壤、海滨盐碱土和棕壤。优越的自然条件使这里成为我国最著名的酿酒葡萄产地,其中昌黎的赤霞珠,天津滨海区的玫瑰香,山东半岛的霞多丽、贵人香、赤霞珠、品丽珠、蛇龙珠、梅鹿辄、佳利酿、白玉霓等葡萄,都在国内负有盛名。渤海湾产地是我国目前酿酒葡萄种植面积最大,品种最优良的产地。

③沙城产地

包括河北的宣化、涿鹿、怀来。这里光照充足,热量适中,昼夜温差大,夏季凉爽,气候干燥,雨量偏少,土壤为褐土,质地偏砂,多丘陵山地,十分适于葡萄的生长。龙眼和牛奶葡萄是这里的特产,近年来已推广种植了赤霞珠、梅鹿辄等世界酿酒名种葡萄。

④银川产地

包括贺兰山东麓广阔的冲积平原,这里气候干旱,昼夜温差大,土壤为砂壤土、含砾石,土层有30~100mm。这里是西北地区新开发的最大的酿酒葡萄基地,主要栽种世界酿酒品种赤霞珠、梅鹿辄。

⑤武威产地

包括甘肃武威、民勤、古浪、张掖等位于腾格里大沙漠边缘的县市。这里气候阴凉干燥,由于热量不足,冬季寒冷,近年来已发展了梅鹿辄、黑品诺、霞多丽等品种。

⑥吐鲁番产地

包括低于海平面300m的吐鲁番盆地的鄯善、红柳河,这里四面环山,热风频繁,夏季温度极高;雨量稀少,全年仅有16.4mm。这里是我国无核白葡萄生产和制干的基地。著名葡萄酒专家郭其昌在这里试种了赤霞珠、梅鹿辄、歌海娜、西拉、柔丁香等酿酒葡萄。生产的甜葡萄酒具有西域特色。

⑦黄河故道产地

包括黄河故道的安徽萧县,河南兰考等县,这里气候偏热,年降水量800mm以上,并集中在夏季,因此葡萄生长旺,病害严重,品质低。近年来,通过引进赤霞珠等晚熟品种,改进了栽培技术,改善了葡萄品质。

⑧云南高原产地

包括云南高原海拔1500m的弥勒、东川、永仁和川滇交界处金沙江畔的攀枝花,土壤多为红壤和棕壤。这里的气候特点是光照充足,热量丰富,降水适时,在上一年的10~11月至第二年的6月有一个明显的旱季,适合酿酒葡萄的生长和成熟,可利用旱季的独特气候栽培欧亚种的葡萄。

⑨清徐产地

包括山西的汾阳、榆次和清徐的西北山区,这里气候温凉,光照充足,土壤为壤土、砂壤土,含砾石。葡萄栽培在山区,着色极深。

2)世界葡萄产区

世界葡萄酒产区可以分为旧世界和新世界。

旧世界是指拥有悠久历史的葡萄酒产区,一般承载着悠久的传统文化和习俗。主要是欧洲版图内的产区。以地中海周边国家为主,尤其以法国、意大利、西班牙、德国等为典型代表。

新世界是指以市场消费者为向导,能生产更符合大众口味的葡萄酒,富有创新和冒险精神。新世界包括美国、加拿大、阿根廷、智力、澳大利亚、新西兰、南非等新兴的产酒国。

①法国

波尔多区:波尔多的葡萄酒享誉全世界,红酒不浓不淡,细腻而不会有太浓的酒精味,颜色多呈现美丽的红宝石色泽,优质的红葡萄酒具有越陈越好的特质。主要产区为:美道区、圣爱米伦、玻玛络、格拉夫、索坦。

勃根地:勃根地葡萄酒几乎都是由同一葡萄品种所酿造,勃根地的特级酒是依产区葡萄园来制定的,这一点与波尔多有很大区别。主要产区为:夏普利、马岗区、宝酒利。

②意大利

意大利最有名且产量较多的地区有:皮蒙,威尼托等。

③西班牙

西班牙是世界上葡萄种植面积最大,但平均面积葡萄最少的国家,产酒量在世界上排名第三。20世纪70年代才有了西班牙自己的"AOC",即:Instituto Nacional de Denominacioe de Origen(简称DO),规定了酒的原产地及品质。1991年又建立了比DO规定更严格的DOC(Denomination de Origen Calificada)。

④澳洲

澳洲有良好的土壤条件及稳定的气候,是一个优秀的新兴产区。其葡萄酒产量占世界的2%,近三成用于出口。原以生产强化酒精葡萄酒为主,但近年来改为大量生产不甜的一般餐用酒。因地处南半球,每年2、3月为其葡萄采收期,所以比欧美各产区的葡萄酒能提早半年上市。在澳洲葡萄酒最有特色的是Blend Wine。另外,它也出产很好的强化酒精葡萄酒,当然它也生产了很多其他优秀的葡萄酒,如席哈、苏维翁、夏多内、塞米荣等。

⑤德国

德国大概有13个特定葡萄种植区,大多在西南部,是地处较高纬度的葡萄种植区,阳光不足,夏天短促,所以有80%的葡萄园在面河的山坡地以便吸收更多的阳光。主要葡萄园集中在莫斯尔及莱茵河地区。一般来说,莫斯尔的酒果酸较强,较清爽;莱茵河的酒较浓郁。

⑥美国

美国是美洲最大的产酒国,也是葡萄酒科技大国,其独特的地理位置、较为稳定的气候条件、先进的科学技术等使其在较短的时间内一跃成为国际市场上新兴的优良产酒区。其中加州所产的葡萄酒居全美第一,约占全美九成的产量,其葡萄种植主要分布于中央谷地、南部海岸,以北海岸的那帕山谷、索诺玛山谷最具知名度,大多数名牌酒庄聚集在此处。

(5)葡萄酒与酒杯的搭配

一只合适的品酒杯对品鉴葡萄酒的色、香、味等十分重要。好的酒杯应该薄身、无花纹、无色而透明,并且要有高脚,长长的杯柄,让手指得以轻轻拈握,不致将手纹印上杯身,影响观察酒的透明度,同时也避免将手的温度传到杯中。同时,为了令葡萄酒能舒适的呼吸,杯的容量必需够大;另一方面,当晃动酒杯时,酒的香气能集中在杯口。饮红葡萄酒可以用波尔多酒杯(像郁金香的花球或初开的莲花)、布根地酒杯(杯口比较窄,像植物的球茎)。

(6)葡萄酒与食物的搭配

葡萄酒是国际上公认的佐餐酒,尤其干型的葡萄酒,通常可在进餐或宴会时饮用。由于不同的酒种特点不同,因此可将各种酒与适宜的菜肴进行科学搭配,可以更完美地体现葡萄酒的风格。一般干红葡萄酒的颜色呈现宝石红色,赏心悦目,酒香馥郁、酒体丰满,由于酒中含有一定的酚类物质,因此可以搭配红烧肉、牛排、鸡、鸭等肉类会得到更好的享受。干红葡萄酒既可以解除肉的油腻感,又可使菜肴的滋味更加浓厚,同时又由于干红葡萄酒优美的颜色,更增加了朋友聚会的喜庆氛围。红酒配红肉、白酒配白肉是比较符合正常葡萄酒配餐的规则,比如红葡萄酒中的高单宁与红肉中的蛋白质相结合,可以使消化尽快开始。新鲜的鱼类如大马哈鱼、剑鱼或金枪鱼由于自身富含天然油脂,能够与酒体较轻盈的红葡萄酒良好搭配,但有时红葡萄酒与某些海鲜搭配时,高含量的单宁可能会严重破坏海鲜的口味,葡萄酒自身甚至也会带上金属味。沙拉类的菜肴通常不会对葡萄酒的风格产生影响,但如果在沙拉中加了醋,可能会钝化口腔中的感受,使葡萄酒失去活力,口味趋于平淡呆滞。奶酪和葡萄酒是比较合适的组合,只是需要注意不要将辛辣的奶酪与酒体轻盈的葡萄酒搭配在一起,反之亦然。辛辣或浓香的食物与酒搭配可能有一定的难度,但是如果与辛香型或果香特别浓郁的葡萄酒搭配在一起,就比较合适。

葡萄酒能激活味蕾、诱出食物的滋味,而合理的食物又可使葡萄酒的优良风格表现得淋漓尽致。通常来说,味道比较重的菜肴适宜用味道较浓郁的葡萄酒来搭配,不一定要遵从红肉配红酒、白肉配白酒的原则,有时如重口味的红烧鱼也可搭配较清淡的红酒,口味较重的禽肉类食物也可以搭配较浓郁的白酒或清淡一点的红酒。

如要同时饮用多种葡萄酒,可以遵循以下的饮用葡萄酒的顺序:即先喝清淡的酒,再喝浓郁的酒;先喝不甜的酒,再喝甜酒;先喝白酒,再喝红酒;先喝年轻的酒,再喝成熟的酒。

(7)葡萄酒的酒标

按照国家和地区的规定有些内容是必须写上的,特别是涉及酒的等级归属,例如:是餐桌酒还是属于产地命名监督机构(AOC)认可的酒,原产地、酒精含量、生产厂家的名称和地址等。制造年份虽然不是必须的,但是高质量的酒从来都是标明的。酒瓶背签包含的信息比标签更丰富,包含了对酒和生产厂家地域的准确描述。在有些国家,一些注解是必须添加的,例如:酒精的含量是必须印在背签上的,进口商和销售商也要将这些翻译为当地的语言以适应不同的市场需要。

酒的标签相当于酒的身份证,其中包括酒庄的名称、酒的名字(或不需要)、葡萄酒的品种、酒的容量、酒精度、出品国家、葡萄生长年份、封装入瓶的地址等,还有图案,在以往,图案多是酒庄的标志,如封建社会所流传下来的贵族标志、皇室御用标志,或者是酒庄的风景与建筑物等。

1)法国酒标:包括原产地产区管制证明、装瓶酒商、创设年份、酒商所在地、装瓶容量、酒商名称、酒名、所有者的厂徽、酒精含量(体积分数)等。这种标签提供了细致的信息——产地命名制所要求的最低质量标准。产地命名制与确切限定的葡萄酒产区有关。产地的名称越小,对葡萄栽培方法和葡萄酒生产的规定就越严格。除了产地和种植园的名称以外,酒标上还要标有酒商和进口商的名称,这些信息可以帮助了解葡萄酒的质量。

2)法国波尔多酒标:包括酒名、葡萄生产年份、装瓶容量、酒品质的分类、装瓶酒商、原产地产区管制证明等。

3)德国酒标:包括酒名、酒精含量(体积分数)、酒品质的分类、装瓶容量、葡萄品种及等级、葡萄生产年份、产区、生产者所在地等。

4)美国酒标:生产者和装瓶者酒厂名称、酒名、葡萄生产年份、产区、酒精含量(体积分数)、原产地等。美国的葡萄酒产区只是从地理意义上进行限定,而对于葡萄品种、产量或葡萄酒生产方法并不进行限制。美国的酒标签并不能帮助选择高质量的葡萄酒。要区分某一产区(如纳帕谷)的两种葡萄酒,就必须了解葡萄酒生产商。

5)美国(那帕)酒标:厂名、酒名、酒精含量(体积分数)、生产者和装瓶者及其所在地、产区等。

6)意大利葡萄酒标签:意大利的葡萄酒规划体系(D. O. C.)是经过政府认定的,并且对葡萄酒产区进行限定。高质量的葡萄酒,其名称如Chianti(勤地)或所用的葡萄种类名称,如Barbera(巴伯拉),或其D. O. C. 名称均可体现出它的产地。并不是所有的葡萄酒产区都是经过D. O. C. 限定的。如果一种葡萄并不是以地区的名称命名的,那么由它酿制的葡萄酒很可能特性不够鲜明。D. O. C. 是意大利葡萄酒中的最高等级,只有生产最高质量的葡萄酒的地区才能被授予此衔。

(8)葡萄酒的酒瓶及换瓶

1)酒瓶

为了有利于酒的熟化,应使酒能水平放置,瓶子逐渐由开始的圆肚型演化成了今天的细长瓶型。现今高质量的葡萄酒通常都是装在传统型的厚重瓶子里,特殊的瓶型则常是商业性需求的结果,大部分葡萄酒产区会使用各具特色的瓶型,这与其所盛装的各种不同的酒的熟化条件有关,例如:需考虑到存放时间的长短和沉淀的多少等。为了使葡萄酒避免受到日光照射,葡萄酒瓶通常为深绿色或棕色,棕色酒瓶比绿色酒瓶更具保护力。

①葡萄酒瓶的认识

瓶封:通常以纸、塑料、锡合金等材质制成,气泡酒会用铁丝罩住木塞并缠绕在瓶口,而瓶封的颜色,有时也会代表不同的酒,以勃根地酒为例:有些酒商会以黄色瓶封代表白葡萄酒,红色瓶封代表红葡萄酒。

瓶肩:瓶肩的倾斜角度会因不同形式风格的酒而有所不同,例如:波尔多酒是高肩瓶,而勃根地酒是斜肩的胖胖瓶。

容量:标准的瓶子虽然外形有所不同,一般都是750mL的,但在德国很多是700mL的。

瓶底:凹底瓶通常会暗示这瓶酒可以被陈放。现在有很多酒商会用平底酒瓶来包装,以节省包装体积及运费,因为瓶底凹度愈深,瓶子就愈高,包装体积也会增大许多。但也有酒商反过来将一般日常饮用的餐酒用深的凹底瓶来包装,因为深的凹底瓶,瓶身会比较高,会给人一种"高级葡萄酒"的感觉。但是凹底瓶对气泡酒(尤其是香槟)是非常重要的。

瓶子的颜色:通常会因为产区及类型不同而有所不同,例如德国的白酒,棕色酒瓶是代表莱茵河区的酒,绿色酒瓶是代表莫斯尔河区的酒。

酒瓶的尺寸:大型酒瓶中的葡萄酒比小型酒瓶中的葡萄酒更可保持新鲜度,大型酒瓶可使葡萄酒的老化速度减缓,但这也是其缺点,因酒成熟速度太慢。

②葡萄酒瓶的基本形状

克莱尔特瓶:也称为波尔多红葡萄酒瓶,其瓶壁平直、瓶肩呈尖角状。这一形状的酒瓶用于盛装波尔多型葡萄酒以及波尔多生产并装瓶的葡萄酒。波尔多红葡萄酒、苏特恩葡萄酒和格拉夫葡萄酒都使用这种有尖角的酒瓶。加利福尼亚的某些特种葡萄酒,如卡百内索维农酒、墨尔乐酒、白索维农酒等,也都属于波尔多型葡萄酒。

勃根地瓶:比克莱尔特型酒更醇、香味更浓的葡萄酒通常装入勃根地瓶中。这种酒瓶的瓶肩较窄,瓶形较圆。加利福尼亚的勃根地型葡萄酒:夏敦埃酒和黑比诺酒均装入此形瓶中出售。

霍克瓶:德国霍克瓶又高又细,呈棕色。德国的传统规则通常是莱茵葡萄酒装入棕色瓶,而莫斯尔河区的酒则装入绿色瓶。大部分阿尔萨斯产的葡萄酒的酒瓶与霍克瓶形状相似。许多加利福尼亚的雷司令酒、杰乌兹拉米的酒和西尔瓦那酒的酒瓶形状也与霍克瓶相似。

香槟酒瓶:香槟酒瓶是勃根地瓶的一种,与同类瓶相比更大、更坚实,通常瓶底凹陷,瓶壁较厚,可以承受压力,瓶塞是七层闭合式设计,一旦塞入瓶颈中便可将酒瓶严密封实。

2)换瓶

如果葡萄酒太陈,瓶身太脏,可以换瓶,换过瓶后,即刻移走,以免影响用餐的气氛。换瓶的好处有:可以增加酒与空气接触的面积,减少醒酒的时间;去除葡萄酒的沉淀物;可以使酒给人的感觉更高级,尤其是使用高级的水晶瓶时。

3)什么葡萄酒需要换瓶

陈年成熟的老酒因为单宁形成粗重的分子,而形成了沉淀物,所以需要换瓶,以免喝到沉淀的杂质。年轻的酒为了增加酒与空气接触的面积,缩短醒酒的时间(特别是重单宁的年轻红酒),或者为了散除异味,也可以进行换瓶。除了红葡萄酒需要换瓶,一般的白葡萄酒较少换瓶,而有年份的波特酒也常需换瓶。陈年成熟的老酒,香味是非常珍贵的,所以尽可能不要太早换瓶,有时香味可能会因换瓶而消失。

(9)品酒注意事项

1)场所

品酒时,应选择安静、隔音、无干扰的环境,场所最好选在采光良好、空气流通、气温凉爽的房间。光线要明亮自然,但不要阳光直射。品评室内应有独立的品评台和品评用具,室内的天花板、四壁、桌面最好为白色。室温以 18 ~ 20℃ 为宜,湿度 60% 为佳。红葡萄酒的饮用温度:淡雅的红酒约在 12℃左右,酒精稍高的约在 14 ~ 16℃,口感丰厚的约在 18℃左右,但最高不应超过 20℃,因为温度太高会让酒快速氧化而挥发,使酒精味太浓,气味变浊;而太冰又会使酒香味冻凝而不易散发,易出现酸味。白葡萄酒的品评温度在 10 ~ 12℃ 为宜,起泡葡萄酒在 8 ~ 10℃为宜。品评室内应避免有任何味道,如香水味、香烟味、花香味或厨房传出来的味道等都应该避免。

2)时间

理想的品酒时间是在饭前,品酒之前最好避免喝烈酒、咖啡、吃巧克力、抽烟或嚼槟榔等。专业性品酒活动,大多在早上 10 ~ 12 点举办,一般这个时间段人的味觉最灵敏。

3)开酒

开酒时,先将酒瓶瓶身擦干净,再用开瓶器上的小刀(或用切瓶封器)沿着瓶口凸出的圆圈状部位,切除瓶封,最好不要转动酒瓶,因为可能会让原本沉淀在瓶底的杂质上浮。切除瓶封之后,用干净的布或纸巾将瓶口擦拭干净,再将开瓶器的螺丝钻尖端插入软木塞的中心(如果钻歪了,容易拨断木塞),沿着顺时针方向缓缓旋转以钻入软木塞中,如果是用蝴蝶型的开瓶器,当转动螺丝钻时,两边的把手会缓慢升起,当手把升到顶端时,只要轻轻将它们往下扳即可将软木塞拔出(但如果软木塞太长,就很难一次将其顺利拨出)。

4)醒酒

一些味道比较复杂、重单宁的酒,需要很长的时间醒酒。对于年轻的酒,醒酒的目的是驱除异味及杂味,并与空气发生氧化;老酒醒酒的目的则是使其成熟,同时使封闭的香味物质经氧化发散出来。通常老酒的醒酒时间比年轻的酒短一些,厚重浓郁型的酒比清柔型的酒所需的时间要长一些,至于浓郁的白酒及贵腐型的甜白酒,最好也醒酒。一般即饮型的红葡萄、白葡萄酒,建议一开即可倒入酒杯饮用,有时候可能会有臭硫味(SO_2)及一些异味出现,但只需几分钟就会散去。二氧化硫是制酒过程中的附加物,在酒中对人体无害,如果隔些时间仍有异味,那可能是这瓶酒的酒质出现问题了。

5)辨酒

葡萄酒的颜色应该是清澈、有光泽的,凭借葡萄酒色泽深浅,可判断出葡萄酒的成熟度,在阳光或光源下,尽可能在白色的背景前观察酒的颜色,通常红葡萄酒愈陈颜色愈浅,愈年轻颜色会愈深。紫红色是很年轻的酒(少于18个月);樱桃红色是不新不老的酒(2~3年),品质适宜现喝,不宜久藏;草莓红色是已经成熟的酒(3~7年),酒质开始老化,应立即喝;褐红色是名贵的好酒储存多年的色泽,普通的酒如果呈现这个颜色可能品质已下降。

葡萄酒的黏度:当转动玻璃杯中的酒时,可观察留在杯壁上的酒滴,业内人士称之为"泪"或"腿",酒的糖度或酒精度越高,这种酒滴越明显。

杯裙:红葡萄"杯裙"的色泽较复杂,从玫瑰红经过棕色和橘黄色到蓝紫色,大部分取决于使用的葡萄品种,但是酒的生产年代和地域也影响它的颜色,红酒越熟化越清澈,倾斜杯子观察酒的边缘:或深或浅,都表明了酒的年龄,深红色的酒说明产地的气温较高。

6)闻酒

第一次先闻静止状态的酒,然后晃动酒杯,促使酒与空气接触,以便酒的香气释放出来,再将杯子靠近鼻子前,再吸气,闻一闻酒香,与第一次闻的感觉做比较,第一次的酒香比较直接和轻淡,第二次闻的香味比较丰富、浓烈和复杂,酒香可分为葡萄本身所发散出来的果香(不单只有葡萄的果香)、发酵时所产生的味道以及好的葡萄酒成熟后转变成的珍贵而复杂丰富的酒香。

葡萄酒中含有数百种不同的气味,一般可以分成五类:第一类是植物香味,主要属于陈年香味;第二类是动物性香味,是耐久存的红酒经过常年的瓶中培养后出现的香味;第三类是花香味,是年轻的葡萄酒中比较常有的香味,久存之后会逐渐变淡、消失;第四类是水果香味,是年轻、新鲜的葡萄酒中常有的香味,随着储存时间的延长,会变成较浓郁的成熟果香;第五类是香料香味,是来自橡木桶的香味,大部分属于葡萄酒成熟后发出来的香味。

闻酒时,应将鼻子探入杯中,闻闻酒里是否具有以下气味:强烈、浓郁、芳香、清纯的果香、气味粗劣、闭塞、清淡、新鲜、酸、甜、腻、刺激等。

7)尝酒

甜味、酸味、酒精以及单宁是构成葡萄酒口味的主要元素。品尝时会获得四种重要的信息：甜、酸、涩、余味。

品尝方法：

将酒杯举起，杯口放在嘴唇之间，并压住下唇，头部稍往后仰，应轻轻地向口中吸气，并控制吸入的酒量，使葡萄酒均匀地分布在平展的舌头表面，将葡萄酒控制在口腔前部。每次吸入的酒量应在6～10mL。酒量过多，不仅所需加热时间长，而且很难在口内保持住。如果吸入的酒量过少，则不能湿润口腔和舌头的整个表面，而且由于唾液的稀释不能代表葡萄酒本身的口味。每次吸入的酒量应尽量保持一致，否则，在品尝不同酒样时就没有可比性。当葡萄酒进入口腔后，闭上双唇，头微向前倾，利用舌头和面部肌肉的运动，搅动葡萄酒，也可将口微笑张开，轻轻的向内吸气。这样不仅可防止葡萄酒从口中流出，还可使葡萄酒蒸汽进到鼻腔后部。在口味分析结束时，最好咽下少量的葡萄酒，将其余部分吐出。用舌头舔一下牙齿和口腔的内表面，以鉴别葡萄酒的尾味。根据品尝的目的不同，葡萄酒在口内保留的时间可为2～5s，亦可延长为12～15s。前一种情况下，不可能品尝到红葡萄酒的单宁味道。如果要全面、深入分析葡萄酒的口味，应将葡萄酒在口中保留12～15s。

（10）葡萄酒的运输与储存

国内贸易行业标准SB/T 10712—2012《葡萄酒运输、贮存技术规范》规定：葡萄酒在陆路运输和海运过程中应采取避免高温和冰冻影响的措施，保障葡萄酒的品质。运输时应保持清洁，避免强烈震荡、日晒、雨淋、防止冰冻，装卸时应轻拿轻放。

葡萄酒应根据产品类型独立分类存放，产品应摆放整齐，标志明显。葡萄酒应贮存在干燥、通风、阴凉和清洁的库房中，避光保存。配备相应的“防鼠”“防虫”设施，酒瓶应斜放、横躺或倒立，以便使酒液与软木塞充分接触，以保持软木塞的湿润度，严防日晒、雨淋、严禁火种，防止冰冻。理想的贮酒温度在10～16℃，温度愈低，酒液成熟愈缓，一般保存库内的湿度应在60%～70%，湿度超过75%时酒标部分容易发霉；恒温比低温更重要，储存酒时要远离热源如厨房、热水器、暖炉等，而且如果将酒放在恒温处（温度比理想温度高5～10℃），远比忽热忽冷温差大的地方更理想，所以如果没有理想的贮酒设备，又想买些酒放着慢慢饮用品尝，可以用报纸、尼龙等材料包装起来，这样可减少外界温度变化对酒的影响，然后再装箱，找凉爽而且不受日照影响的地方来储藏。贮存时应避免强光、噪声及震动对酒的品质的伤害，同时应避免将酒与有异味、难闻的物品如汽油、溶剂、油漆、药材等放置在一起，以免因酒吸入异味而影响酒质。葡萄酒还不得与有毒、有害、有腐蚀性物品和污染物混贮混运。

（11）葡萄酒的主要质量指标

葡萄酒的主要质量指标分为感官指标和理化指标两大类。感官指标主要指色泽、香气、滋味和典型性方面的要求，理化指标主要指酒精含量（酒精度）、酸度和糖分指标。从感官指标来看，首先要求葡萄酒应具有天然的色泽，即原料葡萄的色泽，如红葡萄酒是宝石红，白葡萄酒是浅黄色。葡萄酒本身应清亮透明、无浑浊、无沉淀。葡萄酒除了应有葡萄的天然果香外，还应具有浓厚的酯香，不能有异味。滋味与香气是密切相关的，香气优良的葡萄酒其滋味一般醇厚柔润。葡萄酒的滋味主要有酸、甜、涩、浓淡、后味等。每种葡萄酒均应有自己的典型性，典型性越强越好。葡萄酒的理化指标因酒种不同而有所不同。测定葡萄酒所含的酒精量时，首先需将酒中的酒精蒸馏出来，再用酒精计测定。一般甜型、加香型的葡萄酒酒精度为11.0%～24.0%，其他类型葡萄酒为7.0%～13.0%。葡萄酒挥发酸的含量应不超过1.1g/L。根据葡萄酒的酸度，可以鉴定其滋味，如挥发酸增加则说明酒已变质。葡萄酒的糖分因品种不同而各异,一般为9% ~18%,个别也有20%以上。一般,干型葡萄酒的糖分含量不得超过4.0%,半干型葡萄酒为4.1% ~12%,半甜型葡萄酒为12.1% ~50%。

(12)年份、气候及土壤与葡萄酒

影响葡萄酒的味道、特性、口感、寿命的因素主要有葡萄的品种、年份、年度气候的好坏、日照的多少、土壤的差异、种植的方式、葡萄株的年龄、采收的成熟度及采收方式、酿造的方法等。这些条件中,年份、气候及土壤是人力难以改变的。年份越好的葡萄酒,其寿命就越长,特性也就愈能表现出来。但好的年份不一定就能大量生产,相反,年份较弱的葡萄酒通常较早成熟、易于饮用,而且价格也较便宜。年份的主要功能在于说明葡萄酒是年轻还是年老。世界上绝大部分的葡萄酒均应趁早饮用。年份的好坏,最大差别在于其日照数、降雨量及平均温度。其中影响最大应属日照,葡萄的生长季节及熟成时期均需阳光的照射,有适当的阳光照射,才会使葡萄成熟到糖分与酸度达到最佳的均衡状态,而糖分与酸度的均衡与否,是决定葡萄酒品质是普通、优秀或特优的主要因素。白葡萄酒可以不需要太多日照,所以白葡萄酒的好年份比红葡萄酒的好年份多。

(13)GB/T 15038—2006《葡萄酒、果酒通用分析方法》——感官部分

1)原理

感官分析系指评价员通过用口、眼、鼻等感觉器官检查产品的感官特性,即对葡萄酒、果酒产品的色泽、香气、滋味及典型性等感官特性进行检查与分析评定。

2)品酒

①品尝杯(见图1-5-2)

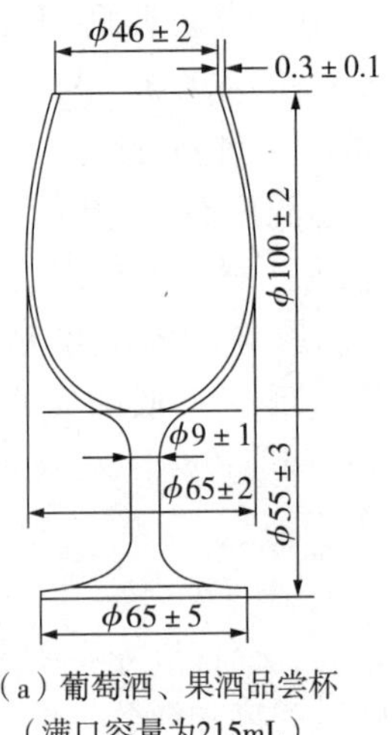

(a)葡萄酒、果酒品尝杯
(满口容量为215mL)

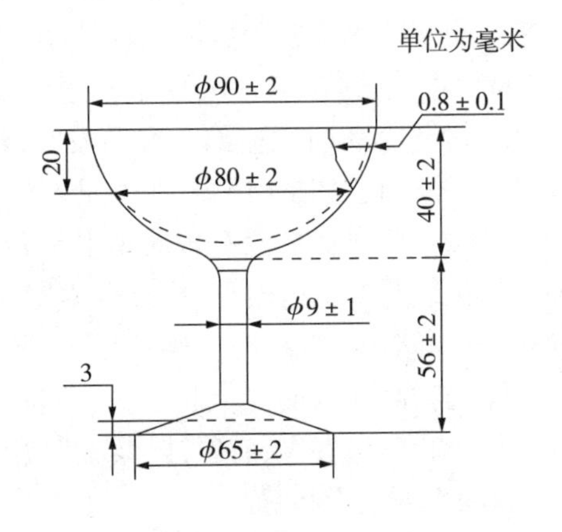

(b)起泡葡萄酒(或葡萄汽酒)品尝杯
(满口容量为150mL)

图1-5-2 葡萄酒品尝杯

②调温

调节酒的温度,使其达到:起泡葡萄酒9~10℃;白葡萄酒10~15℃;桃红葡萄酒12~14℃;红葡萄酒、果酒16~18℃;甜红葡萄酒、甜果酒18~20℃。

③顺序和编号

在一次品尝检查有多种类型样品时,其品尝顺序为:先白后红,先干后甜,先淡后浓,先新后老,先低度后高度。按顺序给样品编号,并在酒杯下注明同样编号。

④倒酒

将调温后的酒瓶外部擦干净，小心开启瓶塞（盖），不使任何异物落入。将酒倒入洁净、干燥的品尝杯中，一般酒在杯中的高度为1/4～1/3，起泡和加气起泡葡萄酒的高度为1/2。

3）感官检查与评定

①外观

在适宜光线（非直射阳光）下，以手持杯底或用手握住玻璃杯柱，举杯齐眉，用眼观察杯中酒的色泽、透明度与澄清程度，有无沉淀及悬浮物；起泡和加气起泡葡萄酒要观察起泡情况，做好详细记录。

②香气

先在静止状态下多次用鼻嗅香，然后将酒杯捧握手掌之中，使酒微微加温，并摇动酒杯，使杯中酒样分布于杯壁上。慢慢地将酒杯置于鼻孔下方，嗅闻其挥发香气，分辨果香、酒香或有否其他异香，写出评语。

③滋味

喝入少量样品于口中，尽量均匀分布于味觉区，仔细品尝，有了明确印象后咽下，再体会口感后味，记录口感特征。

④典型性

根据外观、香气、滋味的特点综合分析，评定其类型、风格及典型性的强弱程度，写出结论意见（或评分）。

（14）GB 15037—2006《葡萄酒》——感官部分

葡萄酒感官要求及感官分级评价描述见表1－5－66和表1－5－67。

表1－5－66　葡萄酒感官要求

项目		要求
外观	色泽	白葡萄酒：近似无色、微黄带绿、浅黄、禾杆黄、金黄色 红葡萄酒：紫红、深红、宝石红、红微带棕色、棕红色 桃红葡萄酒：桃红、淡玫瑰红、浅红色
	澄清程度	澄清，有光泽，无明显悬浮物（使用软木塞封口的酒允许有少量软木渣，装瓶超过1年的葡萄酒允许有少量沉淀）
	起泡程度	起泡葡萄酒注入杯中时，应有细微的串珠状气泡升起，并有一定的持续性
香气与滋味	香气	具有纯正、优雅、怡悦、和谐的果香和酒香，陈酿型的葡萄酒还应具有陈酿香或橡木香
	滋味	干、半干葡萄酒：具有纯正、优雅、爽怡的口味和悦人果香味，酒体完整 半甜、甜葡萄酒：具有甘甜醇厚的口味和陈酿的酒香味，酸甜协调，酒体丰满 起泡葡萄酒：具优美醇正、和谐悦人口味和发酵起泡酒特有香味，有杀口力
典型性		具有标示的葡萄品种及产品类型应有的特征和风格

表 1-5-67 葡萄酒感官分级评价描述

等　　级	描　　述
优级品	具有该产品应有的色泽,自然、悦目、澄清(透明)、有光泽;具有纯正、浓郁、优雅和谐的果香(酒香),诸香协调,口感细腻、舒顺、酒体丰满、完整、回味绵长,具该产品应有的怡人的风格
优良品	具有该产品的色泽;澄清透明,无明显悬浮物,具有纯正和谐的果香(酒香),口感纯正,较舒顺,较完整,优雅,回味较长,具良好的风格
合格品	与该产品应有的色泽略有不同,缺少自然感,允许有少量沉淀,具有该产品应有的气味,无异味,口感尚平衡,欠协调,无明显缺陷
不合格品	与该产品应有的色泽明显不符,严重失光或浑浊,有明显异香、异味,酒体寡淡、不协调,或有其他明显的缺陷(除色泽外,只要有其中一条,则判为不合格品)
劣质品	不具备应有的特征

(15)白兰地

白兰地是以水果为原料,经发酵、蒸馏制成的酒。通常所称的白兰地专指以葡萄为原料,通过发酵再蒸馏而制成的酒。而以其他水果为原料,通过同样的方法制成的酒,常在白兰地酒前面加上水果原料的名称以区别其种类。比如,以樱桃为原料制成的白兰地称为樱桃白兰地,以苹果为原料制成的白兰地称为苹果白兰地。世界上以法国出品的白兰地最为驰名。而在法国产的白兰地中,尤以干邑地区生产的最为优美,其次为雅文邑(亚曼涅克)地区所产。西班牙、意大利、葡萄牙、美国、秘鲁、德国、南非、希腊等国家,也都生产一定数量、风格各异的白兰地。

GB/T 11856—2008《白兰地》中按原料不同,将白兰地分为三类:葡萄原汁白兰地、葡萄皮渣白兰地、调配白兰地。葡萄原汁白兰地是以葡萄汁、浆为原料,经发酵、蒸馏、在橡木桶中陈酿、调配而成的白兰地。葡萄皮渣白兰地是以发酵后的葡萄皮渣为原料,经蒸馏、在橡木桶中陈酿、调配而成的白兰地。调配白兰地是以葡萄原汁白兰地为基酒,加入一定量食用酒精等调配而成的白兰地。

白兰地呈现美丽的琥珀色,富有吸引力。白兰地酒精体积分数在40%左右,色泽金黄晶亮,具有优雅细致的葡萄果香和浓郁的陈酿木香,口味甘洌,醇美无瑕,余香不散。虽然白兰地属于烈性酒,但由于长时间的陈酿,其口感柔和,香味纯正,给人以高雅、舒畅的感受。

白兰地掺兑矿泉水、冰块、茶水、果汁等的新品酒方式,已经在世界范围内流行起来,勾兑后的白兰地既是夏天午后的消暑饮料,又是精美晚餐中的主要佐餐饮品。

品尝或饮用白兰地的酒杯,最好选用郁金香花形高脚杯。这种杯形能使白兰地的芳香成分缓缓上升。品尝白兰地时,斟酒不能太多,最多不超过杯容量的1/4,要让杯子留出足够的空间,使白兰地的芳香气味在此萦绕不散,能使品尝者对白兰地中芳香成分的香气长短、强弱差异等进行仔细分析、鉴赏。

品尝白兰地的第一步:举杯齐眉,察看白兰地的清澈度和色泽。优质的白兰地应该澄清晶亮、有光泽。第二步:嗅闻白兰地的香气。白兰地的芳香成分非常复杂,既有优雅的葡萄品种香,又有浓郁的橡木香,还有在蒸馏过程和贮藏过程中获得的酯香和陈酿香。当鼻子靠近玻璃杯时,就能闻到一股优雅的芳香,这是白兰地的前香。轻轻摇动杯子后,这时散发出来的是白兰地特有的醇香,像椴树花、干的葡萄嫩枝、压榨后的葡萄渣、紫罗兰、香草等,这种香很细腻,幽雅浓郁,是白兰地的后香。第三步:入口品尝。白兰地的香气成分很复杂,有乙醇的辛辣味、有单糖的微甜味、有单宁多酚的苦涩味及有机酸成分的微酸味。品评者饮入一小口白兰地,让它在口腔里扩散回旋,使它与舌头和口腔广泛地接触,可以体味到白兰地的奇妙酒香、滋味和特性。

白兰地感官要求见表1-5-68。

表1-5-68　白兰地感官要求(GB/T 11856—2008)

项目	要求			
	特级(XO)	优级(VSOP)	一级(VO)	二级(VS)
外观	澄清透明、晶亮,无悬浮物、无沉淀			
色泽	金黄色至赤金色	金黄色至赤金色	金黄色	浅金黄色至金黄色
香气	具有和谐的葡萄品种香,陈酿的橡木香,醇和的酒香,优雅浓郁	具有明显的葡萄品种香,陈酿的橡木香,醇和的酒香,幽雅	具有葡萄品种香、橡木香及酒香,香气谐调、浓郁	具有原料品种香、酒香及橡木香,无明显刺激感和异味
口味	醇和、甘洌、沁润、细腻、丰满、绵延	醇和、甘洌、丰满、绵柔	醇和、甘洌、完整、无杂味	较纯正、无邪杂味
风格	具有本品独特风格	具有本品突出风格	具有本品明显风格	具有本品应有风格

白兰地感官分析方法(GB/T 11856—2008):

1)酒样的准备　将酒样密码编号,置于水浴中调温至20~25℃,将洁净、干燥的品尝杯对应酒样编号,对号注入酒样约45mL。

2)外观与色泽　将注入酒样的品尝杯置于明亮处,举杯齐眉,用肉眼观察杯中酒的色泽及其深浅、透明度与澄清度、有无沉淀及悬浮物等,做好详细记录。

3)香气　手握杯柱,慢慢将酒杯置于鼻孔下方,嗅闻其挥发香气,然后慢慢摇动酒杯,嗅闻空气进入后的香气。加盖,用手握酒杯腹部2min,摇动后再嗅闻香气。根据上述操作,分析判断是原料香,陈酿香,橡木香或其他异香,写出评语。

4)口味　喝入少量酒样(约2mL)于口中,尽量均匀分布于味觉区,仔细品尝,有了明确印象后咽下,再体会口感后味,记录口感特征。

5)风格　根据外观、色泽、香气与口味的特点,综合分析评价其风格及典型的强弱程度,写出结论意见。

(16)冰葡萄酒

国家标准规定:将葡萄推迟采收,当气温低于零下7℃时使葡萄在树枝上保持一定时间,结冰,采收,在结冰状态下压榨、发酵、酿制而成的葡萄酒(在生产过程中不允许外加糖源)称之为冰葡萄酒。按照颜色,可将冰葡萄酒分为红冰葡萄酒和白冰葡萄酒。其中,白冰葡萄酒可简称为冰葡萄酒。冰葡萄酒的口感很独特,甜美醇厚,冷藏后甘洌可口,滑润清爽。冰酒的颜色一般金黄透亮,香气如柑橘,入口后滑润,余香久久不散。

冰葡萄酒的感官检验方法应按GB/T 15038—2006《葡萄酒、果酒通用分析方法》检验,其感官指标应符合GB/T 25504—2010《冰葡萄酒》的要求(表1-5-69)。

表 1-5-69　冰葡萄酒感官要求

<table>
<tr><td rowspan="2">项目</td><td colspan="2">要　求</td></tr>
<tr><td>白冰葡萄酒</td><td>红冰葡萄酒</td></tr>
<tr><td>色泽</td><td>浅黄色或金黄色</td><td>棕红色或宝石红色</td></tr>
<tr><td>澄清度</td><td colspan="2">澄清，有光泽，无明显悬浮物（使用软木塞封口的酒允许有少量软木渣，装瓶超过 1 年的葡萄酒允许有少量沉淀）</td></tr>
<tr><td>香气</td><td colspan="2">具有纯正、丰富、优雅、怡悦、和谐的干果香、蜜香与酒香，品种香气突出，陈酿型的冰葡萄酒还应具有陈酿香或橡木香</td></tr>
<tr><td>口味</td><td colspan="2">圆润丰满、酸甜适口、柔和协调</td></tr>
<tr><td>风格</td><td colspan="2">典型性突出、明确</td></tr>
</table>

子模块五　茶类的感官检验

一、茶叶感官检验基本知识

我国的产茶历史已有数千年，其间茶的制作方法，饮用方式都经过了千变万化，发展至今，人们所享用的几百种茶叶，是历代茶人成就的结晶。

人类利用茶，最早是从咀嚼茶树鲜叶开始的，接着发展为生煮羹饮。晋代郭璞（公元 276—324 年）《尔雅》中记载：“树小如栀子，冬生叶，可煮羹饮。”但已不是直接煮鲜叶，而是将茶叶先做成饼状，干燥后收藏。饮用时，碾成末来冲泡，当作羹饮。茶饼的制作，是制茶工艺的萌芽。

到唐代时，茶饼制作方法已很完善，陆羽《茶经 · 三之造》中记载：“晴、采之。蒸之、捣之、拍之、焙之、穿之、封之，茶之干矣。”将蒸青茶饼的制作过程生动地描述了出来。

唐代至宋代，由于贡茶兴起，刺激了制茶技术的加快发展，此时，最著名的茶，就是“龙团凤饼”。即将鲜叶采下，经蒸青后，冲洗、去汁，再放入瓦盆内研细，倒入龙凤模子中成形，烘干。据记载，龙凤茶始于宋太平兴国初年（公元 976—984 年），是为了造贡茶而发明的，以区别于平民。此后，又出现一种小龙团，欧阳修《归田录》中载：“茶之品莫贵于龙凤，谓之小团，凡二十八片，重一斤，其价值金二两，然金可有，而茶不可得。自小团茶出，龙凤茶遂为次。”

唐宋时代虽以团茶、饼茶为主，但其它茶类也已出现，陆羽《茶经 · 六之饮》中记：“饮有粗茶、散茶、末茶、饼茶者”粗茶即团茶。大概因为是为民间饮用，所以不像作为贡茶的龙团凤饼那么著名。

到了明代，茶人们渐渐认识到，团茶、饼茶的制造耗费工时，而水浸、榨汁的工序又使茶的香味大损。于是，着手改制叶茶。真正促使叶茶取代饼茶，开创了茶叶历史新纪元的是明太祖朱元璋。他于公元 1391 年 9 月下了一道诏令：“庚子诏，……罢造龙团，唯采芽以进……”由于这道朝廷诏令，散叶茶的时代开始了。

以往不论叶茶、饼茶，均是采用蒸青的方法，明代散茶占主要地位后，使原来处于萌芽的炒青技术迅速发展起来，形成了一套完善的技法。

明代张源著的《茶录》中记述造茶：“新采，拣去老叶及枝梗、碎屑。锅广二尺四寸，将茶一斤半焙之，俟锅极熟，始下茶急炒。火不可缓，待熟方退火，彻入筛中，轻团那数遍，复下锅中，渐渐减火,焙干为度。"记述辨茶:"……火烈香清,锅寒伸卷。火猛生焦,柴疏失翠。久延则过熟,早起却还生。熟则犯黄,生则着黑。顺那则干,逆那则湿。带白点者无妨,绝焦点者最佳。"将炒青绿茶的制法栩栩如生地描述了出来,这种工艺与现代炒青绿茶制法已相差无几,可见其历史的久远。

此后,各地茶人对炒青绿茶的技术不断变革创新,产生了多种风格各异的炒青绿茶,如西湖龙井、六安瓜片等,都属此类。

明代散叶茶的盛行和炒青技术的高度发展,使制茶技术有了广阔的发挥空间,在绿茶的基础上,逐渐产生了黄茶、黑茶、红茶和白茶,用各种香花窨制花茶的做法也开始普及。到了清代,又产生了乌龙茶。至此,六大基本茶类都已出现,各类茶叶的制茶技术也不断改进,日趋精湛。

随着茶叶生产的发展,输出贸易的频繁,中国的制茶技术传播到世界各个产茶国,使品类繁多,各具特色的茶叶为世界共享。

茶叶种类繁多,令人眼花缭乱。2014年,国家质量监督检验检疫总局和中国国家标准化管理委员会制定颁布GB/T 30766—2014《茶叶分类》,将茶叶分为如下几类:

(1)绿茶:这是我国产量最多的一类茶叶,其花色品种之多居世界首位。绿茶具有香高、味醇、形美、耐冲泡等特点。其制作工艺都经过杀青—揉捻—干燥的过程。由于加工时干燥的方法不同,绿茶又可分为炒青绿茶、烘青绿茶、蒸青绿茶和晒清绿茶。绿茶是我国产量最多的一类茶叶,全国18个产茶省(区)都生产绿茶。我国绿茶花色品种之多居世界之首,每年出口数万吨,占世界茶叶市场绿茶贸易量的70%左右。我国传统绿茶——眉茶和珠茶,一向以香高、味醇、形美、耐冲泡,而深受国内外消费者的欢迎。

(2)红茶:红茶与绿茶的区别,在于加工方法不同。红茶加工时不经杀青,而且萎凋,使鲜叶失云一部分水分,再揉捻(揉搓成条或切成颗粒),然后发酵,使所含的茶多酚氧化,变成红色的化合物。这种化合物一部分溶于水,一部分不溶于水,而积累在叶片中,从而形成红汤、红叶。红茶主要有小种红茶、工夫红茶和红碎茶三大类。

(3)青茶(乌龙茶):属半发酵茶,即制作时适当发酵,使叶片稍有红变,是介于绿茶与红茶之间的一种茶类。它既有绿茶的鲜浓,又有红茶的甜醇。因其叶片中间为绿色,叶缘呈红色,故有"绿叶红镶边"之称。

(4)黄茶:在制茶过程中,经过闷堆渥黄,因而形成黄叶、黄汤。分"黄芽茶"(包括湖南洞庭湖君山银芽、四川雅安、名山县的蒙顶黄芽、安徽霍山的霍内芽)、"黄小茶"(包括湖南岳阳的北港在、湖南宁乡的沩山毛尖、浙江平阳的平阳黄汤、湖北远安的鹿苑)、"黄大茶"(包括的大叶青、安徽的霍山黄大茶)三类。

(5)黑茶:原料粗老,加工时堆积发酵时间较长,使叶色呈暗褐色。是藏、蒙、维吾尔等兄弟民族不可缺少的日常必需品。有"湖南黑茶""咸阳泾渭茯茶""湖北老青茶""广西六堡茶"、四川的"西路边茶""南路边茶"、云南的"紧茶""扁茶""方茶"和"圆茶"等品种。

(6)白茶:是我国的特产。它加工时不炒不揉,只将细嫩、叶背满茸毛的茶叶晒干或用文火烘干,而使白色茸毛完整地保留下来。白茶主要产于福建的福鼎、政和、松溪和建阳等县,有"银针""白牡丹""贡眉""寿眉"几种。

(7)再加工茶:以基本茶类——绿茶、红茶、乌龙茶、白茶、黄茶、黑茶的原料经再加工而成的产品称为再加工茶。它包括花茶、紧压茶、萃取茶、果味茶和药用保健茶等,分别具有不同的品味和功效。

茶叶的特性有:

(1)吸湿性:因为茶叶存在着很多亲水性的成分,如糖类、多酚类、蛋白质、果胶质等。同时茶叶又是多孔性的组织结构,这就决定了茶叶具有很强的吸湿性。

(2)陈化性:一般红、绿茶随保管时间的延长而质量逐渐变差,如色泽灰暗,香气减低、汤色暗浑,滋味平淡等。通常把这一变化称为“陈化”。它是成分发生变化的一个综合表现。茶叶之所以会陈化,最重要的原因是氧化作用的结果。首先由于酚类发生变化,其中有的成分由水溶性氧化为不溶性的化合物质,因而造成汤色显浑暗,滋味变平淡,芳香物质因氧化失去其芳香性,而使茶叶的香气减低,脂类成分经水解,产生游离脂肪酸,再经氧化并水解,会形成一种“陈味”。这些变化绿茶更为明显。促使茶叶陈化的因索很多,如水含量增加,湿度的升高,包装不严,长期与空气接触或经过日晒等,都会显著地加速茶叶的陈化。

(3)吸味性:茶叶吸收异味的性能,是由于茶叶中含有棕榈酸、稀萜类等物质及其组织结构的多孔性所造成的。人们正是根据茶叶这一特征,一方面自觉地利用它来窨制各种花茶,以提高饮用价值,另一方面又要严禁茶叶同有异味、有毒性的物品一起存放和装运,避免使茶叶率味和污染。

二、茶叶的感官检验要点

茶叶的优与劣,新与陈,真与假主要是通过感官来鉴别的。

一般而言,茶叶质量的感官鉴别都分为两个阶段,即按照先“干看”(即冲泡前鉴别)后“湿看”(即冲泡后鉴别)的顺序进行。“干看”包括了对茶叶的形态、嫩度、色泽、净度、香气滋味五方面指标的体察与目测。“湿看”则包括了对茶叶冲泡成茶汤后的气味、汤色、滋味、叶底等四项内容的鉴别。

(一)干评外形

1. 嫩度

嫩度是外形审评项目的重点,嫩度好的茶叶,应符合该茶类规格外形的要求,条索紧结重实,芽毫显露,完整饱满。

2. 条索

条索是各类茶具有的一定外形规格,是区别商品茶种类和等级的依据。各种茶都有其一定的外形特点。一般长条形茶评比松紧、弯直、壮瘦、圆扁、轻重;圆形茶评比颗粒的松紧、匀正、轻重、空实;扁形茶评比是否符合规格,平整光滑程度等。

3. 整碎

整碎是指茶叶的匀整程度,优质的茶叶要保持茶叶的自然形态,精制茶要看筛档是否匀称,面张茶是否平伏。

4. 色泽

色泽是反映茶叶表面的颜色、色的深浅程度,以及光线在茶叶表现的反射光亮度。各种茶叶有其一定的色泽要求,如红茶乌黑油润、绿茶翠绿、乌龙茶青褐色、黑茶黑油色等,但原则上叶底的色泽仍然要求均匀、鲜艳明亮才好。

5. 净度

净度是指茶叶中含夹杂物的程度。净度好的茶叶不含任何夹杂物。

(二)湿评内质

1. 香气

香气是茶叶冲泡后随水蒸气挥发出来的气味。由于茶类、产地、季节、加工方法的不同,就会形成与这些条件相应的香气。如红茶的甜香、绿茶的清香、白茶的毫香、乌龙茶的果香或花香,黑茶的陈醇香、高山茶的嫩香、祁门红茶的砂糖香、黄大茶和武夷岩茶的火香等。审评香气除辨别香型外,主要比较香气的纯异、高低、长短。纯异指香气与茶叶应有的香气是否一致,是否夹杂其他异味;高低可用浓、鲜、清、纯、平、粗来区分;长短指香气的持久性。

2. 汤色

汤色是茶叶形成的各种色素,溶解于沸水中而反映出来的色泽,汤色随茶树品种、鲜叶老嫩、加工方法、栽培条件、贮藏等而变化,但各类茶有其一定的色度要求,如绿茶的黄绿明亮、红茶的红艳明亮、乌龙茶的橙黄明亮、白茶的浅黄明亮等。审评汤色时,主要抓住色度、亮度、清浊度三方面。

3. 滋味

滋味是审评茶师的口感反应。评茶时首先要区别滋味是否纯正,一般纯正的滋味可以分为浓淡、强弱、鲜爽、醇和几种。不纯正滋味有苦涩、粗青、异味。好的茶叶浓而鲜爽,刺激性强,或者富有收敛性。

4. 叶底

叶底是冲泡后剩下的茶渣。评定方法是以芽与嫩叶含量的比例和叶质的老嫩度来衡量。芽或嫩叶的含量与鲜叶等级密切相关,一般好的茶叶叶底,嫩芽叶含量多,质地柔软,色泽明亮均匀一致。好茶叶的叶底表现明亮、细嫩、厚实、稍卷;差的叶底表现暗、粗老、单薄、摊张等。

5. 余味

茶汤一进口就产生强烈的印象,茶汤喝下去一段时间之后仍留有印象,这种印象就叫“余味”。不好的茶汤叫做“无味”,好的茶汤则“余味无穷”。

6. 回甘

回甘也称为喉韵。收敛性和刺激性渐渐消失以后,唾液就慢慢的分泌出来,然后感到喉头清爽甘美,这就是回甘,回甘强而持久表示品质良好。

7. 看渣

就是看冲泡之后的茶渣,也就是看叶底。到了这个时候,茶叶品质的好坏可说一览无遗了。看渣时,必须注意几件事,以下分别说明。

8. 完整性

叶底的形状以叶形完整为佳,断裂不完整的叶片太多,都不会太好,由叶底的断面可看出是手采或机采。另外,芽尖是否碎断,也关系成茶品质。

9. 嫩度

茶叶泡开以后就会恢复鲜叶的原状,这时用视觉观察,或用手捏捏看就可明白茶叶的老嫩了。老的茶叶摸起来比较刺手,嫩的茶叶比较柔软。

10. 弹性

用手捏捏难,弹性强的叶底,原则上是幼嫩肥厚的茶菁所制,而且制茶过程没有失误。弹性佳的茶叶,喝起来会比较有活性。茶菁如果粗老或制造不当就会没有弹性。

11. 叶面展开度

属于揉捻紧结的茶，应该是冲泡之后慢慢展开来，而不是一下子就展开，如此可耐多次冲泡，品质较好。但是如果冲泡之后叶面不展开的也不好，极有可能是焙坏了的茶，茶中的养分会消失很多，这时可观察是否有炒焦茶菁或焙焦茶叶的情形。

12. 齐一程度

是否有新旧茶，或其他因素的混杂，可从叶底看得很清楚。新茶鲜艳有光泽，而旧茶会较变成黄褐色或暗褐色，没有光泽。又如颜色比较接近的茶类之混杂，如白毫乌龙混入红茶，又如不同品种、不同制法等的茶混在一起都会影响茶叶的齐一程度。原则上均匀整齐为佳，但是如果有特殊风味要求的并堆是被允许的，不能视为不好的茶。

13. 走水状态

茶菁在萎凋的过程中会慢慢地将叶中的水分经由水孔散发出去，这个情形就叫做“走水”，走水良好的话，叶底在光线的照射下，会呈半透明的状态，颜色鲜艳，红茶会红而明亮，包种茶则淡绿透明，绿茶则全叶呈淡绿色。

14. 发酵程度

随着发酵程度的不同，叶底也会从淡绿、咸菜绿、褐绿到橘红、深红等不同色彩，发酵越重，颜色越红。

15. 焙火程度

随着焙火的轻重，叶底颜色会从浅到深到暗，从绿、褐绿、一直到黑褐色，焙火越重，颜色会越深越暗。

三、茶叶感官评审基本环境条件

参照 GB/T 18797—2012《茶叶感官审评室基本条件》。

四、茶叶感官评审基本方法

在我国茶叶界，普遍使用的感官评茶方法，依据审评内容可分为五项评茶法和八因子评茶法两种。

（一）五项评茶法

五项评茶法是我国传统的感官审评方法，即将审评内容分为外形、汤色、香气、滋味和叶底，经干、湿评后得出结论。在每一项审评内容中，均包含诸多审评因素：如外形需评定嫩度、形态、整碎、净度等，汤色需评颜色、亮度和清浊度，香气包括香型、高低、纯异和持久性；滋味评定因素有纯异、浓淡、醉涩、厚弱、甘苦及鲜爽感等；叶底需评嫩度、色泽、匀度等每个因素的不同表现，均有专用的评茶术语予以表达。

五项评茶法要求审评人员视、嗅、味觉器官并用，外形成内质审评兼重。在运用时由于时间的限制，尤其是在多种茶审评时，工作强度难度较大，因此不仅需要评茶人员训练有素，审评中也形成侧重和主次之分，即不同项目间和同一项目不同因素间，重点把握对品质影响大和对品质表现起主要作用的项目（因素），并考虑相互的影响，作出综合评定。

五项评茶法的计分，一般是依据不同茶类的饮用价值体现，通过划分不同的审评项目品质（评分）系数，进行加权计分。就单个项目品质系数比较而言，外形所占比值最大，但小于内质各项比值之和。采用加权计分,不仅较好地体现了品质侧重,也保障了综合评定的准确性,排除了各个审评项目单独计分的弊端。

五项评茶法主要运用在农业系统的茶叶质量检验和品质评比中,在科研机构中也多有针对性地运用。

(二)八因子评茶法

自20世纪50~80年代中期,在外贸系统中推出八因子评茶法,用以评定茶叶品质。最初的八因子评茶法,审评内容由外形的条索(或颗粒)、整碎、净度、色泽及内质的香气、滋味、叶底色泽和嫩度构成,以后又修改为条索(颗粒)、整碎、净度、色泽、汤色、香气、滋味和叶底。

八因子评茶法评茶因素的指定存在局限性,外形计分比例过大,五项评茶法是茶叶审评发展的必然。

五、不同品种茶叶的感官检验

(一)花茶的感官检验

鉴别花茶质量的优劣,需要从色、香、味、形方面去检验。

1. 色泽

纯绿无光的花茶,质量优,灰绿光亮的花茶,质量次。

2. 香味

有绿茶之清香,又有鲜花之芬芳,具有浓郁茶香的花茶,才是佳品,如果只有茶香而无芬芳,则花少,只有花香而茶味淡薄的,则花已漫茶。有的商贩,用低级花茶窨制一次,里面再掺入大量茶厂中废弃的干花,冒充高级花茶,实质上是低级花茶。

3. 滋味

干茶是难以鉴别的,只有用开水冲泡后才能鉴别。取3g花茶,放在150mL的茶杯中,用开水泡5min,然后将茶汤倒入另一只杯中,先闻杯中留下的茶根香气,再看茶汤的颜色,优质花茶色泽黄亮,质次的呈红浑色。再品尝滋味,优质花茶茶香浓郁,鲜灵度好,质差的花茶,香味淡薄。

4. 嫩度

将冲泡后的茶根从杯中倒出,看其颜色和嫩度。花茶以绿匀为好,枯杂为次。

5. 体形

指茶叶的样子,不论哪种茶,条索紧结、重实、圆浑、粗细长短均匀为好,松泡、轻飘、短碎的为次。

鉴别真假花茶

真花茶:是用茶坯(原茶)与香花窨制而成。高级花茶要窨多次,香味浓郁。筛出的香花已无香气,称为干花。高级的花茶里是没有干花的。

假花茶:是指拌干花茶。在自由贸易市场上,常见到出售的花茶中,夹带有很多干花,并美其名为"真正花茶"。实质上这是将茶厂中窨制花茶或筛出的无香气的干花拌和在低级茶叶中,以冒充真正花茶,闻其味,是没有真实香味的,用开水泡后,更无香花的香气。

(二)红茶的感官检验

红茶有工夫红茶和红碎茶之分,其感官检验方法如下。

1. 工夫红茶

(1)外形:条索紧细、匀齐的质量好,反之,条索粗松、匀齐度差的,质量次。

(2)色泽:色泽乌润,富有光泽,质量好,反之,色泽不一致,有死灰枯暗的茶叶,则质量次。

(3)香气:香气馥郁的质量好,香气不纯,带有青草气味的,质量次,香气低闷的为劣。

(4)汤色:汤色红艳,在评茶杯内茶汤边缘形成金黄圈的为优,汤色欠明的为次,汤色混浊的为劣。

(5)滋味:滋味醇厚的为优,滋味苦涩的为次,滋味粗淡的为劣。

(6)叶底:叶底明亮的,质量好,叶底花青的为次,叶底深暗多乌条的为劣。

2. 红碎茶

红碎茶的品质优劣,特别着重内质的汤味和香气,外形是第二位的。

(1)外形:红碎茶外形要求匀齐一致。碎茶颗粒卷紧,叶茶条索紧直,片茶皱褶而厚实,末茶成砂粒状,体质重实。碎、片、叶、末的规格要分清。碎茶中不含片末茶,片茶中不含末茶,末茶中不含灰末。色泽乌润或带褐红,忌灰枯或泛黄。

(2)滋味:品评红碎茶的滋味,特别强调汤质。汤质是指浓、强、鲜(浓厚、强烈、鲜爽)的程度。浓度是红碎茶的品质基础,鲜、强是红碎茶的品质风格。红碎茶汤要求浓、强、鲜具备,如果汤质淡、钝、陈,则茶叶的品质次。

(3)香气:高档的红碎茶,香气特别高,具有果香、花香和类似茉莉花的甜香,要求尝味时,还能闻到茶香。我国云南的红碎茶,就具有这样的香气。

(4)叶底:叶底的色泽,以红艳明亮为上,暗杂为下,叶底的嫩度,以柔软匀整为上,粗硬花杂为下。红碎茶的叶底着重红亮度,而嫩度相当即可。

(5)汤色:以红艳明亮为上,暗浊为下。红碎茶汤色深浅和明亮度,是茶叶汤质的反映。决定汤色的主要成分,是茶黄索和茶红索。茶汤乳凝(冷后浑)是汤质的优良表现。

国外拼配商,习惯采用加牛乳审评的方法:每杯茶汤中加入数量约为茶汤的十分之一的鲜牛奶,加量过多不利于鉴别汤味。加奶后,汤色以粉红明亮或棕红明亮为好,淡黄微红或淡红的较好,暗褐、淡灰、灰白的为不好。加奶后的汤味,要求仍能尝出明显的茶味,这是茶汤浓的反应。茶汤入口后,两腮立即有明显的刺激性,是茶汤强度的反应,如果只感到明显的奶味,而茶味淡薄,则此茶品质差。

武夷岩茶感官要求见表1-5-70。

表1-5-70 GB/T 18745—2006《地理标志产品 武夷岩茶》感官要求

特级大红袍	外形上条索匀整、洁净、带宝色或油润,香气上,锐、浓长或幽、清远,滋味上,岩韵明显、醇厚、固味甘爽、杯底有香气,同时,特级大红袍汤色清澈、艳丽、呈深橙黄色,叶底软亮匀齐、红边或带朱砂色
一级大红袍	外形上呈现出紧结、壮实、稍扭曲的特点,稍带宝色或油润,整体较为匀整,在香气上,浓长或幽、清远,滋味上,岩韵显、醇厚、回甘快、杯底有余香,汤色则较清澈、艳丽、呈深橙黄色,叶底较软亮匀齐、红边或带朱砂色
二级大红袍	外形、色泽、香气、叶底等方面大大不如前两者,但是在滋味上,仍有岩韵明显、醇厚、回甘快、杯底有余香

（三）绿茶的感官检验

绿茶是外形和内质并重的茶类，尤其是珠茶更重视外形。

1. 外形

高级珠眉和茶色嫩绿起霜，眉茶条索匀整、重实有峰苗，珠茶颗粒紧结、滚圆如珠的为上品。如果珍眉条索松扁，弯曲、轻飘、色黄，珠茶扁块或松散开口、色黄，这都属于低级产品。蒸青绿茶，外形紧缩重实，大小匀整，芽尖完整，色泽调匀，浓绿发青有光彩者为上品。外形断碎，下盘茶多，色泽发黄、发紫、暗淡的，则品质差。

2. 香气

高级绿茶，皆有嫩香持久的特点。屯绿有持久的板栗香，舒绿有浓烈的花香，湿绿有高锐的嫩香，珠茶芳香持久，蒸青绿茶香气鲜嫩，又带有特殊的紫菜香。如果绿茶香气重，有青草气、晒气、泥土气、烟焦气或发酵气味的，则品质差。

3. 滋味

品质好的绿茶，如眉茶浓纯鲜爽，珠茶浓厚，回味带甘，蒸青绿茶有良好的新鲜味。品质差的绿茶，滋味淡薄、粗涩，并有老青味和其他杂味。

4. 汤色

品质好的绿茶，如眉茶、珠茶的汤色清澈黄绿，蒸青绿茶淡黄泛绿、清澈明亮。品质差的绿茶，汤色深黄、暗浊、泛红。

5. 叶底

明亮、细嫩，厚软的茶品好，如果茶的叶底黄暗、粗老、薄硬者，茶的品质较次，如果是红梗，红叶、靛青色及青菜色的叶底，这种茶叶品质最差。

龙井茶感官要求见表1－5－71。

表1－5－71　GB/T 18650—2008《地理标志产品　龙井茶》感官要求

项目		特级	一级	二级	三级	四级	五级
外观	扁平	扁平光润、挺直尖削	扁平光润、挺直	扁平挺直、尚光滑	扁平、尚光滑、尚挺直	扁平、稍有宽扁条	尚扁平、有宽扁条
	色泽	嫩绿鲜润	嫩绿尚鲜润	绿润	尚绿润	绿稍深	深绿较暗
	整碎	匀整重实	匀整有锋	匀整	尚匀整	尚匀	尚整
	净度	匀净	洁净	尚洁净	尚洁净	稍有青黄叶	有青壳碎叶
内质	香气	清香持久	清香尚持久	清香	尚清香	纯正	平和
	滋味	鲜醇甘爽	鲜醇爽口	尚鲜	尚醇	尚醇	尚纯正
	汤色	嫩绿明亮、清澈	嫩绿明亮	绿明亮	绿明亮	黄绿明亮	黄绿
	叶底	芽叶细嫩成朵，匀齐，嫩绿明亮	细嫩成朵，嫩绿明	尚细嫩成朵，绿明亮	尚成朵，有嫩单片，浅绿尚明亮	尚嫩匀稍有青张，尚绿明	尚嫩欠匀，稍有青张，绿稍深
其他要求	无霉变，无劣变，无污染，无异味						
	产品清洁，不得着色，不得夹杂非茶类物质						

(四)乌龙茶的感官检验

乌龙茶的审评重视内质。因为香气和滋味是决定乌龙茶品质的重要条件,其次才是外形和茶底,而茶汤仅是审计的参考。

1. 外形

乌龙茶的外形条索,可分为两种类型。

(1)直条形:叶端扭曲,条索壮结,如水仙、奇种等。但是,同为直条形茶,水仙比奇种壮实肥大。

(2)拳曲形:条索紧结,如铁观音、色种等。但是,同为拳曲形茶,铁观音比乌龙茶重实。

乌龙茶外形上下级之间一般差距不大,要求不严,但最忌断碎。如果茶的外形断碎,下盘茶多,品质为差。

2. 香气和滋味

乌龙茶的香气和滋味同茶树的品种关系很大。武夷岩茶要求具有岩韵,铁观音要求具有音韵。乌龙茶还要求具有一定的火候,火候适当,可以使品种特征显露。

3. 叶底

叶底主要看茶的老嫩、厚薄。叶色和均匀程度。要求叶张完整、匀度、嫩度好。色泽翠绿稍带黄,红点明亮,这样的茶叶品质就好,如果色泽暗绿,红点暗红,品质就差。叶张形态有助于鉴定品种。如水仙品种叶张长大,主脉基部宽扁,铁观音叶张肥厚,呈椭圆形,佛手叶张接近圆形。

浓香型铁观音感官要求见表1-5-72。

表1-5-72　GB/T 19598—2006《地理标志产品　安溪铁观音》感官要求

项目		特级	一级	二级	三级	四级
外观	条索	肥壮、圆结、重实	较肥壮、结实	略肥壮、略结实	卷曲、尚结实	卷曲、略粗松
	色泽	翠绿、乌润、砂绿明	乌润、砂绿较明	乌绿、有砂绿	乌绿、稍带褐红点	暗绿、带褐红色
	整碎	匀整	匀整	尚匀整	稍整齐	欠匀整
	净度	洁净	净	洁净、稍有细嫩梗	稍净,有细嫩梗	欠净,有梗片
内质	香气	浓郁、持久	浓郁、持久	尚清高	清纯平正	平淡、稍粗飘
	滋味	醇厚鲜爽回甘、音韵明显	醇厚、尚鲜爽、音韵明	醇和鲜爽、音韵稍明	醇和、音韵轻微	稍粗味
	汤色	金黄、清澈	深金黄、清澈	橙黄、深黄	深橙黄、清黄	橙红、清红
	叶底	肥厚、软亮匀整、红边明、有余香	尚软亮、匀整、有红边、稍有余香	稍软亮、略匀整	稍匀整、带褐红色	欠匀整、有粗叶和褐红叶

(五)白茶的感官检验

鉴别白茶品质优劣有以下几方面。.

1. 外形

嫩度以毫多而肥壮,叶张肥嫩的为上品;毫芽瘦小而稀少的,则品质次之;叶张老嫩不匀火杂有老叶、腊叶的,则品质差。

2. 色泽

毫色银白有光泽,叶面灰绿(叶背银白色)或墨绿,翠绿的,则为上品;铁板色的,品质次之;草绿黄、黑、红色及腊质光泽的,品质最差。

3. 叶态

叶子平伏舒展,叶缘重卷,叶面有隆起波纹,芽叶连枝稍为并拢,叶尖上翘不断碎的,品质最优,叶片摊开、折贴、弯曲的,品质次之。

4. 净度

要求不得含有枳,老梗、老叶及腊叶,如果茶叶中含有杂质,则品质差。

5. 香气

以毫香浓显,清鲜纯正的为上品;有淡薄、青臭、失鲜、发酵感的为次。

6. 滋味

以鲜爽、醇厚、清甜的为上品;粗涩、淡薄的为差。

7. 汤色

以杏黄、杏绿、清澈明亮的为上品;泛红、暗浑的为差。

8. 叶底

以匀整、肥软,毫芽壮多、叶色鲜亮的为上品;硬挺、破碎、暗杂、花红、黄张、焦叶红边的为差。

白茶感官要求见表1-5-73。

表1-5-73　GB/T 22291—2008《白茶》感官要求

级别	项目							
	外形				内质			
	叶态	嫩度	净度	色泽	香气	滋味	汤色	叶底
特级	芽叶肥壮匀齐	肥嫩、茸毛厚	洁净	银灰白富有光泽	清纯、毫香显露	清鲜醇爽毫味足	浅杏黄清澈明亮	肥壮较嫩明亮
一级	芽叶瘦长较匀齐	瘦嫩、茸毛略薄	洁净	银灰白	清纯、毫香显	鲜醇爽毫味显	杏黄清澈明亮	嫩匀明亮

(六)紧压茶的感官检验

紧压茶的花色品种很多,品质要求各异。松紧度方面,黑砖、青砖、米砖是蒸压越紧越好,而茯砖就不宜蒸压过紧。色泽方面,金尖需猪肝红,康砖则要棕褐色,汤色方面,沱茶以橙黄明亮为正常,叶底方面,康砖以深褐色为正常,紧茶、饼茶则以嫩黄色为佳,香味方面,米砖、青砖有烟味是缺点。含梗量方面,米砖不含梗子,而茯砖、青砖允许含有一定比例的当年嫩梗,不得含有隔年老梗。囊压茶的品质检验,应对照茶叶标准进行实物评比。

1. 个体产品

分里茶、面茶的个体产品,如青砖茶、紧茶,圆茶、饼茶等,先评整个外形的匀整(形态端正、棱角整齐)、松紧(厚薄或大小一致)、洒面(是否包心外露,起层落面)三项。再将个体分开,检视梗子嫩度,里茶、面茶有无霉烂、夹杂物等情况。

2. 成包产品

不分里茶、面茶的成包产品,如湘茶、六堡茶、茯砖等,就其包内取出的样品充分混合后,分取试样约100g,倒入审茶盘中。一般看其嫩度(梗叶老嫩及色泽两项),六堡茶看其嫩度、净度和条索三项。茯砖除看外形的梗叶老嫩和色泽程度外,还要看"发花"是否茂盛普遍。内质审评,一般看汤色的红、明度及叶底色泽和嫩度,并检查香气、滋味是否青、涩、馊、霉等气味,以及是否符合各种紧压茶的品质要求。

(七)鉴别真茶与假茶

假茶多是以类似茶叶外形的树叶等制成的。目前发现假茶中大多是用金银花叶、蒿叶、嫩柳叶、榆叶等冒充的,有的全部是假茶,也有的在真茶中掺入部分假茶。茶叶的真假,一般都可以通过对下述几个基本特征的检查和比较,顺利地给予鉴别。

1. 外型鉴别

将泡后的茶叶平摊在盘子上,用肉眼或放大镜观察。

(1)真茶有明显的网状脉,支脉与支脉间彼此相互联系,呈鱼背状而不呈放射状。有三分之二的地方向上弯曲,连上一支叶脉,形成波浪形,叶内隆起。真茶叶边缘有明显的锯齿,接近于叶柄处逐渐平滑而无锯齿。

(2)假茶叶脉不明显或远高明显,一般为羽状脉,叶脉呈放射状至叶片边缘,叶肉平滑。叶侧边缘有的有锯,锯齿一般粗大锐利或细小平钝,也有的无锯齿,叶缘平滑。

2. 色泽鉴别

真红茶色泽呈乌黑或黑褐色而油润,假红茶墨黑无光、无油润,真绿茶色泽碧绿或深绿而油润,假绿茶一般都呈墨绿或青色,红润。

3. 香味鉴别

(1)真茶含有茶索和芳香油,闻时有清鲜的茶香,刚沏茶汤,茶叶显露、饮之爽口。

(2)假茶无茶香气,有一股青草味或有其他杂味。

(八)鉴别新茶与陈茶

新茶:其特点是色泽,气味,滋味均有新鲜爽口的感觉。茶汤饮用后令人心情舒畅,有愉快感。新茶的水含量较低,茶质干硬而脆,手指捏之能成粉末,茶梗易折断。

陈茶:这里指的是存放一年以上的陈茶。其特点是色泽枯暗,香气低沉,滋味平淡,无爽口新鲜感。茶汤饮用时,有令人不愉快的陈旧味感。陈茶储放日久,水含量较高,茶质湿软,手捏不能成粉末,茶梗也不易折断。

(九)鉴别次品茶与劣变茶

凡鲜叶处理不当,经加工不好,或者保管不善,产生烟、焦、酸、馊、霉等异味,轻者为次品茶,重者为劣变茶。鉴别内容如下:

1. 梗叶

如绿茶中红梗红叶程度严重,干看色泽花杂,湿看红梗红叶多,汤色泛红的,作为次品茶。

因复炒时火温过高或翻拌不匀，茶条上产生较多的白色或黄色泡点，称为泡花茶，也是次品茶。

对于红茶，花青程度较重，干看外形色泽带暗青色，湿看叶底花青叶较多，为次品茶。

2. 气味

红茶或是绿茶，有烟气、高火气、焦糖气，经过短期存放后，能基本消失的，作为次品茶。干嗅或开汤嗅，都有烟气、焦气，久久不能消失的，作为劣变茶。高火气、焦糖气，主要是烘焙干燥时温度过高，茶叶中糖类物质焦糖化的结果。

凡热嗅略有酸馊气，冷嗅则没有，或闻有馊气，而尝不出馊味，经过复火后馊气能消除的，为次品茶，若热嗅、冷嗅以及品尝均有酸馊味，虽经补火也无法消除的，则是劣变茶。如果酸馊味特别严重，有害身心健康，不能饮用。

太阳晒干，条索松扁，色泽枯滞，叶底黄暗，滋味淡薄，有日晒气的，叫做日晒茶，也为次品茶。如果有严重的日晒气，就成为劣变茶。

3. 霉变

茶叶保管不善，水分过高，会产生霉变。霉变初期，干嗅没有茶香，呵气嗅有霉气，经加工补火后可以消除的，列为次品茶。霉变程度严重，干嗅即有霉气，开汤更加明显，绿茶汤色泛红浑浊，红茶汤色发暗的，作为劣变茶。霉变严重，干看外形霉点斑斑，开汤后气味难闻的，不能饮用。

第二篇　实践部分

学习情境一　味觉识别及阈值测定（基本滋味的辨别）

学习目标

1. 了解味觉的生理基础，理解味觉的作用特性。
2. 掌握基本味觉的识别，以及味阈的概念及测定方法。
3. 辨别酸、甜、苦、咸四种基本味。
4. 了解对四种基本味特别敏感的区域在味觉器官中的分布规律。

实践任务

一、实验原理与目的

酸、甜、苦、咸是人类的四种基本味觉，取四种标准味感物质按两种系列（几何系列和算术系列）稀释，以浓度递增的顺序向评价员提供样品，品尝后记录味感。本法适用于评价员味觉敏感度的测定，可用作选择及培训评价员的初始实验，测定评价员对四种基本味道的识别能力及其察觉阈、识别阈、差别阈值。

二、试剂（样品）及设备

1. 水

无色、无味、无臭、无泡沫，中性，纯度接近于蒸馏水，对实验结果无影响。

2. 仪器

容量瓶、玻璃容器（玻璃杯）。

3. 四种呈味物质储备液

按表2-1-1规定制备。

表2-1-1　四种基本味储备液

基本味道	参比物质		浓度/(g/L)
酸	DL-酒石酸（结晶）	$M=150.1$	2
	柠檬酸（一水化合物结晶）	$M=210.1$	1
苦	盐酸奎宁（二水化合物）	$M=196.9$	0.020
	咖啡因（一水化合物结晶）	$M=212.12$	0.200

续表

基本味道	参比物质		浓度/(g/L)
咸	无水氯化钠	$M=58.46$	6
甜	蔗糖	$M=342.3$	32

注:1. M 为物质的相对分子质量;

2. 酒石酸和蔗糖溶液,在试验前几小时配制;

3. 试剂均为分析纯。

三、实验内容

1. 四种基本味的识别

用上述储备液(表 2-1-1)制备甜(蔗糖)、咸(氯化钠)、酸(柠檬酸)和苦(咖啡碱)四种呈味物质的两个或三个不同浓度的水溶液。按规定号码排列顺序(表 2-1-2)。然后,依次品尝各样品的味道。品尝时应注意品味技巧:样品应一点一点地啜入口内,并使其滑动时接触舌的各个部位(尤其应注意使样品能达到感觉酸味的舌边缘部位)。样品不得吞咽,在品尝两个样品的中间应用35℃的温水漱口去味。

表 2-1-2　四种基本味识别的编码排列

样品	基本味	呈味物质	实验溶液 g/100mL	样品	基本味	呈味物质	实验溶液 g/100mL
A	酸	柠檬酸	0.02	F	甜	蔗糖	0.60
B	甜	蔗糖	0.40	G	苦	咖啡碱	0.03
C	酸	柠檬酸	0.03	H	—	水	—
D	苦	咖啡碱	0.02	J	咸	氯化钠	0.15
E	咸	氯化钠	0.08	K	酸	柠檬酸	0.40

2. 四种基本味的阈值试验

味觉识别是味觉的定性认识,阈值试验才是味觉的定量认识。制备一种呈味物质(蔗糖、氯化钠、柠檬酸或者咖啡碱)的一系列浓度的水溶液,然后按浓度增加的顺序依次品尝,确定呈味物质的察觉阈。

(1)四种呈味物质的稀释溶液:用上述储备液(见表 2-1-1)按两种系列制备稀释溶液,见表 2-1-3 和表 2-1-4。

(2)把稀释溶液分别放置在已编号的容器内,另准备一容器盛水。溶液依次从低浓度开始,逐渐提交给评价员,每次 7 杯,其中一杯为水。每杯约 15mL,杯号按随机数编号,品尝后按 2-1-5 填写记录。

表 2-1-3　四种基本味液几何系列稀释度

稀释液	成分		试验溶液浓度/(g/L)					
	储备液/mL	水/ mL	酸		苦		咸	甜
			酒石酸	柠檬酸	盐酸奎宁	咖啡因	氯化钠	蔗糖
G_6	500	稀释至 1000	1	0.5	0.010	0.100	3	16
G_5	250		0.5	0.25	0.005	0.050	1.5	8
G_4	125		0.25	0.125	0.0025	0.025	0.75	4
G_3	62		0.12	0.062	0.0012	0.012	0.37	2
G_2	31		0.06	0.030	0.0006	0.006	0.18	1
G_1	16		0.03	0.015	0.0003	0.003	0.09	0.5

表 2-1-4　四种基本味液算术系列稀释液

稀释液	成分		试验溶液浓度/(g/L)					
	储备液/mL	水/ mL	酸		苦		咸	甜
			酒石酸	柠檬酸	盐酸奎宁	咖啡因	氯化钠	蔗糖
G_9	250	稀释至 1000	0.50	0.250	0.0050	0.050	1.50	8.0
G_8	225		0.45	0.225	0.0045	0.045	1.35	7.2
G_7	200		0.40	0.200	0.0040	0.040	1.20	6.4
G_6	175		0.35	0.175	0.0035	0.035	1.05	5.6
G_5	150		0.30	0.150	0.0030	0.030	0.90	4.8
G_4	125		0.25	0.125	0.0025	0.025	0.75	4.0
G_3	100		0.20	0.100	0.0020	0.020	0.60	3.2
G_2	75		0.15	0.075	0.0015	0.015	0.45	2.4
G_1	50		0.10	0.050	0.0010	0.010	0.30	1.6

表 2-1-5　四种基本味测定记录(按算术系列稀释)

姓名:________			时间:________年________月________日			
项目	未知	酸味	苦味	咸味	甜味	水
一						
二						
三						
四						
五						
六						
七						
八						
九						

四、结果分析

根据评价员的品评结果，统计该评价员的察觉阈和识别阈。

五、注意事项

（1）要求评价员细心品尝每种溶液，如果溶液不咽下，需含在口中停留一段时间。每次品尝后，用水漱口，如果要再品尝另一种味液，需等待1min后，再品尝。

（2）试验期间样品和水温尽量保持在20℃。

（3）试验样品的组合，可以是同一浓度系列的不同味液样品，也可以是不同浓度系列的同一味感样品或2～3种不同味感样品，每批次样品数一致（如均为7个）。

（4）样品以随机数编号，无论以哪种组合，各种浓度的试验溶液都应被品评过，浓度顺序应从低浓度逐步到高浓度。

学习情境二　焙烤食品的感官检验

实验一　烘焙制品(如饼干、糕点等)偏爱度评价实验(排序检验法)

一、实验目的

通过对不同种类的饼干进行品评,研究品评人员的偏爱程度,为新产品开发、营销等作参考,同时掌握感官实验中排序检验法的应用过程。

二、实验原理

排序检验法是让品评员同时品鉴、比较数个样品,然后按照样品的某一指定特性由强度或嗜好程度排出一系列的顺序。具体来讲,就是以均衡随机的顺序将样品呈送给品评员,要求品评员就指定的指标对样品进行排序,最后对实验结果进行统计分析。

排序按其形式可以分为:按某种特性(如黏度、甜度等)的强度递变顺序;按质量顺序(如竞争食品的比较);按个人的喜好(如喜爱/不喜爱)顺序。

该法只能排出样品的次序,不能评价样品间差异的大小。此法通常应用在样品需要为下一步的试验进行预筛或预分类的时候。该法的优点在于可以同时比较两个以上的样品。但是对于样品种类较多或样品间差别过小时,可能就难以进行。排序实验中的判断情况取决于鉴定者的感官分辨能力和有关食品方面的性质。

三、样品及器具

预备足量的干燥样品托盘,实验中使用的托盘须一致,保持干净无味(如白色瓷盘等);市售饼干5种。

四、实验步骤

(一)样品制备

样品制备员事先对饼干进行制备处理,确保样品的形状、大小等应尽量一致。将制备好的样品贮存在干燥的容器或袋子内,使用前取出,避免吸潮。

(二)样品编号

制备人员给每个样品利用随机数表或计算机品评系统进行编码,一般编为三位数,具体编码可参考编码实例表2-2-1所示。做第一轮实验时,可采取的送样顺序,可参考送样顺序

表2－2－2所示。

在做第2次检验时，送样顺序可不变，样品编码可以改用编码实例表2－2－1中的第二次检验用码，其余类推。品评员做每次实验时，都要有一张单独的品评表。

表2－2－1　样品编码实例表

样品名称	重复检验编码		
	1	2	3
A	469	237	604
B	958	601	225
C	081	153	715
D	712	604	390
E	618	512	451

表2－2－2　送样顺序表

品评员	送样顺序	第1次吃检验时号码顺序
1	CAEDB	081 469 618 712 958
2	ACBED	469 081 958 618 712
3	EABDC	618 469 958 712 081
4	BAEDC	958 469 618 712 081
5	EDCAB	618 712 081 469 958
6	DEACB	712 618 469 081 958
7	DCABE	712 081 469 958 618
8	ABDEC	469 958 712 618 081
9	CDBAE	081 712 958 469 618
10	EBACD	618 958 469 081 712

（三）品评表

饼干偏爱度实验品评表见表2－2－3。

表2－2－3　饼干偏爱度实验品评表

<table>
<tr><td>饼干偏爱度排序实验</td></tr>
<tr><td>品评员：　　　　　　　　　　　　品评时间：
品评轮次：
提示：您将收到系列编码的样品，请在限定的时间内完成实验。请依次品评呈送到您面前的五个样品，将样品按照从弱到强的顺序进行排列，检验时可反复品评每个样品。注意：品评不同样品时，可用纯净水漱口。
样品排序：最不喜欢　不喜欢　较喜欢　喜欢　最喜欢
样品编号：________　________　________　________　________</td></tr>
</table>

(四)实验过程

主持人首先应向品评人员说明本次检验的目的、方法,使每个品评员对实验都有统一的理解。然后样品制备人员向品评员分发样品,品评员独立进行品评并记录结果。实验结束后,汇总所有品评员的实验结果,进行统计分析。

五、注意事项

应在光线明亮、无异味的环境中进行实验;品评员应相互隔离,独立完成实验,填写结果。

六、思考与分析

在进行偏爱度排序实验的过程中,如果发现某些样品有后味或者样品之间特征非常相似,品评员品评时会产生哪些问题,请举例分析。

实验二　面包的感官检验

学习目标

1. 掌握不同种类面包的质量标准。
2. 掌握面包感官检验的评价内容。

实践任务

一、面包的分类和不同种类面包的感官质量标准

面包以小麦粉、酵母、食盐、水为主要原料,加入适量辅料,经搅拌面团、发酵、整形、醒发、烘烤或油炸等工艺制成的松软多孔的食品,以及烤制成熟前或烤制成熟后在面包坯表面或内部添加奶油、人造黄油、蛋白、可可、果酱等制品。

按面包产品的物理性质和食用口感分为软式面包、硬式面包、起酥面包、调理面包和其他面包五类,其中调理面包又分为热加工和冷加工两类。软式面包为组织松软、气孔均匀的面包;硬式面包为表皮硬脆、有裂纹,内部组织柔软的面包。起酥面包为层次清晰、口感酥松的面包;调理面包为烤制成熟前或烤制成熟后在面包坯表面或内部添加奶油、人造黄油、蛋白、可可、果酱等面包,不包括加入新鲜水果、蔬菜以及肉制品的食品。不同种类面包的感官要求如表2-2-4所示。

二、感官检验方法

将面包样品放置于清洁干燥的白瓷盘中,每个样品采用三位数数字或者三位数字母的方式随机编号,在光线充足、无异味的环境中按照感官特性的要求逐项检验。首先用视觉检验评价样品的体积、形态、色泽等外观品质特征,再用餐刀将面包切开,鉴别其组织、杂质,并感受其

香味,在进行面包内部香味评定时,应将面包横切面放在鼻前,用手挖一大孔洞以嗅闻新发出的气味,然后品尝滋味和口感等感官特征,最后对面包的多个感官属性进行评价。

表2-2-4　不同种类面包的感官要求

项目	软式面包	硬式面包	起酥面包	调理面包	其他面包
形态	完整,丰满,无黑泡或明显焦斑,形状应与品种造型相符	表皮有裂口,完整,丰满,无黑泡或明显焦斑,形状应与品种造型相符	丰满,多层,无黑泡或明显焦斑,光洁,形状应与品种造型相符	完整,丰满,无黑泡或明显焦斑,形状应与品种造型相符	符合产品应有的形态
色泽	金黄色、淡棕色或棕灰色,色泽均匀、正常				
组织	细腻,有弹性,气孔均匀,纹理清晰,呈海绵状,切片后不断裂	紧密,有弹性	有弹性,多孔,纹理清晰,层次分明	细腻,有弹性,气孔均匀,纹理清晰,呈海绵状	符合产品应有的组织
滋味口感	具有发酵和烘烤后的面包香味,松软适口,无异味	耐咀嚼,无异味	表皮酥脆,内质松软,口感酥香,无异味	具有品种应有的滋味与口感,无异味	符合产品应有的滋味与口感,无异味
杂质	正常视力无可见的外来异物				

三、材料与仪器设备

1. 材料

市售各类型面包。

2. 仪器设备

白瓷盘(或一次性纸盘)、餐刀等。

四、感官检验内容

面包的感官检验包括面包外观的感官检验和面包内质感官检验。面包外观感官检验主要是对体积、表皮颜色、外表形状、焙烤均匀程度、表皮质地等方面进行鉴别。面包内质感官检验主要是对组织颗粒、内部颜色、香味、滋味、组织结构等方面进行鉴别。

(一)外观感官检验

1. 体积评价

因面包使用原料及制备工艺的特殊性,加工后其体积会发生变化,而成熟面包体积的变化量决定了其感官质量。在由生面团至烤熟的面包时,面包体积必须膨胀至一定的程度,面包的体积并非越大越好,若体积过大,会使组织出现过多的大气孔,面包过分多孔而松软,且造成组织不均匀;如果面包体积膨胀不够会使其内部较紧密、颗粒粗糙并缺乏弹性,老化快。因而加工中对体积变化有一定的规定,例如在做烘焙试验时多采用美式不带盖的白面包来对比,一条标准的白面包的体积，应是此面包重量的6倍，最低不得低于4.5倍，所以通过面包体积对其品质进行评定时，首先要定出这种面包体积的标准体积比，即体积与重量之比，质量好的面包体积变化应在所预先设定的体积质量比范围内，而质量差者体积变化超出所设定的范围，超出越多质量越差。

因此，不同种类的面包，都规定了标准体积。实际评分时是用面包的比体积来表示的。测定面包体积和比体积的方法很多。参考美国小麦协会规定的办法，采用以下步骤可测得面包的比体积（体积/质量）。

（1）称取样品质量。

（2）在2L（2 000mL）的金属盒中盛满干燥至恒重的罂粟籽（或者菜籽），并称取籽粒质量，然后以下式先求得籽粒的密度。

$$\text{籽粒质量(g)} \div 2000\text{mL} = \text{籽粒密度(g/mL)}$$

（3）在金属盒中装入一薄层籽粒，将测试样品放入后，再以籽粒充塞，满后用刀刮平。

（4）称出除面包外的籽粒质量，按下式可测算出面包的体积。

$$\frac{\text{籽粒质量(g)}}{\text{已知籽粒密度(g/mL)}} = \text{籽粒体积(mL)}$$

$$2000\text{mL} - \text{籽粒体积} = \text{面包体积(mL)}$$

（5）计算面包的比体积

$$\frac{\text{面包体积}}{\text{面包质量}} = \text{面包比体积(mL/g)}$$

比体积是衡量面包蓬松性的重要标志，优良的主食面包，其比体积应在3.5～4.5mL/g，花色面包为4～5mL/g。

2. 表皮颜色评价

面包表皮颜色是由于适当的烤炉温度和配方内糖的使用而产生的，质量好的面包的表皮颜色应是金黄色，顶部的颜色较深而四边的较浅，颜色应均匀一致，无异白斑点，无条纹、有光泽，整体无烤焦或发白现象，颜色不但使面包看起来漂亮，而且更能产生焦香味。质量差的面包表皮色泽暗淡无光泽，且表皮颜色过深或太浅、颜色不均匀、深浅各异，边缘发白，整体给人以烤焦或是未熟的感觉。

3. 外表式样评价

面包种类繁多，其形状各异，正确的式样不但是顾客选购的焦点，而且也直接影响到内部的品质。质量好的面包应符合生产要求，其外形完整端正、表面光滑、无破损，且面包空洞大小适宜、无变形、无皱纹、形状应与品种造型相符，面包出炉后应方方正正，边缘部分稍呈圆形而不过于尖锐，两头及中央应一般齐整，不可有高低不平或四色低垂等现象。质量差的面包其外形不完整、不端正、大小不统一、不匀称且表面粗糙，有破损，形状与生产要求不符，或者表面破裂、中间或边缘部位断裂，其中与生产要求差别越大质量越差。

4. 烤焙均匀度评价

主要是对面包的全部颜色而言，质量好的面包其四周边壁上下颜色都应均匀，四周颜色不太浅也不太深，表面颜色可稍深，而且面包的表皮应具有柔软及均匀的薄层。如果出炉后的面包上部黑而四周及底部呈白色的，则这块面包一定没有烤熟；相反，如果底部颜色太深而顶部颜色浅，则表示烘焙时所用的底火太强，这类面包多数不会膨胀得很大，而且表皮很厚，韧性太强。

5. 表皮质地评价

质量好的面包表皮应薄而柔软，没有粗糙破裂的现象（但某些特殊品种，如法国面包、维也纳面包等硬皮面包除外），表皮质地厚、硬、脆度和粗糙度都适中。配方中适当的油和糖的用量以及发酵时间控制得恰当与否，均对表皮质地有很大的影响，配方中油和糖的用量太少会使表皮厚而坚韧，发酵时间过久会产生灰白而有碎片的表皮。发酵不够则产生深褐色、厚而坚韧的表皮。烤炉的温度也会影响到表皮的质地，温度过低烤出的面包表皮坚韧且无光泽；温度过高则表皮焦黑而龟裂。

（二）内质感官检验

1. 颗粒状况评价

面包的颗粒是指断面组织的粗糙程度、面筋所形成的内部网状结构，焙烤后外观近似颗粒的形状。此颗粒不但影响面包的组织，更影响面包的品质。如果面团在搅拌和发酵过程中操作适宜，此面团中的面筋所形成的网状组织较为细腻，烤好后面包内部的颗粒也较细小，富有弹性和柔软性，面包在切片时不易碎落。如果使用面粉的筋度不够或者搅拌和发酵不当，则面筋所形成的网状组织较为粗糙且无弹性，因此烤好后的面包形成粗糙的颗粒，冷却切割后有很多碎粒纷纷落下。评定颗粒标准的原则是颗粒大小一致，由颗粒所影响的整个面包内部组织应细柔而无不规则的孔洞。大孔洞的形成多数是整形不当引起的如气孔石油孔。但松弛的颗粒则为面筋的发展不够即搅拌发酵不当引起的。

2. 内部颜色评价

面包内部颜色应呈洁白或浅乳白色并有丝样的光泽，其颜色的形成多半是面粉的本色，但丝样的光泽是面筋在正确的搅拌和健全发酵状况下才能产生的。面包内部颜色也受到颗粒的影响。粗糙不均的颗粒或多孔的组织，会使面包受到颗粒阴影的影响变得黝暗和灰白，更谈不上会有丝样的光泽。

3. 香味评价

面包的香味是由外皮和内部两部分共同产生的，外表的香味是由美拉德反应和焦糖化反应以及面粉本身的麦芽香形成的香味所组成的。面包内部的香味是由发酵过程中所产生的酒精、有机酸以及其他化学反应，在烘焙过程中形成的各种酯香，综合面粉的麦香味及各种原辅料的香味共同组成的。质量好的面包除应具有发酵和烘烤后的面包香味、无陈腐味、生面味和其他不良气味。如果发现酸味很重，可能是发酵的时间过久，或是搅拌时面团的温度太高，如闻到的味道是淡淡的稍带甜味，则证明是发酵的时间不够。面包不可有霉味、油的酸败味或其他香料感染的气味。

4. 滋味评价

各种面包由于配方的不同，入口咀嚼时味道各不相同，但质量好的面包咬入口内应很容易嚼碎，柔软适口、不酸、不黏牙，无异味，有该品种特有的风味。而且有酵母发酵后的清香味道。质量差者当面包入口遇唾液会结成一团，该品种面包的特有味道不太突出，或者过咸、过甜或过酸且发黏、有哈喇味. 霉味等不良气味。

5. 组织与结构评价

质量好的面包内部组织结构应均匀，切片时面包屑越少结构越好；手触切割面时，手感柔软，有适度弹性，切断面洁白呈海绵状，内质疏松、无杂质、细腻无破碎、气孔均匀、纹理清晰，呈海绵状，切片后不断裂。质量差的面包内部组织结构不均匀、切片时面包屑较多，且手触面包手感较硬，无弹性、有杂质、有破碎、气孔不均匀、纹理混乱，切片后断裂。

五、感官检验结果

对面包的多个感官属性进行感官检验，评价结果包括优、良、合格、差四种等级，并将评价结果记录在表2-2-4面包样品的品评结果表上。

表2-2-5　面包样品的品评结果表

样品编号					
外观评分项目	体积	表皮颜色	外表式样	焙烤均匀程度	表皮质地
评价结果					
内质评分项目	颗粒	内部颜色	香味	滋味	组织结构
评价结果					

实验三　饼干的感官检验

学习目标

1. 掌握不同种类饼干的质量标准。
2. 掌握饼干感官检验的评价内容。
3. 熟悉用加权评分法对饼干样品进行感官检验。

实践任务

一、饼干的分类和不同种类饼干的感官质量标准

饼干是以谷类粉（和/或豆类、薯类粉）等为主要原料，添加或不添加糖、油脂及其他原料，经调粉（或调浆）、成型、烘烤（或煎烤）等工艺制成的食品，以及熟制前或熟制后在产品之间（或表面、或内部）添加奶油、蛋 白、可可、巧克力等的食品。根据加工工艺的不同将饼干分为13类，包括酥性饼干、韧性饼干、发酵饼干、压缩饼干、曲奇饼干、夹心饼干、威化饼干、蛋圆饼干、蛋卷、煎饼、装饰饼干、水泡饼干及其他饼干。

1. 酥性饼干

以小麦粉、糖、油脂为主要原料，加入膨松剂和其他辅料，经冷粉工艺调粉、辊压或不辊压、成型、烘烤制成的表面花纹多为凸花，断面结构呈多孔状组织，口感酥松或松脆的饼干。

2. 韧性饼干

以小麦粉、糖（或无糖）、油脂为主要原料，加入膨松剂、改良剂及其他辅料，经热粉工艺调粉、辊压、成型、烘烤而成的表面花纹多为凹花，外观光滑，表面平整，一般有针眼，断面有层次，口感松脆的饼干。

3. 发酵饼干

以小麦粉、油脂为主要原料，酵母为膨松剂，加入各种辅料，经调粉、发酵、辊压、叠层、成型、烘烤制成的酥松或松脆，具有发酵制品特有香味的饼干。粉碎，添加油脂、糖、营养强化剂或再其他干果、肉松、乳制品等，拌和、压缩制成的饼干。

4. 压缩饼干

以小麦粉、糖、油脂、乳制品为主要原料，加入其他辅料，经冷粉工艺调粉、辊印、烘烤成饼坯后，再经粉碎，添加油脂、糖、营养强化剂或再其他干果、肉松、乳制品等，拌和、压缩制成的饼干。

5. 曲奇饼干

以小麦粉、糖、糖浆、油脂、乳制品为主要原料，加入膨松剂及其他辅料，经冷粉工艺调粉，采用挤注或挤条、钢丝切割或辊印方法中的一种形式成型、烘烤制成的具有立体花纹或表面有规则波纹的饼干。

6. 夹心饼干

在饼干单片之间（或饼干空心部分）添加糖、油脂、乳制品、巧克力酱、各种复合调味酱待夹心料面制成的饼干。

7. 威化饼干

以小麦粉（或糯米粉）、淀粉为主要原料，加入乳化剂、膨松剂等辅料，经调浆、浇注、烘烤制成多孔状片子，通常在片子之间添加糖、油脂等夹心料的两层或多层的饼干。

8. 蛋圆饼干

以小麦粉、糖、鸡蛋为主要原料，加入膨松剂、香精等辅料，经搅打、调浆、挤注、烘烤制成的饼干。

9. 蛋卷

以小麦粉、糖、鸡蛋为主要原料，添加或不添加油脂，加入膨松剂、改良剂及其他辅料，经调浆、浇注或挂浆、烘烤卷制而成的蛋卷。

10. 煎饼

以小麦粉（可添加糯米粉、淀粉等）、糖、鸡蛋为主要原料，添加或不添加油脂，加入膨松剂、改良剂及其他辅料，经调浆或挂浆、煎烤制成的饼干。

11. 装饰饼干

在饼干表面涂布巧克力酱、果酱等辅料或喷撒调味料或裱粘糖花而制成的表面有涂层、线条或图案的饼干。

12. 水泡饼干

以小麦粉、糖、鸡蛋为主要原料，加入膨松剂，经调粉，多次辊压、成型、热水烫漂、冷水浸泡、烘烤制成的具有浓郁蛋香味的疏松、轻质饼干。

不同种类饼干的感官要求如表2－2－6所示。

二、感官检验方法

将饼干样品放置于清洁干燥的白瓷盘中，每个样品采用三位数数字或者三位数字母的方式随机编号，在光线充足、无异味的环境中按照感官特性的要求逐项检验。自然光线下目测其形态、色泽、组织和杂质；闻其气味；用温开水漱口后品其滋味口感。对饼干样品的感官品质通过加权评分法进行测定。每个评价员掌握统一的评分标准和记分方法。

表2-2-6　不同种类饼干的感官要求

产品分类	项目				
	形态	色泽	滋味与口感	组织	杂质
酥性饼干	外形完整,花纹清晰,厚薄基本均匀,不收缩,不变形,不起泡,不应有较大或较多的凹底。特殊加工品种表面或中间可有可食颗粒存在	呈棕黄色或金黄色或该品种应有的色泽,色泽基本均匀,表面略带光泽,无白粉,不应有过焦、过白的现象	具有该品种应有的香味,无异味。口感酥松或松脆,不黏牙	断面结构呈多孔状,细密,无大的空洞	无油污、无不可食用杂质
韧性饼干	外形完整,花纹清晰或无花纹,一般有针孔,厚薄基本均匀,不收缩,不变形,无裂痕,可以有均匀泡点,不应有较大或较多的凹底。特殊加工品种表面或中间允许有可食颗粒存在(如椰蓉、芝麻、砂糖、巧克力、燕麦等)	呈棕黄色、金黄色或品种应有的色泽,色泽基本均匀,表面有泅涌,无白粉,不应有过焦,过白的现象	具有品种应有的香味,无异味,口感松脆细腻,不黏牙	断面结构有层次或呈多孔状	无油污、无不可食用杂质
发酵饼干	外形完整,厚薄大致均匀,表面有较均匀的泡点,无裂缝,不收缩,不变形,不应有凹底。特殊加工品种表面允许有工艺要求添加的原料颗粒(如果仁、芝麻、砂糖、食盐、巧克力、椰丝、蔬菜等颗粒存在)	呈浅黄色、谷黄色或品种应有的色泽,饼边及泡点允许褐黄色,色泽基本均匀,表面略有泅涌,无白粉,不应有过焦的现象	咸味或甜味适中,具有发酵制品应有的香味及品种特有的香味,无异味,口感酥松或松脆,不黏牙	断面结构层次分明或呈多孔状	无油污、无不可食用杂质
压缩饼干	快形完整,无严重缺角、缺边	呈谷黄色、深谷色或品种应有的色泽	具有品种特有的香味,无异味,不黏牙	断面结构呈紧密状,无孔洞	无油污、无不可食用杂质
曲奇饼干	外形完整,花纹或波纹清楚,同一造型大小基本均匀,饼体摊散适度,无连边。花色曲奇饼干添加的应颗粒大小基本均匀	表面呈金黄色、棕黄色或品种应有的色泽,色泽基本均匀,花纹与饼体边缘允许有较深的颜色,但不应有过焦,过白的现象。花色曲奇饼干允许有添加辅料的色泽	有明显的奶香味及品种特有的香味,无异味,口感酥松或松软	断面结构呈细密的多孔状,无较大孔洞。花色曲奇饼干应具有品种添加的颗粒	无油污、无不可食用杂质

续表

产品分类	项目				
	形态	色泽	滋味与口感	组织	杂质
夹心饼干	外形完整,边缘整齐,夹心饼干不错位,不脱片,饼干表面应符合饼干单片要求,夹心层厚薄基本均匀,夹心或注心料无外溢	饼干单片呈棕黄色或品种应有的色泽,色泽基本均匀。夹心或注心料呈该料应有的色泽,色泽基本均匀	应符合品种所调制的香味,无异味,口感疏松或松脆,夹心料细腻,无糖粒感	饼干单片断面应具有其相应品种的结构,夹心或注心层次分明	无油污、无不可食用杂质
威化饼干	外形完整,快形端正,清晰,厚薄基本均匀,无分离及夹心料溢出现象	具有品种应有的色泽,色泽基本均匀	具有品种应有的口味,无异味,口感松脆哐酥化,夹心料细腻,无糖粒感	片子断面结构呈多孔状,夹心料均匀,夹心层次分明	无油污、无不可食用杂质
蛋圆饼干	呈冠圆形或多冠形,外形完整,大小、厚薄基本均匀	呈金黄色、棕黄色或品种应有的色泽,色泽基本均匀	味甜,具有蛋香味及品种应有的香味,无异味,口感松脆	断面结构呈细密的多孔状,无较大孔洞	无油污、无不可食用杂质
蛋卷饼干	呈多层卷筒形态或品种特有的形态,断面层次分明,外形基本完整,表面光滑或呈花纹状。特殊加工品种表面通话有可食颗粒存在	表面呈浅黄色、金黄色、浅棕黄色或品种应有的色泽,色泽基本均匀	味甜,具有蛋香味及品种应有的香味,无异味,口感松脆或酥松		无油污、无不可食用杂质
煎饼饼干	外形基本完整,特殊加工品种表面允许有可食颗粒存在	表面呈浅黄色、金黄色、浅棕黄色或品种应有的色泽,色泽基本均匀	味甜,具有品种应有的香味,无异味,口感硬脆、松脆或酥松		无油污、无不可食用杂质
装饰饼干	外形完整,大小基本均匀,涂层或粘花与饼干基片不应分离。涂层饼干的涂层均匀,涂层覆盖之处无饼干基片露出或线条、图案基本一致。粘花饼干应在饼干基片表面粘有糖花,且较为端正,糖花清晰,大小基本均匀。喷撒调味的饼干,其表面的调味料应均匀	具有饼干基片及涂层或糖花应有的色泽,且色泽基本均匀	具有品种应有的香味,无异味,饼干基片口感松脆或酥松。涂层和糖花无粗粒感,涂层幼滑	饼干基片断面应具有其相应品种的结构,涂层和糖花组织均匀,无孔洞	无油污、无不可食用杂质

续表

产品分类	项目				
	形态	色泽	滋味与口感	组织	杂质
水泡饼干	外形完整,块形大致均匀,不得起泡,不得有皱纹、黏边痕迹及的明显的豁口	呈浅黄色、金黄色或品种应有的颜色,色泽基本均匀,表面有汹涌,不应有过焦,过白的现象	味略甜,具有浓郁的蛋香味或品种应有的香味,无异味,口感脆、疏松	断面组织微细、均匀、无孔洞	无油污、无不可食用杂质

三、材料与仪器设备

1. 材料

市售各类型饼干。

2. 仪器设备

白瓷盘等。

四、感官检验内容和评分标准

饼干的品质评定包括形态鉴别、色泽鉴别、滋味与口感鉴别、组织鉴别、杂质鉴别五个部分。现将各部分评分标准说明如下,总分 100 分,其中形态 15 分、色泽 15 分、滋味与口感 50 分、组织 10 分、杂质 10 分。饼干的评分标准如表 2-2-7~表 2-2-11 所示;饼干样品的质量等级评定标准如表 2-2-12 所示。饼干样品的感官品质通过加权评分法进行测定,并将评价结果记录在表 2-2-13 饼干样品的品评结果表上,并根据评分结果划分饼干样品的质量等级。

表 2-2-7　饼干的形态感官评分标准

项目	评分标准			
	好(12~15)	较好(8~11)	一般(4~7)	差(0~3)
形态	外形很完整,花纹非常清晰,很薄很均匀,不收缩,不变形,不起泡,凹底很少	外形较完整,花纹很清晰,厚薄基本均匀,收缩和变形少,气泡少,凹底很少	外形不太完整,花纹不太清晰,厚薄不太均匀,收缩变形多,起泡多,凹底多	外形不完整,花纹不清晰,厚薄不均匀,收缩和变形多,起泡非常多,凹底非常多

表 2-2-8　饼干的色泽感官评分标准

项目	评分标准			
	好(12~15)	较好(8~11)	一般(4~7)	差(0~3)
色泽	呈棕黄色或金黄色或应有色泽,色泽非常均匀,有光泽,无白粉,无过焦,过白现象	有较好的棕黄色或金黄色或应有色泽,色泽基本均匀,光泽不明显,有非常少量的白粉,有很少过焦、过白现象	棕黄色或金黄色或应有色泽不明显,色泽不太均匀,光泽感差,有少量白粉,过白现象	棕黄色或金黄色或应有色泽很差,色泽不均匀,光泽感很差,有大量白粉,有大量过焦、过白现象

表 2-2-9　饼干的滋味与口感感官评分标准

项　目	评分标准			
	好(40~50)	较好(30~39)	一般(15~19)	差(0~14)
滋味与口感	香味强,无异味。口感松脆,不黏牙	香味较强,有轻微异味。口感较松脆,不黏牙	香味弱,有疑问,口感不太松脆,有点黏牙	香味很弱,有很大异味,口感不松脆

表 2-2-10　饼干的组织感官评分标准

项　目	评分标准			
	好(8~10)	较好(5~7)	一般(2~4)	差(0~1)
组织	断面结构呈多孔状,细密,无空洞	断面结构呈多孔状,较细密,空洞小	断面结构呈多孔状,不细密,有大的空洞	断面结构无多孔状

表 2-2-11　饼干的杂质感官评分标准

项　目	评分标准			
	好(8~10)	较好(5~7)	一般(2~4)	差(0~1)
杂质	无油污、无不可食异物	有少量油污,有少量不可食异物	有较多油污、有较多不可食异物	油污和不可食异物非常多

表 2-2-12　饼干样品的质量等级评定标准

质量等级	分数
优	90~100
良	75~89
合格	60~74
差	59 以下

表 2-2-13　饼干样品的品评结果表

样品编号					
评分项目	形态	色泽	滋味与口感	组织	杂质
评分分数					
总分					
品质评价(差、合格、良、优)					

实验四　裱花蛋糕的感官检验

学习目标

1. 熟悉裱花蛋糕的基本知识。
2. 熟悉裱花蛋糕的质量标准。

实践任务

一、裱花蛋糕的基本知识

蛋糕以鸡蛋、食糖、面粉和油脂等为主要原料，通过机械搅拌作用和膨松剂的化学作用而制得的松软可口的烘焙制品。裱花蛋糕是在清蛋糕、混合蛋糕或油蛋糕坯表面进行裱花装饰的蛋糕。裱花蛋糕包括蛋白裱花蛋糕、奶油裱花蛋糕、人造奶油裱花蛋糕、植脂奶油蛋糕、其他类裱花蛋糕。

1. 蛋白裱花蛋糕

以清蛋糕为坯，用蛋白装饰料加工制成的裱花蛋糕。

2. 奶油裱花蛋糕

以清蛋糕为坯，用奶油装饰料加工制成的裱花蛋糕。

3. 人造奶油裱花蛋糕

以清蛋糕为坯，用人造奶油装饰料加工制成的裱花蛋糕。

4. 植脂奶油蛋糕

以含少量油脂的蛋糕为坯，用植脂奶油装饰料加工制成的裱花蛋糕。

5. 其他类裱花蛋糕

以清蛋糕、油蛋糕或混合型蛋糕为坯，用其他装饰料制成的裱花蛋糕。

二、感官检验方法

将裱花蛋糕样品放置于清洁干燥的白瓷盘中，每个样品采用三位数数字或者三位数字母的方式随机编号，在光线充足、无异味的环境中按照感官特性的要求逐项检验。将裱花蛋糕样品通过目测外形形状、表皮等感官属性，按对角线四等分切开蛋糕观察内部组织，是否有杂质，品尝各部位的滋味，闻其气味是否新鲜，与标准对照作出评价，并记录感官检验结果。

三、材料与仪器设备

1. 材料

市售各类型裱花蛋糕。

2. 仪器设备

白瓷盘、餐刀等。

四、感官检验标准

裱花蛋糕的感官要求如表 2－2－14～表 2－2－18 所示，对裱花蛋糕的多个感官属性进行感官检验，评价结果包括优、良、合格、差四种等级，并将评价结果记录在表 2－2－19 裱花蛋糕样品的品评结果表上。

表 2-2-14　蛋白裱花蛋糕感官要求

项　目	要　求
色　泽	顶面色泽鲜明，裱酱洁白，细腻有光泽，无斑点；蛋糕侧壁具有装饰料色泽
形　态	完整，不变形，不缺损，不塌陷；抹面平整，不露糕坯；饰料饱满、匀称，图案端庄，文字清晰，表面无结皮现象
组　织	气孔分布均匀，无粉块，无糖粒
口感及口味	糕坯松软，饰料微酸，爽口，无异味
杂　质	无可见杂质

表 2-2-15　奶油裱花蛋糕感官要求

项　目	要　求
色　泽	顶面色泽淡雅，裱酱乳黄，有奶油光泽，色泽均匀，无斑点；蛋糕侧壁具有装饰料色泽
形　态	完整，不变形，不缺损，不收缩，不塌陷，不析水，抹面平整，细腻，不露糕坯，饰料饱满、匀称，图案美观，裱花造型逼真
组　织	文字清晰，表面无裂纹；糕坯内气孔分布均匀；无粉块，无糖粒；夹层饰料厚薄基本均匀
口感及口味	糕坯绵而软，裱酱细腻，口感油润，有奶油香味及品种应有的风味，滋味纯正
杂　质	无可见杂质

表 2-2-16　人造奶油裱花蛋糕感官要求

项　目	要　求
色　泽	顶面色泽淡雅，裱酱浅黄色，色泽均匀，无斑点；蛋糕侧壁具有装饰料色泽
形　态	完整，不变形，不缺损，不收缩，不塌陷，不析水，抹面平整，细腻，不露糕坯，饰料饱满、匀称，图案端庄，裱花造型逼真，文字清晰，表面无裂纹
组　织	糕坯内气孔均匀，无粉块，无糖粒
口感及口味	糕坯松软，裱酱细腻，口感油润及有品种应有的风味，无异味
杂　质	无可见杂质

表 2-2-17　植物奶油裱花蛋糕感官要求

项　目	要　求
色　泽	色泽淡雅；裱酱乳白或产品原有色泽，微有光泽，色泽均匀，无色素斑点，无灰点；蛋糕侧壁呈装饰料色泽
形　态	完整，不变形，不缺损，不收缩，不塌陷，不析水，抹面平整、细腻、无粗糙感，不露糕坯，饰料饱满，匀称；图案端庄，表面无裂纹
组　织	夹层厚薄均匀，糕坯内气孔均匀，无粉块，无糖粒；夹层饰料厚薄均匀
口感及口味	糕坯滋润绵软爽滑；裱酱油润不腻，有品种应有的风味，甜度适中；无异味
杂　质	无可见杂质

表 2-2-18　植物奶油裱花蛋糕感官要求

项　目	要　求
色　泽	具有品种应有的色泽,无斑点;糕坯侧壁具有该品种应有的色泽
形　态	形态完整,不变形,不缺损,不收缩,不塌陷,抹面平整,不露糕坯;图案端庄,文字清晰
组　织	具有品种应有的特征;气孔分布均匀;无糖粒,无粉块;糕坯夹层饰料厚薄均匀
口感及口味	滋气味纯正。甜度适中;糕坯松软,具有品种应有的风味,无异味
杂　质	无可见杂质

表 2-2-19　裱花蛋糕样品的品评结果表

样品编号					
评价项目	色泽	形态	组织	口感及口味	杂质
评价结果					

实验五　月饼的感官检验

学习目标

1. 掌握不同种类月饼的感官质量标准
2. 熟悉用评分法对月饼样品进行感官检验。

实践任务

一、月饼的分类和不同种类月饼的感官质量标准

月饼是久负盛名的汉族传统小吃,按地方风味特色分类如下。

1. 广式月饼

以广东地区制作工艺和风味特色为代表的,使用小麦粉、转化糖浆、植物油、碱水等制成饼皮,经包馅、成形、刷蛋、烘烤等工艺加工而成的口感柔软的月饼。

2. 京式月饼

以北京地区制作工艺和风味特色为代表的,配料上重油、轻糖,使用提浆工艺制作糖浆皮面团,或糖、水、油、面粉制成松酥皮面团,经包馅、成形、烘烤等工艺加工而成的口味纯甜、纯咸,口感松酥或绵软,香味浓郁的月饼。

3. 苏式月饼

以苏州地区制作工艺和风味特色为代表的,使用小麦粉、饴糖、油、水等制皮,小麦粉、油制酥,经制酥皮、包馅、成形、烘烤等工艺加工而成的口感松酥的月饼。

4. 其他

以其他地区制作工艺和风味特色为代表的月饼。以馅料分类:

(1)蓉沙类

1)莲蓉类:包裹以莲籽为主要原料加工成馅的月饼。除油、糖外的馅料原料中国,莲籽含

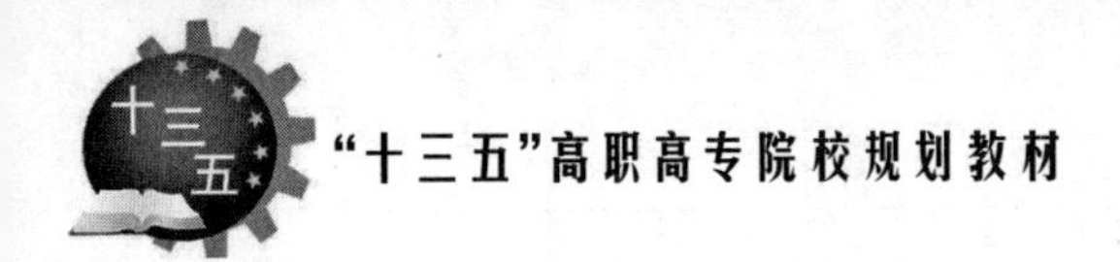

量应不低于60%。

2)豆蓉(沙)类:包裹以各种豆类为主要原料加工成馅的月饼。

3)栗蓉类:包裹以板栗为主要原料加工成馅的月饼。除油、糖外的馅料原料中,板栗含量应不低于60%。

4)杂蓉类:包裹以其他含淀粉的原料加工成馅的月饼。

(2)果仁类

包裹以核桃仁、杏仁、橄榄仁、瓜子仁等果仁和糖等为主要原料加工成馅的月饼。馅料中果仁含量应不低于20%。

(3)果蔬类

1)枣蓉(泥)类:包裹以枣为主要原料加工成馅的月饼。

2)水果类:包裹以水果及其制品为主要原料加工成馅的月饼。馅料中水果及其制品的用量应不低于25%。

3)蔬菜类:包裹以蔬菜及其制品为主要原料加工成馅的月饼。

(4)肉与肉制品类

包裹馅料中添加火腿、叉烧、香肠等肉与肉制品的月饼。

(5)水产制品类

包裹馅料中添加虾米、鱼翅(水发)、鲍鱼等水产制品的月饼。

(6)蛋黄类

包裹馅料中添加咸蛋黄的月饼。

(7)其他类

包裹馅料中添加了其他产品的月饼。

不同种类的月饼的感官要求如表2-2-20、表2-2-21、表2-2-22所示。

表2-2-20　广式月饼的感官要求

项　目		要　　求
形　态		外形饱满,表面微凸,轮廓分明,品名花纹清晰,无明显凹缩、爆裂、塌斜、摊塌和漏馅现象
色　泽		饼皮棕黄或棕红,色泽均匀,要不呈乳黄或黄色,底部棕黄不焦,无污染
口感、气味		饼皮松软,具有该品种应由的风味,无异味
组织	蓉沙类	饼皮厚薄均匀,笑料细腻无僵粒,无夹生,椰蓉类馅芯色泽淡黄、油润
	果仁类	饼皮厚薄均匀,果仁大小适中,拌合均匀,无夹生
	水果类	饼皮厚薄均匀,馅芯有该品种应有的色泽,拌合均匀,无夹生
	蔬菜类	饼皮厚薄均匀,馅芯有该品种应有的色泽,无色素斑点,拌合均匀,无夹生
	肉与肉制品类	饼皮厚薄均匀,肉与肉制品大小适中,拌合均匀,无夹生
	水产制品类	饼皮厚薄均匀,水产制品大小适中,拌合均匀,无夹生
	蛋黄类	饼皮厚薄均匀,淡黄剧中,无夹生
	其他类	无夹生
其他		无正常视力可见的外来杂质

表 2-2-21　京式月饼的感官要求

项　目	要　求
形　态	外形整齐,花纹清晰,无破裂、漏馅、凹缩、塌斜现象,有该品种应有的形态
色　泽	表面光润,又该品种应有的色泽且颜色均匀,无杂色
口感、气味	有该品种应有的风味,无异味
组　织	皮馅厚薄均匀,无脱壳,无大空隙,无夹生,有该品种应有的组织
其　他	无正常视力可见的外来杂质

表 2-2-22　苏式月饼的感官要求

项　目		要　求
形　态		外形圆整,面底平整,略呈扁鼓形;底部收口居中不漏底,无僵缩、露酥、塌斜、跑糖、漏馅现象,无大片碎皮;品名戳记清晰
色　泽		饼面浅黄或浅棕黄,腰部乳黄泛白,饼底棕黄不焦,部沾染杂色,无污染现象
口感、气味		酥皮爽口,具有该品种应有的风味,无异味
组织	蓉沙类	酥层分明,皮馅厚薄均匀,馅软油润,无夹生、僵粒
	果仁类	酥层分明,皮馅厚薄均匀,馅松不韧,果仁粒形分明、分布均匀,无夹生、大空隙
	肉与肉制品类	酥层分明,皮馅厚薄均匀,肉与肉制品分布均匀,无夹生、大空隙
	其他类	酥层分明,皮馅厚薄均匀,无空心,无夹生
其　他		无正常视力可见的外来杂质

二、感官检验方法

将月饼样品放置于清洁干燥的托盘中,每个样品采用三位数数字或者三位数字母的方式随机编号,在光线充足、无异味的环境中按照感官特性的要求逐项检验。将月饼样品置于清洁、干燥的白瓷盘中,用目测检查形态、色泽,然后用餐刀按四分法切开,观察组织、杂质,品尝滋味与口感,对照标准规定,作出评价。通过9点标度法对月饼样品的多个感官属性的感官强度水平和对其的喜爱程度进行评分。每个评价员掌握统一的评分标准和记分方法。

1. 看外观

月饼的块型是否大小均匀、周正饱满。广式月饼表面呈浅棕色,立墙为乳黄色,蛋浆涂抹均匀,且图案标有厂名和馅芯。京式月饼无图案、品名。如自来红面皮棕黄色,不光秃,不生不糊,不跑糖,不露馅。

2. 闻气味

质量新鲜的月饼,能散发一种月饼特有的扑鼻香味,由于原料不同,皮馅香味各异。如果是使用劣质原辅料制作或存放时间较长的月饼,则会闻到一股异味或哈喇味。

3. 品尝

一般广式月饼薄皮大馅、口味纯正、口感绵软爽口。馅芯以莲蓉、椰蓉、蛋黄、水果和各种肉馅为主,甜咸适度。京式月饼的皮馅制作精细繁杂。月饼皮有油皮、油酥皮、澄浆皮和京广皮四大类;馅芯又分为炼馅、炒馅、擦馅3个类别,馅芯内含果料较多,切开后可看到桃仁、瓜仁、麻仁、桂花、青红丝及各种果料，自来红月饼还含有冰糖，吃起来松酥利口、绵软细腻。质量低劣的月饼不仅皮馅坚韧，没有酥松感，往往还会有一种苦涩味。

三、材料与仪器设备

1. 材料

市售各类型月饼。

2. 仪器设备

白瓷盘、餐刀等。

四、感官检验内容及评分标准

对月饼样品的感官检验，包括外观评价、气味评价、风味评价和质地评价四部分内容。通过9点快感标度法对月饼样品的多个感官属性的喜爱程度进行评分，喜爱程度1～9分（特别喜欢—9；很喜欢—8；喜欢—7；有点喜欢—6；既不喜欢也不厌恶—5；有点厌恶—4；厌恶—3；很厌恶—2；特别厌恶—1），并通过9点标度法对月饼样品的多个感官属性的感官强度水平进行评分，感官强度水平1～9分（分数越高，感官强度越大）。将每个感官属性的结果记录在表2－2－23～表2－2－26以上月饼品评结果表中。最后将对月饼样品的多个感官属性的喜爱程度汇总，包括汇总总体外观的喜爱程度、总体气味的喜爱程度、总体风味的喜爱程度和总体质地的喜爱程度，将结果填在表2－2－27月饼品评结果汇总表中。

表2－2－23　月饼外观品评结果表

样品编号			
项目	喜爱程度	性质的强度/水平	备注
颜色			淡—1；深—10
颜色的均匀性			不均匀—1；均匀—10
光泽			无光泽—1；有光泽—10
月饼的完整性			不完整—1；完整—10
整体形状的规则性			不规则—1；规则—10
饼上图案的完整可辨性			不可辨—1；完整可辨—10
饼皮厚度			很薄—1；很厚—10
馅料均匀度			不均匀—1；均匀—10

表2－2－24　月饼气味品评结果表

样品编号			
项目	喜爱程度	性质的强度/水平	备注
麦香			没有—1；很浓—10
月饼独特甜香			
不同种类独特香气（如枣香）			

表 2-2-25 月饼风味品评结果表

样品编号			
项目	喜爱程度	性质的强度/水平	备注
甜味			没有—1;很高—10
咸味(部分产品)			
饼皮麦香			
馅料风味(如豆沙)果仁味			

表 2-2-26 月饼质地品评结果表

样品编号			
项目	喜爱程度	性质的强度/水平	备注
饼皮松软度			坚硬—1;松软—10
饼皮黏度			很低—1;很高—10
饼皮细腻度			粗糙—1;细腻—10
饼皮湿度			干燥—1;湿润—10
馅料松软度			坚硬—1;松软—10
馅料黏度			很低—1;很高—10
馅料细腻度			粗糙—1;细腻—10
馅料湿度			干燥—1;湿润—10
整体硬度			硬—1;软—10

表 2-2-27 月饼品评结果汇总表

样品编号	
总体外观:	
总体气味:	
总体风味:	
总体质地:	

实验六 方便面的感官检验

学习目标

1. 熟悉方便面的基本知识。
2. 掌握方便面感官检验的评价内容。
3. 熟悉用评分法,对方便面样品进行感官检验。

实践任务

一、方便面的基本知识

方便面是以小麦粉、荞麦粉、绿豆粉、米粉等为主要原料，添加食盐或面质改良剂，加适量水调制、压延、成型、气蒸，经油炸或干燥处理，达到一定熟度的方便食品。方便面是随着现代社会和工业的高速发展、人们紧张工作和生活的需要而产生和发展起来的，方便面食用时只需用开水冲泡或者水煮3～5min，加入调味料即可成为各种不同风味的面食，由于方便面具有品种多、味道好、食用方便、快速的特点，故广受消费者欢迎。

方便面工艺分为油炸方便面和热风干燥方便面。油炸方便面由于其干燥速度快（约90s），糊化度高，面条具有多孔性结构，因此复水性好，更方便，口感也好。但由于它使用油脂，因此容易酸败，口感和滋味下降，并且成本高。热风干燥方便面是将蒸煮后的面条在70～90℃下脱水干燥，因此不容易氧化酸败，保存期长，成本也低。但由于其干燥温度低，时间长，糊化度低，面条内部多孔性差，复水性差，复水时间长。

二、感官检验方法

每个方便面样品采用三位数数字或者三位数字母的方式随机编号，在光线充足、无异味的环境中按照感官特性的要求逐项检验。对方便面样品的多个感官属性采用9点标度评分法进行评分。每个评价员掌握统一的评分标准和记分方法。方便面的感官检验包括外观评价和口感评价两方面。

外观评价：在面饼还没有泡或煮之前，在良好的照明条件下把面饼放入白瓷盘中，通过视觉感官检验方便面的色泽、表观状态和形状，并通过嗅觉闻气味。

口感评价：用量杯量取面饼质量约5倍以上体积的蒸馏水注入评价容器中，并保证加水量完全浸没面饼，然后加盖盖严容器；或者用量杯量取面饼质量约5倍以上的蒸馏水注入锅中，并保证加水量完全浸没面饼，待加热煮沸后将评价面饼放入锅中进行煮制，用秒表开始计时。达到该方便面冲泡或者煮制时间后，取用适量的面条，然后评价员通过味觉和触觉感官检验方便面的复水性、光滑性、软硬度、韧性、黏性、耐泡性等感官品质。

三、材料与仪器设备

1. 材料

市售各品牌方便面。

2. 仪器设备

筷子、白瓷盘、量杯、锅、手表等。

四、感官检验内容和评分标准

对方便面样品的感官检验内容包括外观评价和口感评价。

1. 外观评价

在明亮的环境下评价方便面面饼的色泽、表观状态、形状和气味，并评分，评分结果填入品评结果中。外观评价的内容包括方便面样品的色泽、表观状态、形状、气味。

2. 口感评价

用沸水浸泡面饼3min,取用适量面条让评价员对其各个特性进行评价并评分,评分结果填入品评结果中。口感评价的内容包括方便面样品的复水性、光滑性、软硬度、韧性、黏性、耐泡性。

(1)色泽:面饼的颜色和亮度。

(2)表观状态:面饼表明光滑程度、起泡、分层情况。

(3)形状:面饼的外形和花纹。

(4)气味:面饼是否有异味。

(5)复水性:面条达到特定烹调时间的复水情况。判断方式:3.0~6.5min针对复水性进行品评,如果面身已无硬心、无不均匀口感、无黏牙,状况则已复水,但如果面身不黏牙、呈现均匀且较硬的口感并不代表没有复水。

(6)光滑性:在品尝面条时口腔器官所感受到的面条的光滑程度。

(7)软硬度:用牙咬断一根面条所需力度的大小。

(8)韧性:面条在咀嚼时,咬紧和弹性的大小。

(9)黏性:在咀嚼过程中,面条黏牙程度。

(10)耐泡性:面条复水完成一段时间后保持良好的感官和食用特点的能力。

根据方便面的感官检验评分标准,对方便面样品的多个感官属性通过9点标度法进行评分。方便面的感官检验评分标准如表2-2-28所示,方便面样品的评价结果填在表2-2-29方便面样品的品评结果表中。

表2-2-28　方便面的感官检验评分标准

感官特效	评价标度		
	低	中	高
	1~3	4~6	7~9
色泽	有焦、生现象,亮度差	颜色不均匀,亮度一般	颜色标准、均匀、光亮
表观状态	气泡分层严重	有气泡或分层	表明结构细密、光滑
形状	外形不整齐,大小不一致,花纹不均匀	外形稍不整齐,大小稍不一致,花纹稍不均匀	外形整齐,大小一致,花纹均匀
气味	面香味不足,有霉味、哈喇味或其他异味	面香味稍淡,稍有霉味、哈喇味或稍有其他异味	气味正常,具有宜人的面香味,无霉味、哈喇味及其他异味
复水性	复水差	复水一般	复水好
光滑性	很不光滑	不光滑	适度光滑
软硬度	太软或太硬	较软或较硬	适中无硬心
韧性	咬劲差,弹性不足	咬劲和弹性一般	咬劲合适、弹性适中
粘性	不爽口、发黏或夹生	较爽口、稍黏牙或稍夹生	咀嚼爽口、不黏牙、无夹生
耐泡性	不耐泡	耐泡性较差	耐泡性适中

表 2-2-29 方便面样品的品评结果表

样品编号	
感官特性	标度(评分)值(1~9)
色泽	
表观状态	
形状	
气味	
复水性	
光滑性	
软硬度	
韧性	
黏性	
耐泡性	
综合评价	

学习情境三　酒类的感官检验

实验一　白酒评比实验(评分检验法)

一、实验目的

通过实验,掌握评分检验的方法及其在实际中的应用。

二、实验原理

实验中,要求品评员以数字标度的形式来评价样品的品质特性。数字标度可以是等距标度或比率标度。该法是绝对性的判断,即根据每个品评员自己的品评基准进行判断。实验中如果出现评分粗糙现象可以通过增加实验员的人数来克服。此法可同时鉴评一种或多种产品的一个或多个指标的强度及其差异,应用比较广泛。尤其适用于鉴评新产品。

三、样品及器具

白酒品评杯(透明玻璃杯,具体可以参考国家标准);白酒样品(5 个以上,例如浓香型高度白酒);漱口用纯净水。

四、实验步骤

(一)品评标准说明

品评前由主持人统一讲解白酒的感官指标和记分方法,使每个品评员都能掌握统一的评分标准和记分方法,具体可参考国家标准要求。

(二)样品制备

样品以随机数码的形式编号,取等量、同温度的样品分别注入品酒杯中,呈送给品评员的样品每次不超过 5 个。样品在呈送时,应注意按照其酒精度进行顺序呈送,一般来说,应先从酒精度最低的样品开始呈送,然后按照酒精度由低到高的顺序依次将其他样品呈送给品评员。品评员在品评不同的白酒样品之间应漱口,样品和漱口水应吐出。如果因酒精度的刺激导致感觉敏感性下降或失灵,应等待一会,感官灵敏度恢复后继续品评。

浓香型白酒(高度)感官要求及记分方法见表 2-3-1 和表 2-3-2。

(三)品评表设计

品评员应独立进行品评并做好记录。每种样品可反复品评。品评过程中应注意保护自身感觉的敏感性，避免出现感觉疲劳。白酒品评记分表见表2－3－3。

表2－3－1　GB/T 10781.1—2006《浓香型白酒》感官要求

项　目	优　级	一　级
色泽和外观	无色或微黄，清亮透明，无悬浮物，无沉淀[a]	
香　气	具有浓郁的乙酸乙酯为主体的复合香气	具有较浓郁的乙酸乙酯为主体的复合香气
口　味	酒体醇和谐调，绵甜爽净，余味悠长	酒体较醇和谐调，绵甜爽净，余味较长
风　格	具有本品典型的风格	具有本品明显的风格
[a] 当酒的温度低于10℃时，允许出现白色絮状沉淀物质或失光。10℃以上时应逐渐恢复正常。		

表2－3－2　记分方法

项　目	记分方法
色　泽	1. 符合感官指标要求得10分 2. 凡浑浊、沉淀、带异色，有悬浮物等酌情扣1～4分 3. 有恶性沉淀或悬浮物者，不得分
香　气	4. 符合感官指标要求得25分 5. 放香不足，香气欠纯正，带有异香等，酌情扣1～6分 6. 香气不谐调，且邪杂气重，扣6分以上
口　味	7. 符合感官指标要求得50分 8. 味欠绵软谐调，口味淡薄，后味欠净，味苦涩，有辛辣感，有其他杂味等，酌情扣1～10分 9. 酒体不谐调，尾不净，且杂味重，扣10分以上
风　格	10. 具有本品固有的独特风格得15分 11. 基本具有本品风格，但欠谐调或风格不突出，酌情扣1～5分 12. 基本不具备本品风格要求的扣5分以上

注：浓香型白酒是指以粮谷为原料，使用大曲或麸曲为糖化发酵剂，经传统工艺酿制而成，具有以乙酸乙酯为主体酯类香味的蒸馏酒，以泸州老窖为典型代表。

表2－3－3　白酒品评记分表

评价员：________	评价日期：________年________月________日				
样品编号：	1	2	3	4	5
色泽：					
香气：					
口味：					
风格：					
合计：					
评语：					

五、数据处理

用方差分析法分析样品间的差异及品评员之间感觉敏感性的差异。

六、思考与分析

如何保持感觉的敏感性(可从味觉角度进行分析)?

实验二 啤酒色泽评价实验(分类检验法)

一、实验目的

由于不同啤酒厂家的生产工艺、设备水平不同,造成不同品牌的啤酒色泽之间存在差异,本实验通过评价不同牌子啤酒的色泽,掌握分类检验法的分析过程。

二、实验原理

品评员品评样品后划出样品归属的类别,让品评员挑选出能够描述样品感官特性的词汇,对某种样品得到的结果汇总为某一类别的频数,分辨产品感官特性的优劣。

三、样品及用具

市售不同品牌的啤酒若干(最好都选用统一色泽类别的啤酒,例如,都属于淡色啤酒的雪花纯生、青岛纯生等啤酒),品酒杯、烧杯、具塞瓶;数量按照品评员的人数和实验的轮次来定。

四、实验步骤

(一)样品制备与编号

将各种啤酒进行三位数的随机编号,采用统一、干净的品评杯,将样品都倒入品评杯中,注意杯中啤酒均应等量,且在倒入前对啤酒均应进行除泡处理,避免泡沫对啤酒色泽的影响。

具体除泡的过程可参考以下方法。

1. 反复流注法

在室温时,取同样温度的样品分别置于清洁、干燥的大烧杯或搪瓷杯中,分别以细流注入同样体积的另一个杯中,注入时保持两杯的杯口相距约 20 ~ 30cm,反复注流 50 次左右,以充分除去酒液中含有的二氧化碳,注入具塞瓶中备用。

2. 过滤法

分别将各品牌的啤酒样品用快速滤纸过滤至具塞瓶中,加塞备用。

3. 摇瓶法

分别取各品牌的啤酒样品,置于具塞瓶中,堵住瓶口摇动约 30s,并不时松开以排气几次。静置,加塞备用。

三种方法中,第一种方法最费时,第二种和第三种方法的操作较简便。无论采取哪一种方法,在同一次实验中,都必须采用同一种处理方法。

(二)品评过程

将制备好的已经除完泡的样品分发给各个品评员,品评员分别观察后填写品评记录表。

实验结束后，样品制备人员除去样品的编码，汇总品评员的实验结果，进行结果分析，判断各个样品的品质。

啤酒色泽等级分类及检验品评表见表2－3－4和表2－3－5。

表2－3－4 啤酒色泽等级分类表

啤酒分类	评断标准
良质啤酒	浅黄色带绿，不呈暗色，有醒目光泽，清亮透明，无明显悬浮物
次质啤酒	色淡黄或稍深些，透明或有光泽，有少许悬浮物或沉淀
劣质啤酒	色泽暗而无光或失光，有明显悬浮物和沉淀物，严重者酒体浑浊

表2－3－5 啤酒色泽分类检验品评表

品评员：________ 检验日期：________年________月________日 提示：请仔细观察各个样品的色泽，并根据已确定的评价等级进行评价，并将结果填入下表（在符合的项目里打勾）。
良质 次质 劣质 样品1： 样品2： 样品3：

五、思考与分析

啤酒的色泽都受哪些因素的影响？

实验三 葡萄酒感官检验

学习目标

1. 掌握葡萄酒分类。
2. 熟悉葡萄酒品酒的一般常识。

实践任务

一、评酒前的准备工作

1. 组织准备

评酒是一项十分细致且复杂繁琐的工作，评酒前的组织准备工作直接影响评酒工作的质量。这些工作主要包括：

(1)选择适宜的评酒场地，最好在国际标准评酒室内进行，环境对评酒工作有较大影响，安静的环境有助于评酒的进行。

(2)根据需要和品尝类型，选择适宜的品尝方法。

(3)对葡萄酒样品进行分类,并按不同类型品评温度条件,对葡萄酒进行调温处理。

(4)完善服务人员评酒表格及数据处理系统等。

2. 评酒用杯

酒杯是评酒员工作的唯一工具:评酒对评酒杯的形状大小有严格规定。不同类型葡萄酒都有专用评酒用杯。

3. 葡萄酒的最佳品尝温度

温度对葡萄酒品尝影响较大,适宜的温度能够掩盖葡萄酒的某些缺陷,多数专业品尝最佳品酒温度都是在室温15~20℃的条件下进行的。

葡萄酒的最佳饮用温度与最佳品尝温度不一定一致,其最佳饮用温度不仅决定于葡萄酒的种类,而且决定于品尝环境、消费习惯和消费者口味。

各种类型酒最佳饮用温度:

干白葡萄酒、起泡葡萄酒	8~10℃
芳香型干白、桃红、半干、半甜、甜型葡萄酒	10~12℃
干红葡萄酒	14~18℃

4. 倒酒

开瓶应十分小心,不要将木屑带入酒中。

倒酒数量也很重要,通常为杯体积的1/3(葡萄酒杯正好在最大表面位置),摇动酒杯时不致于将酒洒出,而且可在酒杯空余部分充满葡萄酒香气物质,便于分析鉴别其香气,倒酒同时观察杯中汽泡状况。平行品评更应注意杯中液面高低的一致性,并应以相同的方式倒酒。

5. 评酒期间注意事项

评酒期间,评酒员必须集中精力,仔细思考分析所品酒样。评酒应独立进行,不要受他人影响。正式评酒前,评酒者可用类似于将要品评的中等葡萄酒质量酒"熟悉"一下口腔。一次品尝多个葡萄酒时,应遵循以下原则:

(1)只有具有可比性的葡萄酒才能相互比较(具同一类型);

(2)不同酒样的排列顺序应从淡到浓,从弱到强。

根据同一类型不同的葡萄酒,可以根据其含糖量、香气强度、色泽深浅、酒龄新老、酒度高低等。从左到右按强度依次排列。

6. 评酒样品类型品评排列顺序

先干后甜,先白后红,先香气弱后香气浓。

二、评酒

1. 外观分析

外观分析是品尝葡萄酒的第一步。它包括以下几方面分析内容。

(1)举杯方式

标准的握杯方式为:用食指与拇指捏着酒杯的杯脚,手指不能触摸杯壁和握住杯柱。

(2)液面观察

将酒杯里于腰带的高度,低头垂直观察,葡萄酒的液面,观察其液面情况,必须呈完整,洁净,光亮的圆盘状。

(3)酒体观察

观察完液面后,应将酒杯举至双眼高度,观察其酒体,其包括颜色、透明度和有无悬浮物和沉淀物。

然后将酒杯倾斜观察,从液面边缘至中心呈现的不同色调状况。

葡萄酒的颜色,严格地讲,应包括颜色的深浅和色调。这两个指标有助于我们判断葡萄酒的醇厚度、酒龄和成熟状况等,从而对葡萄酒得出一定的概念和评价。

葡萄酒的颜色与其味感具有一定的协调性,我们观察到葡萄酒具有什么样的颜色和色调,其就应具有相应的口感特征,葡萄酒若没有这种协调性,该葡萄酒就不是成功的葡萄酒。

(4)酒柱状况

将酒杯倾斜或摇动酒杯,使葡萄酒均匀分布在杯壁上静止后仔细观察,内壁上形成的酒柱情况:密度、粗细、下降速度等。

(5)流动性

摇动葡萄酒,正面观察葡萄酒的流动速度快慢及黏稠情况。

(6)起泡状况

静止葡萄酒外观分析若出现气泡则表明其二氧化碳含量过高,酒有二次发酵可能。

对于起泡葡萄酒就必须仔细观察其气泡状况:包括汽泡大小、数量和更新速度等。

葡萄酒的气泡与啤酒不同,葡萄酒的小气泡并不相互结合,它们消失的速度很快,它们形成的泡沫消失后,仍然内壁形成一圈“泡环”,不断产生的小气泡保证了“泡环”的持久性。

泡环的持续时间决定于起泡葡萄酒的年龄,长期陈酿的起泡酒其泡沫很少。

2. 香气分析

分析葡萄酒的香气,分三步进行(三次鼻嗅)。

(1)一次闻香

端起酒杯在静止状态下慢慢地将鼻孔接近液面闻香吸进酒杯中的气体来分析葡萄酒的香气。

一次闻香所感觉到的是葡萄酒中挥发性最强的物质,通过一次闻香可对同一轮不同葡萄酒的香气有一个大致区分印象,但其不能作为评价葡萄酒香气质量的主要依据。

(2)二次闻香

摇动酒杯,使葡萄酒呈圆周运动,促使挥发性较弱的物质释放,进行二次闻香。

随着葡萄酒圆周运动的进行,使葡萄酒杯内壁湿润壁上充满挥发性物质,杯中香气最为浓郁。

(3)三次闻香

强烈摇动杯中葡萄酒使其剧烈转动进行第三次闻香。主要目的是鉴别香气中的缺陷(异味)。有必要时可用左手掌盖住杯口,上下猛烈摇动后,使葡萄酒中异味物质如:乙酸乙酯,氧化气味、霉味、二氧化硫、硫化氢等气味充分释放出来。

进行以上三次闻香时,应注意间隔时间,每次闻香都应记录好所感觉到的气味和种类(一类、二类和三类香气),持续性,努力鉴别香气的浓度、调子和质量,将那些持续交替出现的香气分离出来。

3. 口感分析

葡萄酒口味品尝通常是四部曲,分别是:入口时感觉,入口后感觉,尾味和吐出酒后留在口腔中的后味。

饮少量葡萄酒入口腔，其量一般小于10mL，量少则有些味觉察觉不出来，太多则需要太长时间才能使酒变暖。

在入口同时轻轻地向口中吸气并控制入口酒量，使酒均匀地分布在舌头表面。然后将酒控制在舌头前部，利用舌头和面部肌肉的运动搅动葡萄酒，同时吸入少量空气。充分感觉不同的味觉，酒在口中停留时间应为12～15s。

口味品尝结束时，最好咽下少量葡萄酒，用舌头舔牙齿和口腔内表面，以鉴别尾味。

4. 葡萄酒品评感官术语

(1)气味特征

葡萄酒的气味特征与口味相比更难以形容与表达，评酒员必须全力以赴集中精力才能辨别出不同的气味的强度、调子和质量差异，只有仔细的品评，并具备一定的葡萄酒背景知识和较高的嗅觉灵敏度的，评酒者才能辨别出葡萄酒的香味。诸如特殊花香的香味，特殊水果香味，特殊木材香味以及醇、醛、香料和其他芳香类物质的香味。

1)用于描述葡萄酒香气强度的术语有以下几种：香气不足，有香气，平淡，浓郁，馥郁，完整，衰老，未成熟，柔和等。

2)香气的怡悦程度是所有质量的基础，形容怡悦程度的术语有：

优雅：即葡萄酒的香气令人舒适和谐。优雅的陈年葡萄酒以浓郁舒适和谐的醇香为特征，而新葡萄酒的优雅香气则以花香和水果香为基础，可用花香和果香来形容。

别致：即葡萄酒香气不仅怡悦而且具有馥郁，罕见，性格等质量特征，即具有个性和风格。两者区别：优雅的葡萄酒如果不具备独特的风格，就不能用别致形容，因其缺乏个性，不能给人以深刻印象。

绵长：主要形容其香持久的葡萄酒。

粗糙：用于形容不具风格，具不良气味(如带生青味，泥土味)的葡萄酒。

3)香气纯正、纯净：表示其香气质量良好，无任何异味，也可用明快，完好来形容。与纯正相反的则为模糊，不清爽。

(2)甜味特征

甜味是酒中糖、酒精、甘油等引起的甜味感，葡萄酒的柔软性同其甜味的物质在酒中比例有关，比例高则柔软性明显，口味醇厚。但口味醇厚，并不是由于酒中富含糖和甘油，而是由上口的感觉醇厚而圆润，这是由甜味引起的令人舒适、和谐的总体印象。若酒中糖分过高，则会有甜的发腻的感觉。

肥硕：也是由甜味引起。肥硕的葡萄酒充满口腔，具有体积，既醇厚又柔软，它是优质葡萄酒的基本特征。

(3)酒度

酒精是葡萄酒基本组成成分，它可以加强酒中所有的味感，增加酒的厚实感，常用醇浓性表示由酒精引起的热感及令人舒适的苛性感，它同时补充葡萄酒本身味感并与其他质量特性相融合，按照由低到高顺序给出与酒度相关的词汇。淡寡、淡弱、淡薄、瘦薄、热感、灼热、燥辣、醇厚等。

(4)固定酸味特征

由于葡萄酒中酸味物质种类及含量不同，使其呈现出不同的酸味特征。形容这类酸味的术语可分为下列三类。

形容酸度过强引起的直接感觉(酸味),常用词汇有微酸,酸涩,尖酸。

形容酸度过低引起的酸味,常用词汇有:柔弱,乏味,平淡等。

形容由于酸味引起与其他味感的不平衡,常用词汇有:消瘦,味短,瘦弱,生硬,粗涩等。

与挥发酸相关:挥发酸引起的味感主要是由醋酸的引起,其具有辣感,与某相关术语常有:刺鼻,酸败等。

(5)与酚类物质相关

酚类物质在葡萄酒中主要显示出苦味和涩味感觉,它构成红葡萄酒的结构和骨架,同时对酒的颜色,香气有不同程度的影响,其感官术语有:具皮渣味,果梗味,涩味,浸渍味,木味,丹宁味,具结构感等。

(6)与葡萄酒酒体(结构感)相关

葡萄酒的酒体是其口感综合反应的结果,它在口感中反应出一种立体效果。同时也反应出葡萄酒各组分间的平衡比例恰当。相关术语有:柔软,口味协调,酒质肥硕,圆滑,酒体娇嫩,柔润如丝绸等。

绵软是优质红葡萄酒所必备的特性之一,是组成葡萄酒诸组分协调性好的结果,负有盛名的优质葡萄酒,通常入口绵软,且具与众不同的特点。

酒质肥硕也是优质葡萄酒所追求的特性之一,其相关术语还有丰满的,有骨架的,味重的等。

(7)与葡萄酒的氧化还原相关

葡萄酒的氧化作用是影响葡萄酒风味的一个重要因素(酚类和醛类物质)。氧化与葡萄酒的陈酿是两个概念:葡萄酒所含氧化底物对氧化作用十分敏感。特别是新酒即使与空气短时间的接触,也会造成某种程度上氧化损失,从而导致它含有煮熟味、葡萄干味,即所谓破败葡萄酒味,长期与空气接触,葡萄酒将严重氧化(即马德拉化),具有哈喇味。乙醛味为氧化气味的典型特征。短期与氧作用由于醛的还原,在补加适量二氧化硫情况下,氧化味可明显减弱;过度的氧化醛及衍生物由于氧化为酮类物质,这一过程则不可逆转。

白葡萄酒的氧化,主要表现在,色泽加重,果香的丧失,具明显乙醛味,口感酸败,具煮熟味。

红葡萄酒则由于酚类物质的氧化,色泽逐渐变暗逐渐变为棕褐色,香气出现明显氧化单宁气味,口感淡薄,氧化过度则具一股腐烂味。

还原气味则与氧化味相反,它是在长时期隔氧氯状态下,由于过量还原物质(如二氧化硫)作用形成的。轻度的还原气味,在稍加与空气接触,口味便会得到一定改善。

还原味主要由硫脂物引起的,它是一种臭鸡蛋气味。常用词汇有:硫化气味,臭鸡蛋气味,恶臭味等。

(8)异味

这里所称异味是与葡萄酒正常气味相异,影响正常饮用的味道的总称,产生异味的来源于原料,生产工艺过程和贮藏等各个方面,葡萄酒成熟过程中的任何疏忽大意,都可给葡萄酒带来各种各样异味。

由原料引起:狐臭味,泥土味,霉味。

由发酵引起:酵母,酒脚味。

贮藏过程中：树脂味，橡胶味，烟熏味，汽油味，纸浆味，烂木味，金属味，霉味，真菌味，鼠臭味。

瓶中：木塞味。

葡萄酒具有微量吸收贮酒地方以及与它接触过的材料的气味的特性，而葡萄本身也能吸附和保持某些气味。

5. 葡萄酒感官的综合判定

评语是葡萄酒感观综合判定的结果描述。它是葡萄酒质量优劣的最终表述形式，因而其恰当与否，对葡萄酒质量判定尤显重要，它要求简练、准确。根据品尝目的不同：评语各不相同，对于分级品尝只要求区分其差异，而对分析品尝则必须对其有一个非常全面的评语。在书写评语时，一般按品尝表的步骤进行，首先描述外观和颜色，然后依次描述香气，口感和持续性，最后给出评价。

国外葡萄酒部分评语举例：

(1)干白葡萄酒

酒样：Chateau de Fieuzal. 1981 Graves.（产地：波尔多，原产地命名：Graves 品种味浓和赛美容）。评语：浅禾杆黄色，香料，野花，洋槐花香，浓郁，略带生表味；入口较干，后味亦干，未成熟，需到 4 ~ 5 岁时达到最佳饮用期。较为优良的 Graves 干白葡萄酒）。

(2)干红葡萄酒

酒样：Chateau Later 1970. Paullac.（产地：波尔多，原产地命名：Paullac，品种：赤霞珠，品丽珠，梅尔乐和干味尔多混合）。评语：深浓红色，带蓝色色调，外观异常美丽，芳香浓郁，具雪松葡萄浆果及木桶香气，但仍未成熟，香气未展开，具有良好的陈酿潜力，酒体结构感强，雅致和谐，果香浓郁虽仍有丹宁感，但后味不粗糙，最佳饮用期为 1990 ~ 2010 年。为 Pauille 红葡萄酒的优秀代表。作为 1970 年的红葡萄酒，仍然非常年轻。

我国部分葡萄酒评语举例：

(1)王朝半干白葡萄酒：禾杆带色晶亮，果香浓郁悦人（麝香型），酒香和谐，洁净爽适，柔协细腻，酒体完整，典型性强，后味略淡。

(2)长城干红葡萄酒：宝石红色带紫色调，澄清，果香酒香浓郁和谐，酒体醇和，完整、典型性强。

(3)大连龙泉山枣蜜酒：棕红色，澄清透明，具浓郁的枣香及优雅酒香，味醇和柔协，甜酸适口，典型性强。

三、葡萄酒品评标准及评分系统

1. 中国葡萄酒品评标准（表 2-3-6）

表 2-3-6　中国葡萄酒品评标准

项目	评语	葡萄酒	香槟酒及汽酒
色泽	澄清、透明、有光泽，具有本品应有的色泽，悦目协调	20	15
	澄清透明、具有本品应有的色泽	18 ~ 19	13 ~ 14
	澄清、无夹杂物，与本品色泽不符	15 ~ 17	10 ~ 12
	微混、失光或人工着色	15 分以下	10 分以下

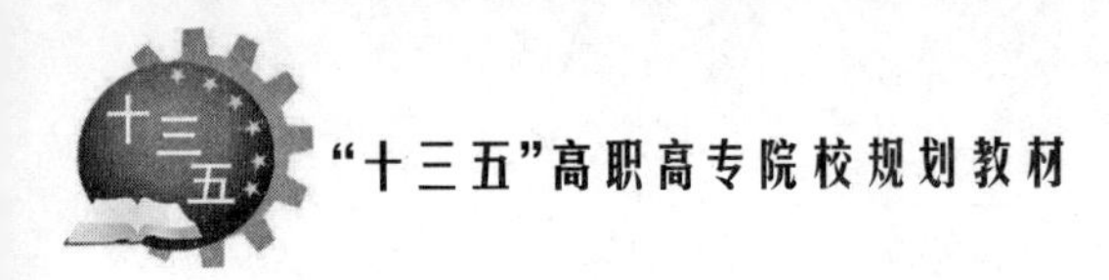

续表

<table>
<tr><th>项目</th><th colspan="2">评语</th><th>葡萄酒</th><th>香槟酒及汽酒</th></tr>
<tr><td rowspan="5">香气</td><td colspan="2">果香、酒香浓馥幽郁，协调悦人</td><td>28 ~ 30</td><td>18 ~ 20</td></tr>
<tr><td colspan="2">果香、酒香良好，尚悦怡</td><td>25 ~ 27</td><td>15 ~ 17</td></tr>
<tr><td colspan="2">果香与酒香较小，但无异香</td><td>22 ~ 24</td><td>11 ~ 14</td></tr>
<tr><td colspan="2">香气不足，或不悦人，或有异香</td><td>18 ~ 19</td><td>9 ~ 10</td></tr>
<tr><td colspan="2">香气不良，使人厌恶</td><td>18 分以下</td><td>9 分以下</td></tr>
<tr><td rowspan="5">口味</td><td colspan="2">酒体丰满，有新鲜感、醇厚、协调、舒服、爽口、酸甜适口，柔细轻快，回味绵延</td><td>38 ~ 40</td><td>38 ~ 40</td></tr>
<tr><td colspan="2">酒质柔顺，柔和爽口，酸甜适当</td><td>34 ~ 37</td><td>34 ~ 37</td></tr>
<tr><td colspan="2">酒体协调，纯正无杂</td><td>30 ~ 33</td><td>30 ~ 33</td></tr>
<tr><td colspan="2">略酸，较甜腻，绝干带甜，欠浓郁</td><td>25 ~ 29</td><td>25 ~ 29</td></tr>
<tr><td colspan="2">酸、涩、苦、平淡、有异味</td><td>25 分以下</td><td>25 分以下</td></tr>
<tr><td rowspan="4">风格</td><td colspan="2">典型完美，风格独特，优雅无缺</td><td>10</td><td>10</td></tr>
<tr><td colspan="2">典型明确，风格良好</td><td>9</td><td>9</td></tr>
<tr><td colspan="2">有典型性，不够怡雅</td><td>7 ~ 8</td><td>7 ~ 8</td></tr>
<tr><td colspan="2">失去本品典型性</td><td>7 分以下</td><td>7 分以下</td></tr>
<tr><td rowspan="18">气与泡沫</td><td colspan="4">①响声与气压（5 分）</td></tr>
<tr><td rowspan="4">香槟酒</td><td>响声清脆</td><td></td><td>4 ~ 5</td></tr>
<tr><td>响声良好</td><td></td><td>3 ~ 3.5</td></tr>
<tr><td>失色</td><td></td><td>0.5 ~ 2.5</td></tr>
<tr><td>无声</td><td></td><td>0</td></tr>
<tr><td rowspan="4">汽酒</td><td>气足泡涌</td><td></td><td>4 ~ 5</td></tr>
<tr><td>起泡良好</td><td></td><td>3 ~ 3.5</td></tr>
<tr><td>气不足泡沫少</td><td></td><td>0.5 ~ 2.5</td></tr>
<tr><td>没有气和泡</td><td></td><td>0</td></tr>
<tr><td colspan="4">②泡沫形状（4 分）</td></tr>
<tr><td colspan="2">洁白细腻</td><td></td><td>3.5 ~ 4</td></tr>
<tr><td colspan="2">尚洁白细腻</td><td></td><td>2.5 ~ 3</td></tr>
<tr><td colspan="2">不够洁白细腻、色暗</td><td></td><td>1.5 ~ 2</td></tr>
<tr><td colspan="2">泡沫较粗、发黄</td><td></td><td>1</td></tr>
<tr><td colspan="4">③泡特性（6 分）</td></tr>
<tr><td rowspan="3">香槟酒</td><td>泡沫在 2 ~ 3min 以上不消失，不到 2min</td><td></td><td>1 ~ 4</td></tr>
<tr><td>汽酒泡沫在 1 ~ 2min 以上不消失</td><td></td><td>4.5 ~ 6</td></tr>
<tr><td>泡沫不到 1min 即消失</td><td></td><td>1 ~ 4</td></tr>
</table>

注：在品评香槟酒及汽酒时，要有专人测定泡沫持久性，并观察泡沫性状，泡要保持时间是从注入杯中起，到泡沫消灭刚刚露出液面止的这一段时间。

2. 葡萄酒品鉴表(表 2-3-7)

表 2-3-7 葡萄酒品鉴表

品鉴人:________ 手机:________ 品鉴日期:________

产品名称:		编　号:
国　　家:		生产商:
品　　种:		年　份:
产　　区:		价　格:
外　观		
澄清度	清澈—浑浊	
颜色强度	浅—中等—深	
颜色	白葡萄酒:柠檬黄—金黄色—琥珀色	
	红葡萄酒:紫色—宝石红—石榴红	
	桃红葡萄酒:粉红色—橙黄色	
其他描述:		
嗅　觉		
状态	无异味—浊味	
浓郁度	清淡—中等—浓郁	
香气特征	果香—花香—植物香—辛香—动物香—橡木香 典型香气:	
其他描述:		
味　觉		
甜度	干—微甜—中甜—甜	
酸度	低—中—高	
单宁	低—中—高	
质感	粗糙—干涩—柔滑	
酒体	轻—中—重	
风味特在	果香—花香—植物香—辛香—动物香—橡木香 典型香气:	
回味	短—中—长	
其他描述:		
结　论		
品质:差—一般—好—优秀 评价:		

(1)外观

1)清晰度:非常直观——酒里是否有杂质,是清晰?是浑浊?还是朦胧?再看一下颜色的强度,是深还是浅。如果出现浑浊,很有可能是以下两个原因:年份久的红葡萄酒会因为沉淀物在瓶中泛起,倒酒的时候会随之倒入杯中;瓶中再次发酵或者酒感染了细菌。

2)色泽:红酒的红色就是红色,白酒的白色说的实际上是黄色。不过这里我们还要学习更多一些词汇用来描述酒的颜色,例如宝石红、砖红、柠檬黄等。红葡萄酒会随着年龄的增长颜色变浅,白葡萄酒会随着年龄的增长颜色变深。

(2)嗅觉

状态:需要做的是确定酒是否健康,坏酒会出现一些异味,常见的有软木塞味,醋味,臭鸡蛋味。首先不旋转酒杯轻轻的闻一下,在确定无异味之后再旋转酒杯仔细的闻。因为吸入过多不好的气味会影响你嗅觉的判断力。

1)浓郁度:描述为:高,中,低。

2)香气:以下列举出酒中会呈现的香气:

3)水果型香气:水果香气又可以分为以下几大类。

①柑橘类香气:黄柠檬,青柠檬,葡萄柚,橘子;

②浆果类香气:分为红色浆果(草莓、覆盆子、红醋栗)和黑色浆果(黑莓、黑醋栗)两类;

③热带水果香气:菠萝,芒果,各种瓜,香蕉,荔枝;

④树果:樱桃,李子,杏,桃子,苹果;

⑤干果:无花果,草莓酱,李子干,葡萄干,西红柿干。

4)植物型香气:青椒、桉树、草、秸秆、薄荷、芦笋、绿豆、橄榄、茶、烟草。

5)烘培类香气:烤面包,焦糖,咖啡,巧克力。

6)花香:玫瑰,紫金花,山楂花。

7)香料类:香草,桂皮,丁香花蕾,藏红花,胡椒。

8)化学类香气:湿纸板,硫,硫化氢(臭鸡蛋),胶皮。

9)酒中异味:氧化,煮过的气味,泥土,软木塞,醋。

(3)味觉

1)甜度:葡萄酒里面都含有糖分,但是糖分含量会不一样,如果糖含量极低,舌头的味蕾会察觉不到,我们称这种类型的葡萄酒为 Dry 干型,随着糖分的增长,又分为:off dry(微甜),medium(中等),sweet(甜型)三个级别。舌头对甜味最敏感的位置是舌尖。

2)酸度:所有的葡萄酒里面都含有酸,酸度用低到高来描述。舌头的两侧对酸度最敏感。

3)单宁:这种物质来自葡萄的皮(一些会来自橡木),单宁主要出现在红葡萄酒中。单宁会使口中有发干发涩的感觉,单宁的含量也是用低到高来描述。

4)酒体:酒体说的就是酒在舌头上的质量,通常称为“mouth - feel”(口中的感觉),感觉这款酒是厚,还是薄。可以把清水在口中的感觉视为轻酒体,黑咖啡视为中等酒体,加入牛奶的咖啡视为重酒体。

5)回味:酒咽下或者吐出口后,香味在口中持续的时间,长而复杂的香气是好酒的特征。

6)平衡:平衡指的是酒中的酸度、甜度、单宁、酒精、风味物质和回味的综合体。如果只有果味和甜味会让人厌倦发腻,如果单宁和酸太多了,口里会显得坚硬,不愉快。好的葡萄酒要平衡各种元素,例如,白葡萄酒里面的酸味和甜味,红葡萄酒里面的甜度、酸度和单宁。

7)成熟期:葡萄酒是有生命的,因酒在开瓶前,酒中的四个主要元素:单宁、酸、糖、酒精尚在运作,互相结合而产生各种不同的新气味,颜色也同时产生变化作用,当这四个主要元素达到均衡点时,便是葡萄酒的适饮期。红酒会因其单宁柔顺后变得醇香,白酒变得酸度适中而更能领略其果香和醇美,各种葡萄品种会因其特性各异而有不同的成熟期。

学习情境四　茶叶的感官检验(品评茶叶)

学习目标

1. 掌握茶的分类。
2. 掌握品茶要点。

实践任务

一、熟悉取样方法

取样方法包括如下三种。

1. 匀堆取样法

将该批茶叶拌匀成堆,然后从堆的各个部位分别扦取茶样,扦样点不得少于八点。

2. 就件取样法

从每件上、中、下、左、右五个部位各扦取一把小样,并查看样品间品质是否一致。

3. 对角线四分法

将扦取的原始茶样充分拌匀后,用对角四分法扦取茶样,扦样点不得少于五点。

二、掌握审评因子和评茶程序

名优茶和初制茶审评因子:包括茶叶的外形、汤色、香气、滋味和叶底等"五项因子"。

茶叶感官审评按外形、汤色、香气、滋味、叶底的顺序进行,一般操作程序如下。

1. 把盘

审评精茶外形一般是将茶样倒入木质审评盘中,双手拿住审评盘的对角边,一手要拿住样盘的倒茶小缺口,用回旋筛转的方法使盘中茶叶分出上、中、下三层。一般先看面装和下身,再看中段茶。外形包括形状、色泽、级别、老嫩、整碎、净度等内容。各种商品茶都有特定的外形,与制茶方法密切相关。审评外形,各种茶的共同之处在于要求形态一致,以规格零乱,花杂为次,在依据实物标准样划分等级时,尤其强调嫩度、整碎和净度。

2. 开汤

俗称泡茶或沏茶,为审评内质重要步骤。一般红、绿、黄、白散茶,称取 3g 投入审评杯内,然后以慢快慢的速度冲泡满杯,5min 时按冲泡次序将杯内茶汤滤入审评碗内。

开汤后应先嗅香气,快看汤色,再尝滋味,后评叶底(审评绿茶有时先看汤色)。

3. 嗅香气

嗅香气应一手拿住已倒出茶汤的审评杯,另一手半揭开杯盖,靠近杯沿用鼻轻嗅。为了正确辨别香气的类型、高低和长短,嗅时应重复 1 ~ 2 次,但每次嗅的时间不宜过久,一般是 3s 左右。嗅香气应以热嗅、温嗅、冷嗅相结合进行。热嗅重点是辨别香气正常与否及香气类型和高低，温嗅能辨别香气的优次，冷嗅主要是为了解香气的持久程度。茶叶中已知的香气成分达百种之多，组分的差异就形成了各种不同的香气，如绿茶多具清香，红茶显糖香，黄茶有甜熟香，乌龙茶呈花果香，白茶透毫香，黑茶带陈香，各种花茶尚含附加的花香。

4. 看汤色

汤色是指冲泡茶叶后，沥入审评碗中茶汤呈现的颜色、亮度与清浊度。就茶叶本身而言，不同的茶树品种、加工技术和贮运等因素，都影响汤色，如绿茶多绿明，红茶显红亮，乌龙茶橙黄（红），黄茶、白茶呈黄色，黑茶具棕色等。但审评不同茶类对汤色的明暗、清浊的要求是一致的：汤色明亮清澈，表示品质好；深暗浑浊，则品质表现差。

5. 尝滋味

尝滋味时茶汤温度要适宜，以50℃左右为佳。评茶味时用瓷质汤匙从审评碗中取一浅匙吮入口内，由于舌的不同部位对滋味的感觉不同，茶汤入口后在舌头上循环滚动，才能较正确全面地辨别滋味。审评滋味主要按浓淡、强弱、爽涩、鲜滞、纯异等评定优次。审评不同的茶类，对滋味的要求也有所不同，如名优绿茶要求鲜爽，而红碎茶强调滋味浓度等，但各类茶的口感都必须正常，无异味。

6. 评叶底

将冲泡过的茶叶倒入叶底盘或审评盖的反面，先将叶张拌匀、铺开、揿平，观察起嫩度、匀度和色泽的优次。不同茶叶的叶底形态、色泽不尽相同，如绿茶色绿，红茶具紫铜红，青茶红绿相映，黑茶深褐，黄茶呈黄色，白茶多显灰绿。又如条形茶的叶底芽叶完整，而碎茶则细碎匀称。各类茶也有相同之处：均以明亮调匀为好，以花杂欠匀为差。

茶叶品质审评一般通过综合观察，才能正确评定品质优次和等级、价格的高低。茶叶审评结果填入表2－4－1。

表2－4－1　茶叶审评表

茶名：　　　　　　　　　　　　　评茶人：　　　　　　　　　　　评茶时间：

指标因子	品质因子	品质细节	细节评价	相对得分（百分制）	注　释
视觉	外形	紧结度（10%）			茶叶颗粒或者条形的卷缩成条或块的紧结程度
		匀整度（15%）			条索或者颗粒的大小、长短、肥瘦的均匀程度，各方面都一致为均匀
		净度（15%）			茶梗、茶片及非茶叶夹杂物的含量
		色泽（10%）			颜色和光泽度
	叶底	反光度（10%）			叶底的反光程度，鲜亮、醒眼为好
		均匀度（10%）			叶底的颜色是否一致，看上去都是一个颜色为均匀，可以分出几个相差较大的颜色为不均匀
	汤色	明亮度（15%）			茶汤的反光程度，鲜亮醒眼为好。暗色的茶汤吸光较多，所以汤色显暗，通常味觉表现欠佳
		清浊度（15%）			茶汤的透光程度，清澈为好，浑浊为差

续表

指标因子	品质因子	品质细节	细节评价	相对得分（百分制）	注　释
触觉	干茶	相对密度（50%）			用手垫垫茶叶，判断手感的轻重，有质量感为重实，没质量感为轻飘
	叶底	嫩度（50%）			手背轻轻触摸的软硬程度（软的为嫩），弹性小的为嫩
味觉	滋味	回甘（10%）			茶汤喝下去后喉咙部位的回甘程度
		纯度（15%）			茶汤味道单一为纯，如果感觉有几个味道混在一块，或者茶汤当中像含有微小颗粒的感觉为杂
		厚度（10%）			取开水与米汤做比较，米汤为厚，开水为薄，指茶汤当中内含物质丰富，喝起来味觉饱满稠稠的感觉程度
		滑度（10%）			喝起来口腔或舌面有顺滑感觉的程度
		爽活度（10%）			茶汤口感活泼、爽口的程度，不爽时通常表现出一定的水闷味
		香感度（10%）			喝起来觉得汤水带香气的程度
		甜度（10%）			类似低浓度糖水般带甜感的程度
		耐泡性（15%）			依照1:50茶水比，连续冲泡三次，每次滋味口感的差别程度，差别越小，茶叶的耐泡性越好
		韵味（10%）			某个特定品种在某个特定地域依照特定的工艺加工所形成的特定味道
嗅觉	香气	高低（30%）			第一、第二泡时香气的浓度，嗅闻杯盖判断
		长短（30%）			茶叶冲泡到第几泡依然还有香
		纯度（40%）			洗茶后热嗅时判断，是否含青、酸、馊、焦、烟、霉气或茶叶吸附了的其他异杂气味，不含异杂气为纯
		类型			茶叶的香气闻起来像什么

感官指标	视觉得分（30%）	触觉得分（10%）	味觉得分（30%）	嗅觉得分（30%）
评价得分				
指标表现				
综合得分				
总评：				

注：每次品尝不同茶叶后必须将口漱净，以免影响口感品评。各种茶叶均可按照上述方法进行品评。

三、术语解释

1. 欣赏汤色

由于茶汤中的茶多酚与空气接触会很快氧化，以致茶汤容易变色，因而要及时欣赏汤色，主要从色度、亮度、清浊度等方面，辨别茶汤颜色深浅、正常与否、茶汤暗明、清澈或浑浊程度。

茶叶汤色常用的品茶术语有：

绿艳：清澈鲜艳，浅绿鲜亮。

黄绿：绿中微黄，似半成熟的橙子色泽，故又称橙绿。

绿黄：绿中黄多的汤色。

浅黄：汤色黄而浅，亦称淡黄色。

橙黄：汤色黄中微带红，似橙色或橘黄色。

橙色：汤红中带黄，似橘红色。

深黄：暗黄，汤黄而深无光泽。

青暗：汤色泛青，无光泽。

混暗：汤色混而暗，与"混浊"同义，汤中沉淀物多，混而不清，难见碗底。

红汤：常见于陈茶火烘焙过头的茶，其汤色有浅红色或暗红色。

清黄：茶汤黄而清澈。

金黄：茶汤清澈，以黄为主，带有橙色。

红艳：似琥珀色而镶金边的汤色，是高级红茶之汤色。

红亮、红明：汤色不甚浓，但红而透明有光彩，称为"红亮"；透明而略少光彩者，称为"红明"。

深红、深浓：红而深，缺乏鲜明光彩。

红淡：汤色红而浅淡。

深暗：汤色深而暗，略呈黑色，又称红暗。红茶发酵过度，贮存过久，品质陈化常有此色。

红浊：汤色不论深或浅，内中沉淀物多混浊不以见底。

冷后浑、乳凝：红茶汤浓，冷却后出现浅褐色或橙色乳状的浑汤现象，称为冷后浑或乳凝，品质好的红茶出现这种现象。

姜黄：红碎茶茶汤加牛奶后，汤色呈姜黄明亮，浓厚丰满，是一种汤质浓、品质好的标志。

浓亮：茶汤浓而透明，虽不如浓艳光圈亮，但还有光彩。

鲜明：新鲜明亮，略有光泽，不够浓，但亦不淡。

清澈、明亮：茶汤清净透明称为"明亮"。明亮而有光泽，一眼见底，无沉淀或悬浮物，称为"清澈"。

明净：汤中物质欠丰富，但尚清明。

混浊：茶汤中有大量悬浮物，透明度差，难见碗底。

昏暗：汤色不明亮，但无悬浮物，与混浊略有差别。

2. 闻嗅香气

如果采用杯泡，茶汤倒出后，一手握杯，一手掀杯盖，半开半掩，靠近杯沿用鼻轻嗅或深嗅，反复闻嗅，但每次嗅的时间不宜过长，一般掌握在3s左右，以免影响嗅觉灵敏感。杯盖不要离杯，每次绣过后随即盖上，避免杯中香气飘散，以便反复闻嗅鉴别、欣赏香气。鉴赏茶叶香气的因子，通常包括纯度、高低、长短等。

常用的品香术语有：

鲜浓：香气浓而鲜爽持久。

鲜嫩：香气高洁细腻，新鲜悦鼻。

浓烈：香气丰满而持久，具有强烈的刺激性。

清高：清香高爽，久留鼻尖，采茶叶较嫩、新鲜、制工好的一种香气。

清香：香气清纯柔和，香虽不高，缓缓散发，令人有愉快感。

幽香：幽雅而有文气，缓慢而持久，如兰花香、花粉香或近似花的香气，但又不能具体指出哪种花香的可用幽香表示。

岩韵、音韵：指在香味方面具有特殊品种香味特征。岩韵适用于武夷岩茶，音韵适用于铁观音茶。

浓郁、馥郁：带有浓郁持久的特殊花香，称为"浓郁"；比浓郁香气更雅的，称为"馥郁"。

鲜爽：香气新鲜、活泼、嗅后爽快。

高甜：香气入鼻，充沛而有活力，并且伴随着带糖的甜美。

鲜甜：鲜爽带有甜香。功夫红茶带有此种香气，与"鲜纯"同义。

甜纯：香气不太高，但有甜感，与"甜和"同义。

高香：香高而持久，高山茶或秋冬干燥季节的茶常有高香且细腻的香气。

强烈：香感强烈，浓郁持久，且有充沛的活力，高档红碎茶具有这种香气。

浓、鲜浓：香气饱满，但无鲜爽特点称为"浓"；兼有鲜爽与浓的香气，称为"鲜浓"

花果香：类似各种新鲜花果的香气，多在秋冬季节，制作优良才有此香。

纯正：香气纯净而不高不低，无异杂气味，也为"纯和"。

平正、平淡：香气稀薄，但无粗老气或杂气，也为"平和"。

钝浊：气味虽有一定浓度，但滞钝，感觉不快。

粗淡：香气低，有老茶的粗糙气，也称粗老气。

低微：香气低，但无粗气。

青气、老青气：似鲜叶的青臭气味。

浊气：夹有其他气息，有沉浊不爽之感。

高火：干燥温度较高且时间过长，干度十分充足所产生的高火气。

老火、焦气：制茶中火温或操作不当所致，轻微的焦茶气息，称"老火"；严重的，称为"焦气"。

闷气：不愉快，熟闷气。

异气：焦、烟、馊、酸、琛、霉、油气、铁腥气、木气以及他劣质气味。

3. 尝试味道

茶汤吮入口内，不咽下喉，用舌尖打转两三次，巡回吞吐，斟酌茶的味道，主要鉴赏浓淡、强弱、鲜爽、醇和、纯正等。

常用术语如下。

浓强：茶汤入口浓厚，有黏舌紧口感觉，刺激性强，具有鲜爽感和收敛性。

鲜浓：鲜快爽适，浓厚而富刺激性。

甜浓：新鲜、甜厚。

鲜爽、鲜甜:汤味新鲜,如后爽适,且有甜感,也为“甜爽”。

回甘:汤茶入口,先微苦后回甜,收敛性强。

浓厚、浓醇:茶汤溶质丰富,味浓而不涩,纯而不淡,浓醇适口,回味清甘。

醇厚:汤味尚浓,带刺激性,有活力,回味爽而略甜。

醇和:汤味欠浓,鲜味不足,但无粗杂味。

纯正:滋味较淡但属正常,缺乏鲜爽,也为“纯和”。

软弱:味淡薄软,无活力,收敛性微弱。

平淡:味清淡但正常,尚适口,老味。

粗淡:味淡薄滞钝,喉味粗糙,为低级茶或老梗茶的滋味。

苦涩:味虽浓但不鲜不醇,茶汤入口,味觉麻木,如食生柿,也为“青涩”。

水味:干茶受潮,或干度不足带“水味”,清淡不纯。

异味:焦、烟、馊、酸等劣质气味。

4. 评看叶底

将泡过的茶叶倒入叶底盘或杯盖中,并将叶底拌匀铺开,观察其嫩度、匀度、色泽等。也可将泡过的茶叶倒入漂盘中,将清水漂叶进行观察。

常用的术语如下。

细嫩;芽头多,叶子长而细小,叶质优嫩柔软。

鲜嫩:叶质细嫩,叶色鲜艳明亮。

匀嫩:叶质细嫩匀齐一致,柔软,色泽调和。

柔嫩、柔软:芽叶细嫩、叶质柔软,光泽好,手指抚之如锦。

肥厚:芽叶肥壮,叶肉厚,质软,叶脉隐现。

瘦薄、飘薄:芽小叶薄,瘦薄无肉,质硬,叶脉显现。

粗老:叶质粗大,叶质硬,叶脉隆起,手指按之粗糙。

匀齐:“匀”是色泽调和;“齐”是老嫩一致,匀正无断碎。

单张:脱茎的独瓣叶子,也为“单瓣”。

短碎:毛茶经精制大都断成半叶,短碎指比半叶更碎小的碎叶,也为“破碎”。

开展、摊张:冲泡后,卷紧的干茶吸水膨胀而展开片形,且有柔软感的为“开展”;老叶摊开为“摊张”。

卷缩:冲泡后,叶底不开展,仍卷缩成条形。

硬杂:叶质粗老而驳杂。

焦斑、焦条:叶张边缘或叶面有局部或全部黑色或黄色烧伤斑痕。局部的为“焦斑”,全部烧坏为“焦条”。

枯暗:叶色暗沉无光,陈茶叶底多数如此。

学习情境五　自选食品感官检验

以下实验可提供参考,品评的食品可根据实际情况和需要进行调换。

实验一　不同品牌酸奶的差别实验（二点检验法）

一、实验目的

学会运用二点检验法在味觉上辨别不同品牌酸奶之间的差别;掌握二点检验法的原理、问答表的设计与方法特点;此法也可用于筛选与培训品评员。

二、实验原理

二点检验法是指以随机顺序同时出示两个样品给品评员,要求品评员对两个样品进行比较,判断区别或者某些特征强度顺序的一种评价方法。

此法有两种形式:一种是双边检验(又叫差别成对比较检验:是指品评员预先不知道涉及的差别范围,且备择假设相当于在一个范围内差别存在),另一种是单边检验(又叫定向成对比较检验:是指品评员预先知道差别的范围,且备择假设相当于在预期范围内差别存在)。

酸奶的感官检验主要是从酸奶的外观、气味、滋味等方面进行品评鉴定。

三、实验步骤

(一)样品制备与编号(样品制备员准备)

购买市售两种不同品牌的同类酸奶(如风味发酵乳等),使其保持在同一温度下,取等量的酸奶分别倒入两个专用的已分别编码的品评杯中,品评杯应一致且应无味,编码可参考计算机品评系统或随机数表。

(二)样品呈送与品评

应以随机的顺序呈送两杯酸奶,品评员按照品评要求对酸奶样品进行品评。品评后,将品评结果记录在品评表上,可做重复试验,全部实验结束后,回收品评表,统计结果,得出两种酸奶的差异评价。

(三)采用差别检验法比较两个酸奶样品的感官特性差异

差别检验法判断酸奶样品差异品评表见表2-5-1。

表 2－5－1　差别检验法判断酸奶样品差异品评表

差别检验法判断两个酸奶样品是否有差异
样品:酸奶(异同实验)　　　方法:二点检验法 品评员:　　　品评时间:　　　轮次: 提示:请从左至右品尝你面前的两个样品,确定两个样品是否相同,在下面的横线上打勾。在两种样品之间请用清水漱口,并吐出所有的样品和水。然后进行下一组实验,重复品尝程序。 样品相同＿＿＿＿＿＿　　样品不同＿＿＿＿＿＿

(四)采用定向检验法确定两个酸奶样品中哪个更酸

差别检验法判断酸奶样品酸度差异品评表见表 2－5－2。

表 2－5－2　差别检验法判断酸奶样品酸度差异品评表

差别检验法判断两个酸奶样品酸度差异
样品:酸奶(定向实验)　　　方法:二点检验法 品评员:　　　品评时间:　　　轮次: 提示:请从左至右依次品尝你面前的两个样品,在你认为较酸的样品编号上画圈。你可以猜测,但必须有选择。在两种样品之间请用清水漱口,并吐出所有的样品和水。然后进行下一组实验,重复品尝程序。 样品相同＿＿＿＿＿＿　　样品不同＿＿＿＿＿＿

四、注意事项

二点检验法的品尝顺序:首先将 A 与 B 比较,然后将 B 与 A 比较,从而确定 A、B 之间的差异,务必让 A 与 B 出现在同一位置的概率相同。若仍然无法确定,则等几分钟之后,再次品尝。依实验目的来确定评价员人数,可参考国家标准。

五、思考与分析

(1)品评员在进行筛选和培训实验之前,应注意哪些事项?
(2)影响差异实验准确性的因素有哪些?
(3)比较定向成对比较检验和差别成对比较检验的方法特点。

实验二　不同品牌高温灭菌乳差异实验(二－三点检验法)

一、实验目的

学会运用二－三点检验法在味觉上辨别不同品牌高温灭菌乳之间的差别;掌握二－三点检验法的原理、问答表的设计与方法特点;此法也可用于筛选与培训品评员。

二、实验原理

先提供给品评员一个对照样品,然后提供两个样品,其中有一个与对照样品相同,要求品评员品评后挑选出与对照样品相同的那个样品。

三、样品及器具

市售两种利乐包装高温灭菌乳、品评杯。

四、实验步骤

(一)样品制备

购买市售的两个不同品牌的利乐包高温灭菌乳,将样品保存在同一保温箱内,确保样品温度一致。按实验人数、进行的轮次数准备好品评杯,所用的品评杯应保持一致,最好选用无色透明玻璃等无气味、颜色影响的制品。

(二)样品编号(样品制备员准备)

利用随机数表或计算机品评系统对样品编号,一般编为三位数。

(三)品评表设计

二-三点检验法判断牛奶样品差异品评表见表2-5-3。

表2-5-3 二-三点检验法判断牛奶样品差异品评表

两种市售利乐包高温灭菌乳的二-三点检验实验
品评员: 品评时间: 轮次: 提示:您将收到三个编码的样品,其中最左边的是对照样品。请首先品尝对照样品,然后分别品评另外两个样品,并选出与对照样品一样的那个样品,写出它的编号。检验时可反复品评每个样品。 与对照样品一样的样品编号是______________。 注意:品尝样品前先用纯净水漱口,品尝完一个,再品尝下一个样品前应间隔30s,并用纯净水漱口后再品尝。

(四)正式实验

主持人向所有品评员说明品评的注意事项。每个品评员独立进行品评实验,并填写品评表。实验结束后,将品评表汇总,统计结果,计算回答正确的人数和总的回答数,查阅二点检验表,得出样品是否存在差异。完成实验报告,分析实验结果。

五、注意事项

实验室应光线明亮、无异味;品评员应相互隔离,独立完成实验,填写结果。

六、思考与分析

试设计一个带有特定风味感官差异(或异常风味等)的二-三点检验形式的实验。

实验三　不同品牌纯果汁差异评价实验（三点检验法）

一、实验目的

通过感官鉴别市售不同品牌纯果汁（如不同品牌的橙汁）的差异，掌握三点检验法的原理、问答表的设计与方法特点以及该法在实际中的应用。

二、实验原理

三点检验法属于差别检验法中的一种。本法可用于甄别两种产品之间是否存在差异，也可用于筛选和训练品评人员。需要同时提供三个编码样品，其中有两个是相同的，要求品评人员通过品评，挑选出其中那个不同于其他样品的单一样品。

三、样品及器具

品评杯、样品（市售的两个不同品牌的100%果汁，如橙汁）。

四、实验步骤

（一）样品制备

购买两个不同品牌的100%橙汁，将样品保存在同一保温箱内，确保样品温度一致。按实验人数、进行的轮次数准备好品评杯，所用的品评杯应保持一致，最好选用无色透明玻璃等无气味、颜色影响的制品。

（二）样品编号（样品制备员准备）

利用随机数表或计算机品评系统对样品进行编号，一般编为三位数。

（三）品评表设计

三点检验法判断果汁样品差异品评表见表2-5-4。

表2-5-4　三点检验法判断果汁样品差异品评表

盒装100%橙汁的三点检验实验
品评员：　　　　　　　　　　　　品评时间： 轮次： 1. 您将收到三个编码的样品，请从左到右依次对每个样品进行品评，并选出与另外两个不一样的单一样品。若感觉选不出来，可以猜测，但不允许不选。检验时可反复品评每个样品。 单个样品是＿＿＿＿＿＿。 2. 以下哪个词可以代表你觉察到的样品之间的差别程度，请在相应词上划圈：没有、很弱、弱、中等、强、很强。 3. 通过品评，你更喜欢哪个样品？请在相应样品的横线上划对勾。 单个样品＿＿＿＿＿＿　　两个完全相同的样品＿＿＿＿＿＿

(四)正式实验

主持人向所有品评员说明检验的程序及要品评的样品特性,给予足够的信息,消除品评员的偏见,说明品评注意事项。

分发样品,使两种样品出现的次数相等,每个品评员独立进行品评,并填写品评表。实验结束后,将品评表汇总,统计结果,计算回答正确的人数和总的回答数,查阅三点检验表,得出是否存在差异。完成实验报告,分析实验结果。

五、注意事项

需在光线明亮、无异味存在的环境中进行,必要时可控制光线以减少颜色差异;品评员在实验过程中需要相互隔离,自己独立完成实验并填写实验结果;可参考以下组合方式对样品进行轮次摆放(假设两种样品分别是A和B):ABB、BAA、AAB、BBA、ABA、BAB。

六、思考与分析

影响三点检验法评价食品感官品质准确性的因素。

实验四 熟肉制品(如精肉火腿、含淀粉火腿等)口感差异实验(A-非A检验法)

一、实验目的

通过对不同淀粉含量的火腿肠进行品评实验,研究淀粉含量不同的各种火腿肠的口感差异,为肉制品的新产品开发、营销等作参考。借助实验,掌握A-非A检验法。

二、实验原理

首先应让品评员熟悉样品A或者非A的特点和口感(可通过反复品评,加强品评者对产品的记忆),然后将一系列的样品提供给品评员,其中有A也有非A,要求品评员说出哪些样品属于A,哪些样品属于非A,最后统计选择正确的人数,分析结果。

三、样品及器具

采用同一种生产工艺或者同一品牌的不同淀粉含量的火腿肠若干种;白色瓷盘、叉子或匙;数量按照品评员人数及品评的轮数准备。

四、实验步骤

样品制备员事先将某一种样品作为“A”提供给各个品评员,让他们反复品评,直到品评员确定可以完全识别出这个样品为止。然后制备员对所有的样品进行随机编号,每份样品取样量大约在5g左右,实验时要尽量保证每份样品的外形、体积、温度等相同。

为每个品评员随机提供样品10份,让品评员依次品尝,并判断出哪些样品属于A,哪些样品是非A,品评员独立完成实验并填写好品评记录表。实验全部结束后,汇总并记录所有品评员的实验结果，通过统计学等方法，分析得出不同的样品之间是否存在感官差异，为肉制品产品的配方、工艺改良、新产品开发、营销等作参考。

A－非A检验法判断不同淀粉含量的火腿样品差异品评表见表2－5－5。

表2－5－5　A－非A检验法判断不同淀粉含量的火腿样品差异品评表

火腿肠口感差别检验表（A－非A检验）										
品评员：　　　　　　品评时间： 温度： 提示：请首先品尝并熟悉具有编号“A”的样品的口感，并记住这个样品的特征。然后从左到右依次品尝制备员提供的一组用三位数字编号的10个样品，并判断每一种样品是属于“A”还是非“A”，并记下编号。品尝两个样品之间，请用纯净水漱口，等待1min之后再继续品尝下一个样品。										
样品序号：	1	2	3	4	5	6	7	8	9	10
样品编号：	____	____	____	____	____	____	____	____	____	____
是“A”的样品编号：	____	____	____	____	____	____	____	____	____	____
非“A”的样品编号：	____	____	____	____	____	____	____	____	____	____

五、注意事项

品评室应光线明亮、无异味；品评员应相互隔离，独立完成实验，填写结果；应用统计学方法判断产品差异。

六、思考与分析

“A－非A”检验法的特点是什么？

实验五　果酱风味综合评价实验（描述检验法）

一、实验目的

通过实验，掌握描述分析法的应用，学会如何对产品特征进行描述及专业术语、等级等的判定。

二、实验原理

首先由主持人向品评员介绍实验样品的特性，简单介绍该样品的生产工艺过程和主要原料，使品评员对该样品有一个大致的了解，然后提供一个典型样品让品评员品尝，在主持人的引导下，选定出能表达该类产品特征的名词10个左右，并确定相应特征的强度等级范围，通过反复品尝讲解后，统一品评员的认识。在完成上述工作后，分组进行独立的感官检验。

三、样品及用具

预备足够量的样品托盘、品尝匙等；提供多种同类果酱样品（如苹果酱等）；漱口或饮用的纯净水。

四、实验步骤

(一)样品编号

样品制备员给每个样品编出三个三位数的代码,作为三个重复实验之用,随机数码取自随机数表。编码示例见表2-5-6。

表2-5-6 果酱实验编码样表

样品号	A	B	C	D	E
第1次检验	896	117	320	294	506
第2次检验	183	747	375	365	854
第3次检验	026	617	053	882	388

(二)实验供样顺序

排定每组实验员的顺序及供样组别和编码,见表2-5-7(第一组第1次)。

表2-5-7 果酱实验供样编码表

实验员	供样顺序	第1次检验样品编码
1	E A B D C	506,896,117,294,320
2	A C B E D	896,320,117,506,294
3	D C A B E	294,320,896,117,506
4	A B D E C	896,117,294,506,320
5	B A E D C	117,896,506,294,320
6	E D C A B	506,294,320,896,117
7	D E A C B	294,506,896,320,117
8	C D B A E	320,294,117,896,506
9	E B A C D	506,117,896,320,294
10	C A E D B	320,896,506,294,117

供样顺序是制备员内部参考用的,实验员用的检验记录表上看到的只是编码,无A B C D E字样。在重复检验时,样品的编排顺序可以不变,如第1号实验员的供样顺序每次都是E A B D C,而编码的数字则换上第2次检验的编号,以此类推。

(三)品评过程

描述性检验记录表可参考表2-5-8,也可自行设计。样品制备人员取等量的不同样品分别置于干净托盘上,按照供样顺序呈送给品评人员。品评员依次进行品尝,品评两种不同的样品之间需要漱口。做完实验后,将记录表汇总,然后解除编码,统计出各个样品的评定结果;用统计法分别进行误差分析,评价品评员的重复性、样品间的差异;讨论协调后,得出每个样品的总体评估。

表 2-5-8 描述性检验记录表

样品名称:苹果酱 样品编号(如 401)	检验员:________ 检验日期:______年____月____日	
	(弱) 1 2 3 4 5 6 7 8 9 (强)	
1. 色泽		
2. 甜度		
3. 酸度		
4. 甜酸比率	(太酸)	(太甜)
5. 苹果香气		
6. 焦煳香气		
7. 细腻感		
8. 不良风味(列出)		

五、思考与分析

建立定量描述分析检验的一般步骤是什么?

实验六 罐头类食品的感官实验

一、实验目的

通过实验使学生了解和熟识罐头制品的感官品质检验,掌握罐头食品常规的检验标准和方法,学会鉴别罐头食品质量。

二、实验原理

罐头食品的感官检验可以分为开罐前检测和开罐后检测两个阶段。对于密封的罐头,主要检查罐头容器的外观、罐盖、是否漏气、敲击的声音等方面。将罐头食品开罐以后,主要鉴别的项目有罐头内容物的组织与形态、色泽、气味、滋味等方面。

三、实验仪器设备

白色盘子、汤匙、圆筛、烧杯、量筒、开罐用刀等;市售罐头制品若干。

四、实验步骤

(一)开罐前的感官检验

首先,检查罐头食品的外观是否干净清洁,如有无污物、有无磨损或生锈、腐蚀等情况,检查罐头封口是否严密;其次,检查罐头是否出现胖听现象,针对马口铁罐头可用手指按压罐头的底部和盖子,而玻璃罐头可以直接按压瓶盖,观察有无胀罐现象;接着,可以用木棍或手指敲击罐头盖子,仔细听敲击罐头的声音,判断罐头的质量,如果声音非常清脆、实心回声,则是好罐头,如果声音空洞或沙哑,则可能是劣质或未装满的罐头;最后,可以将罐头放入水中,用手按压,如果罐头密封不良、有漏气,就会发现水中出现小气泡,且小气泡产生的部位就是漏气的地方。

(二)开罐后的感官检验

1. 组织与形态鉴别

(1)水果、蔬菜类罐头:将糖水水果罐头以及蔬菜类罐头在室温下开盖,首先将汤汁过滤出去,将罐头内容物倒入白色瓷盘中观察内容物形态等是否符合标准。对于糖浆类罐头,可将内容物放置于不锈钢圆筛上,静置一段时间,观察形态是否符合标准。

(2)肉、禽、水产类罐头:首先将此类罐头加热,促使汤汁溶化,然后将罐头内容物倒入白色瓷盘,观察形态等是否符合标准,午餐肉、鱼类罐头等不需加热。

(3)果酱类罐头:在室温下将罐子起开,取适量果酱置于干燥的白瓷盘上,在1min内观察酱体有无流散和汁液分离现象。

2. 色泽鉴别

(1)水果、蔬菜类罐头:在白色瓷盘中观察罐头的色泽是否符合标准,将糖水或汁液倒入烧杯,观察有无浑浊,例如果肉碎屑等,是否清亮透明。糖浆类罐头可将糖浆全部倒入白瓷盘中观察是否浑浊,有无胶冻或大量果屑及夹杂物存在;将不锈钢圆筛上的果肉倒入盘内,观察色泽是否符合标准。果汁类罐头可在玻璃容器内静置30min,观察罐头的沉淀程度,有无分层、油圈等现象,浓淡是否适中。

(2)肉、禽、水产类罐头:在白色瓷盘中观察色泽是否符合标准,可将汤液注入量筒中,静置几分钟后观察色泽和澄清程度。

(3)果酱类罐头:可将酱体全部倒入白色瓷盘中,观察其色泽是否符合标准。

3. 气味和滋味鉴别

(1)水果、蔬菜类罐头:检验其是否具有与原果、蔬菜相似的香味,对于果汁类罐头可以先嗅其香味(浓缩果汁应稀释至规定浓度),然后鉴别酸甜是否适口。

(2)肉、禽、水产类罐头:检验其是否具有该产品应有的气味以及滋味,有无异味和哈喇味等。

(3)果酱类罐头:同水果、蔬菜罐头。

(三)品评表设计

罐头制品感官检验品评表见表2-5-9。

五、注意事项

参加品鉴的人员需要保证各种感觉正常,鉴别的时间不宜过长,一般应在2h之内。

六、思考与分析

罐头胖听的原因及发生胖听后对罐头质量的影响有哪些?

表 2-5-9　罐头制品感官检验品评表

检验人员：		检验时间：	检测环境温度：
样品名称：		生产日期：	样品规格：
样品批号：		样品等级：	检测依据：GB/T 10786—2006
仪器设备：白瓷盘、匙、圆筛、烧杯、量筒、开罐刀等			检测结论：
样品处理工序：			
感官描述	组织与形态		
	色泽		
	气味和滋味		
	其他		

实验七　嗅觉辨别实验（范式实验和啜食技术）

一、实验目的

学会使用范式实验和啜食技术进行嗅觉的感官检验；通过实验，判断品评员的嗅觉识别能力与灵敏度，便于筛选日后做食物香气成分（如汤料包配方）测定的试验人选。

二、实验原理

嗅觉的感受器位于鼻腔最上端的嗅上皮内。啜食技术是一种代替吞咽的感觉动作，使香气和空气一起流过后鼻部被压入嗅味区的技术。范式实验法：首先用手捏住鼻孔通过张口呼吸，然后把一个盛有气味物质的小瓶放在张开的口旁，迅速地吸入一口气并立即拿走小瓶，闭口，放开鼻孔使气流通过鼻孔流出，从而在舌上感觉到该物质。

三、实验步骤

（一）香味样品的制备与编码

以一般常接触的气味为主（如果是香精，需要加水稀释至1%，固体样可以直接嗅闻，浓度以可以嗅闻出为主）进行样品选择和制备。

（二）基础辨香测试、配对测试

将样品分别放入以铝箔纸包覆的试管中，请品评人员在5min内嗅闻并记忆这些气味（制备员会事先告知品评员各种样品的名称）后再将所有样品收走，隔5min后再打乱顺序进行气味的配对测试。

全部判定正确者方为合格人员。

日常接触气味汇总表见表2-5-10。

表 2－5－10　日常接触气味汇总表

类别	各种典型味道				
甜味	茉莉花	花生	草莓	柚子	番石榴
	焦糖	蜂蜜	巧克力	玫瑰	柠檬
	苹果	红茶	葡萄	水蜜桃	荔枝
咸味	黑胡椒	虾米	酱油	花椒	葱油
	姜	咖哩	八角	西红柿	大蒜
	鸡肉	牛肉	鱼肉	香菜	醋

(三)品评表设计

嗅觉品评表见表 2－5－11。

表 2－5－11　嗅觉品评表

基本嗅觉测试品评问卷
姓名:________________　　　　日期:________________
说明:依次嗅闻,判定其气味。
样品代码　　气　味
__________　　__________
__________　　__________
__________　　__________
__________　　__________

四、注意事项

评香实验室应有足够的换气设备,以 1 分钟内可换室内容积的 2 倍量空气的换气能力为最好;香气评定方法参见 GB/T 14454.2—2008。

五、思考与分析

如何保持嗅觉的灵敏性?

附录　实际工作任务案例

1. 某市市场监督管理局抽查市内某企业所生产的真空包装卤猪蹄是否合格。

工作流程：

（1）抽样

随机抽取同一批次不少于10个独立真空包装的卤猪蹄（不含净含量抽样），样品量总数不少于3kg，检样一式两份，供检验和复验备用，并对样品进行编号。

（2）制定抽样记录表

标注样品名称、生产批号、规格、抽样时间、抽样地点、抽样人员、封样状态、验封人员、样品状态、检验地点、检验日期、备样量及封存地点等信息（附表1）。

附表1　抽样记录表

样品名称：__________	
生产批号：__________	规　　格：__________
抽样时间：__________	抽样地点：__________
抽样人员：__________	封样状态：__________
验封人员：__________	样品状态：__________
检验地点：__________	检验日期：__________
备 样 量：__________	封存地点：__________

（3）确定检验依据

GB 2726—2016《食品安全国家标准　熟肉制品》、GB/T 23586—2009《酱卤肉制品》、SB/T 10381—2012《真空软包装卤肉制品》、GB 7718—2011《食品安全国家标准 预包装食品标签通则》、GB 28050—2011《食品安全国家标准 预包装食品营养标签通则》、GB 29921—2013《食品安全国家标准 食品中致病菌限量》。

（4）开始检验并出具检验结果报告（附表2）。

附表2　感官检验部分样表

序号	检验项目	技术依据及要求	检验结果	单项评价
1	包装	包装完好，包装内为负压，内容物形态完整	符合标准要求	合格
2	标签	依据GB 7718—2011《食品安全国家标准 预包装食品标签通则》、GB 28050—2011《食品安全国家标准 预包装食品营养标签通则》的要求，商标无假冒伪劣现象，商标印刷清晰、无残缺、脱落，标签内容标注齐全、规范	符合标准要求	合格

续表

序号	检验项目	技术依据及要求	检验结果	单项评价
3	外观形态	依据GB 2726—2016《食品安全国家标准　熟肉制品》、GB/T 23586—2009《酱卤肉制品》的检验方法，要求：外形整齐，无正常视力可见外来异物，无焦斑和霉斑	符合标准要求	合格
4	色泽	依据GB 2726—2016《食品安全国家标准　熟肉制品》、GB/T 23586—2009《酱卤肉制品》的检验方法，要求：酱制品表面为酱色或褐色，卤制品为该品种应有的正常色泽	符合标准要求	合格
5	口感风味	依据GB 2726—2016《食品安全国家标准　熟肉制品》、GB/T 23586—2009《酱卤肉制品》的检验方法，要求：咸淡适中，具有酱卤制品特有的风味	符合标准要求	合格
6	组织形态	依据GB 2726—2016《食品安全国家标准　熟肉制品》、GB/T 23586—2009《酱卤肉制品》的检验方法，要求：组织紧密	符合标准要求	合格
7	杂质	依据GB 2726—2016《食品安全国家标准　熟肉制品》、GB/T 23586—2009《酱卤肉制品》的检验方法，要求：无肉眼可见的外来杂质	符合标准要求	合格

2.某酸奶公司通过感官检验进行酸奶质量控制，从酸奶的外观形态、色泽和组织状态评价其新鲜度。

工作流程：

(1)制定品评方案

1)确定品评时间和地点；

2)确定检验方法；

3)确定参加品评试验人员；

4)试验样品的准备：包括试验分组、样品量、盛放样品容器、样品制备等；

5)样品的呈送：包括呈送给每位品评员的样量、样品编号、呈送程序、样品温度等。

(2)感官检验

依据RHB 103—2004《酸牛乳感官质量评鉴细则》进行评价。

1)色泽：取适量酸奶样品于50mL透明容器中，在灯光下观察其色泽。

2)滋味和气味：先闻气味，然后用温开水漱口，再品尝样品的滋味。每品尝完一个样品，更换下一个样品前，应以温开水漱口。

3)组织状态：取适量酸奶样品于50mL透明容器中，在灯光下观察其组织状态。

感官检验表见表附表3。

(3)结果分析

收集品评员品评结果记录表并汇总，解除编码密码，统计出各个样品的评定结果，应用统计学分析试验结果，得出结论，制定结论报告。

附表 3　感官检验样表

<table>
<tr><td colspan="3">样品编号:</td><td>品评日期:</td></tr>
<tr><td rowspan="3">项目</td><td colspan="2">特征</td><td rowspan="3">得分</td></tr>
<tr><td colspan="2">纯酸牛奶、原味酸牛奶、果味酸牛奶</td></tr>
<tr><td>凝固型</td><td>搅拌型</td></tr>
<tr><td rowspan="4">色泽(10 分)</td><td colspan="2">呈均匀乳白色、微黄色或果料固有颜色</td><td>10 ~ 8</td></tr>
<tr><td colspan="2">淡黄色</td><td>8 ~ 6</td></tr>
<tr><td colspan="2">浅灰色或灰白色</td><td>6 ~ 4</td></tr>
<tr><td colspan="2">绿色、黑色斑点或有霉菌生长、异常颜色</td><td>4 ~ 0</td></tr>
<tr><td rowspan="5">滋味和气体(40 分)</td><td colspan="2">具有酸牛奶固有的滋味和气味或相应的果料味,酸味和甜味比例适当</td><td>40 ~ 35</td></tr>
<tr><td colspan="2">过酸或过甜</td><td>35 ~ 20</td></tr>
<tr><td colspan="2">有涩味</td><td>20 ~ 10</td></tr>
<tr><td colspan="2">有苦味</td><td>10 ~ 5</td></tr>
<tr><td colspan="2">异常滋味和气味</td><td>5 ~ 0</td></tr>
<tr><td rowspan="5">组织状态(50 分)</td><td>组织细腻、均匀、表面光滑、无裂纹、无气泡、无乳清析出</td><td>组织细腻、凝块细小均匀滑爽、无气泡、无乳清析出</td><td>50 ~ 40</td></tr>
<tr><td>组织细腻、均匀、表面光滑、无气泡、有少量乳清析出</td><td>组织细腻、凝块大小不均、无气泡、有少量乳清析出</td><td>40 ~ 30</td></tr>
<tr><td>组织粗糙、有裂纹,无气泡、有少量乳清析出</td><td>组织粗糙、不均匀,无气泡、有少量乳清析出</td><td>30 ~ 20</td></tr>
<tr><td>组织粗糙、有裂纹纹、有气泡、乳清析出</td><td>组织粗糙、不均匀、有气泡、乳清析出</td><td>20 ~ 10</td></tr>
<tr><td>组织粗糙、有裂纹、有大量气泡、乳清析出严重、有颗粒</td><td>组织粗糙、不均匀、有大量气泡、乳清析出严重、有颗粒</td><td>10 ~ 0</td></tr>
<tr><td>评价员签名</td><td colspan="3"></td></tr>
</table>

3. 某调味品生产公司研发部要研发一种新的咸味液态调料食品,并评断其是否具有上市的可能性,作为上市可行性报告佐证。

工作流程:

(1)制定品评方案

1)确定品评时间和地点;

2)确定试验方法;

3)确定参加品评试验人员;

4)试验样品的准备:包括试验分组、样品量、盛放样品容器、样品制备等;

5)样品的呈送:包括呈送给每位品评员的样量、样品编号、呈送程序、样品温度等。

(2)制备感官检验表

组织感官检验试验,收集品评员品评结果记录表并汇总,解除编码密码,统计出各个样品的评定结果(见附表4)。

(3)统计分析试验结果

得出结论,制定结论报告。

附表4　感官检验样表

样品编号：					品评日期：		
评价内容		评价结果					备注
		很好	好	一般	差	很差	
外观	色泽						
	状态						
	总体						
香气与口味	柔和度(香)						
	协调度(香)						
	咸味						
	油脂香						
	协调度(鲜)						
	滋味						
	醇厚感						
	后味与余味						
	总体						
综合评价结果							
是否适合上市							
其他意见							
评价员签名							
注:请在相应的表格内打√或标注。							

4.某食品企业拟用一种价格更优惠的面粉原料替代现有品牌的面粉,现用两种面粉为原料分别生产韧性饼干,采用感官检验评定新品牌的面粉是否能替代原品牌面粉原料。

工作流程:

(1)制定品评方案

①确定品评时间和地点;

②确定试验方法:为检验两种产品之间的差异,采用三点检验法,将 α 值设为0.05(5%);

③确定参加品评试验人员:挑选12名品评员参加品评试验;

④试验样品的准备:给每位品评员呈送样品3个,共计需准备36个样品,两种样品各18个;样品准备工作表见附表5;

附表 5 样品准备工作表

日期：____________		
样品类型：饼干 实验类型是：三点检验		
产品情况	含有 2 个 A 的号码使用情况	含有 2 个 B 的号码使用情况
A 产品	397　681	576
B 产品	259	862　372
呈送容器标记情况	号码顺序	代表类型
小组		
01	AAB	397,681,259
02	ABB	576,862,372
03	BBA	862,372,567
04	BAA	259,681,397
05	ABA	397,259,681
06	BAB	862,576,372
07	AAB	397,681,259
08	ABB	576,862,372
09	BBA	862,372,567
10	BAA	259,681,397
11	ABA	397,259,681
12	BAB	862,576,372
样品准备程序： 1. 两种产品各准备 18 个，分 2 组（A 和 B）放置，不要混淆； 2. 按照上表的编号，每个号码各准备 6 个，将两种产品分别标号。即 A 产品标有 397,681 和 259 号码的样品个数分别为 6 个；B 产品标有 576,862 和 372 的样品个数也分别为 6 个； 3. 将标记好的样品按照本表进行组合，每份组合配有一份问答卷，要将相应的小组号码和样品号码也写在问答卷上，呈送给品评人员。		

⑤样品的呈送：包括呈送给每位品评员的样量、样品编号、呈送程序、样品温度等。

（2）感官检验

依据 GB 7100—2015《食品安全国家标准　饼干》、GB/T 20980—2007《饼干》对两种饼干的形态、色泽、滋味和口感、组织进行评价。

1）形态：外形完整，花纹清晰或无花纹，一般有针孔，厚薄基本均匀，不收缩，不变形，无裂痕，可以有均匀泡点，不应有较大或较多的凹底。特殊加工品种表面或中间允许有可食颗粒存在(如椰蓉、芝麻、砂糖、巧克力等)。

2)色泽:呈棕黄色、金黄色或品种应有的色泽,色泽基本均匀,表面有光泽,无白粉,不应有过焦、过白的现象。

3)滋味和口感:具有品种应有的香味,无异味,口感松脆细腻,不黏牙。

4)组织:断面结构有层次或呈多孔状。

(3)结果分析

收集品评员品评结果记录表并汇总,解除编码密码,统计出各个样品的评定结果,应用统计学分析试验结果,得出结论,制定结论报告。

参考文献

[1] 白满英,张金诚. 掺伪粮油食品鉴别检验[M]. 北京:中国标准出版社,1995.
[2] 方忠祥. 食品感官评定[M]. 北京:中国农业出版社,2010.
[3] 车文毅,蔡宝亮. 水产品质量检验[M]. 北京:中国计量出版社,2006.
[4] 付德成,刘明堂. 食品感官鉴别手册[M]. 北京:轻工业出版社,1991.
[5] 高海生. 食品质量的优劣及参加的快速检测[M]. 北京:中国轻工业出版社,2002.
[6] 国娜. 粮油质量检验[M]. 北京:化学工业出版社,2011.
[7] 金永彪. 选购食品小窍门[J]. 东方食疗与保健,2006(5):66.
[8] 苏锡辉. 粮油及制品质量检验[M]. 北京:中国计量出版社,2006.
[9] 祝树林,李成泽. 注水肉的识别与鉴定检查方法[J]. 养殖技术顾问, 2011(3):174.
[10] 汪浩明. 食品检验技术(感官评价部分)[M]. 北京:中国轻工业出版社,2006.
[11] HARYY T LAWLESS. HILDEGARDE. HEYMANN. 食品感官评定原理与技术[M]. 王栋,李山崎,华兆哲,杨静. 译. 北京:中国轻工业出版社,2001.
[12] 朱红,等. 食品感官分析入门[M]. 北京:中国轻工业出版社,1990.
[13] 李衡,等. 食品感官评定方法及实践[M]. 上海:上海科学技术出版社,1990.
[14] 张水华,等. 食品感官评定[M]. 广州:华南理工大学出版社,1999.
[15] 吴广黔. 白酒的品评[M]. 北京:中国轻工业出版社,2008.
[16] 王延才. 中国白酒[M]. 北京: 中国轻工业出版社,2011.
[17] 董小雷. 啤酒感官品评[M]. 北京:化学工业出版社,2007.
[18] 寿泉洪,胡普信,陈靖显. 黄酒品评技术[M]. 北京: 中国轻工业出版社,2014.
[19] 胡普信. 黄酒工艺技术[M]. 北京: 中国轻工业出版社,2014.
[20] 雅克 · 奥洪. 世界葡萄酒版图[M]. 北京: 电子工业出版社,2014.
[21] 安托万 · 勒贝格. 波尔多葡萄酒鉴赏手册[M]. 北京:化学工业出版社,2014.
[22] 詹尼斯 · 米格拉维斯. 中国,葡萄酒新贵[M]. 青岛:青岛出版社,2014.
[23] 姚汩醽. 葡萄酒配餐宝典[M]. 北京:化学工业出版社,2013.
[24] 何昭明. 酿酒专家教你认识葡萄酒[M]. 上海:上海科学技术出版社,2014.
[25] 格尔德 · 伦特兴. 一本书知道葡萄酒[M]. 北京: 电子工业出版社,2014.
[26] 沈宇辉. 葡萄酒鉴赏手册[M]. 沈阳:辽宁科学技术出版社,2008.
[27] 马尔克 · 拉格朗日. 葡萄酒与保健[M]. 北京: 东方出版社,2014.
[28] 埃德 · 麦卡锡. 葡萄酒[M]. 北京: 机械工业出版社,2005.
[29] 张建才,高海生. 走进葡萄酒[M]. 北京:化学工业出版社,2009.
[30] 米其林编辑部. 法国葡萄酒之旅[M]. 桂林:广西师范大学出版社,2012.

[31] 马永强,韩春然,刘静波.食品感官检验[M].北京:化学工业出版社,2005.
[32] 赵镭,邓少平,刘文.食品感官分析词典[M].北京:中国轻工业出版社,2015.
[33] 张水华,徐树来,王永华.食品感官分析与实验[M].北京:化学工业出版社,2006.
[34] 张艳,雷昌贵.食品感官评定[M].北京:中国质检出版社,2012.
[35] 吴谋成.食品分析与感官评定[M].北京:中国轻工业出版社,2002.
[36] 王朝臣.食品感官检验技术项目化教程[M].北京:北京师范大学出版社,2013.
[37] 张晓鸣.食品感官评定[M].北京:中国轻工业出版社,2008.
[38] 鲁英,路勇.食品感官检验[M].北京:中国劳动社会保障出版社,2013.
[39] 农业部人事劳动司,农业职业技能培训教材编审委员会.乳品检验员[M].北京:中国农业出版社,2004.
[40] 周家春.食品感官分析[M].北京:中国轻工业出版社,2013.
[41] 徐树来,王永华.食品感官分析与实验[M].北京:化学工业出版社,2010.
[42] 张志胜,李灿鹏,毛学英.乳与乳制品工艺学[M].北京:中国标准出版社,2014.
[43] 钮伟民,丁青芝,贾俊强.乳及乳制品检测新技术[M].北京:化学工业出版社,2012.
[44] 杨贞耐.乳品生产新技术[M].北京:科学出版社,2015.
[45] 张艳,雷昌贵.食品感官评定[M].北京:中国标准出版社,2012.
[46] 魏永义,王艳芳.配偶试验法在火腿肠感官评定中的应用[J].肉类工业,2015,411(7):10-11.